高等院校经济数学系列教材

随机过程

何　萍　编

上海财经大学出版社

图书在版编目(CIP)数据

随机过程/何萍编. —上海:上海财经大学出版社,2020.11
(高等院校经济数学系列教材)
ISBN 978-7-5642-3650-2/F·3650

Ⅰ.①随… Ⅱ.①何… Ⅲ.①随机过程—高等学校—教材 Ⅳ.①O211.6

中国版本图书馆CIP数据核字(2020)第172052号

□ 责任编辑 刘光本
□ 责编电邮 lgb55@126.com
□ 责编电话 021－65904890
□ 封面设计 张克瑶

随 机 过 程

何 萍 编

上海财经大学出版社出版发行
(上海市中山北一路369号 邮编200083)
网 址:http://www.sufep.com
电子邮箱:webmaster @ sufep.com
全国新华书店经销
上海华业装璜印刷厂印刷装订
2020年11月第1版 2020年11月第1次印刷

787mm×1092mm 1/16 13.25印张 298千字
定价:49.00元

前 言

近几十年来，随着对不确定性的研究，随机过程无论是理论还是应用上都有着蓬勃的发展，它的基本知识和方法体系不仅是数学专业学生与学者必须掌握的，也是信息管理、生物、社会科学、经济金融以及工程技术等领域的学生和从业人员需要学习的．随机过程所包含的内容丰富而深远，对于不同的读者，各种教材所选取的内容和难度有所不同．本着为财经院校数学专业以及经济、金融专业学生授业解惑的初衷，本书着重于对随机过程基本知识和逻辑方法的介绍，努力阐述概率论与随机过程的核心概念和思维方式，引导学生直观地理解随机现象，而不纠缠于其中的数学细节．测度论并不是本书必需的先修课程，但本书的写作方式会使那些懂得测度论的读者更深刻地了解本书呈现的主题．本书的基本架构是按随机过程的模型来分章节，从简单到复杂，另外配合精彩内容选用了比较多的例子，希望学生通过具体例子来了解随机过程模型．

本书一共七章：第一章涵盖概率论的基础知识，第二章以阐述的方式特别介绍了条件期望以及随机过程的一般概念．从第三章开始讨论常用的随机过程模型，包括马氏链、Poisson过程、更新过程、鞅和Brown运动，其中马氏链这一章出于强调直观背景的目的，仅介绍离散时间马氏链，包括非常返、零常返、正常返、平稳分布等概念，最后讨论了分支过程．第五章主要讲解更新过程的基本思想，讨论了一些简单的排队论问题．第六章是离散鞅论，在条件期望的现代定义的基础上，对鞅的一些思想和性质做了初步介绍，并通过二叉树模型和期权定价问题给出了鞅基本理论的简单应用．第七章介绍了Brown运动的概念和部分基础性质，它是最重要的随机模型，与其他数学分支及物理学、生物学、金融学都有着深刻的联系，以它作为本书的结束，希望读者对于随机过程的理论和应用价值有一个更深刻的认识.

感谢复旦大学应坚刚教授对本书给出大量建议和修改意见,感谢上海财经大学出版社的刘光本先生为本书顺利出版提供的帮助,感谢上海财经大学本科专业人才培养教材建设项目的资助.本书虽经不断修改,但错误依然难免,如果读者发现其中的错误,请直接与作者联系(pinghe@mail. shufe. edu. cn),非常感谢.

何 萍

2020 年 10 月

目　录

第一章

概率论述要

§1.1 随机变量

§1.1.1 概率空间

任何数学概念都需要有一个确切无误的定义，下面我们将定义概率与概率空间. 首先取一个非空集合 Ω 作为样本空间，事件的全体称为事件域，是 Ω 的一些子集的集合（称为子集类），对一些常见的运算有封闭性. 概率是赋予事件的一个数，表示这个事件发生的可能性的大小，所以概率是定义在事件域上的一个函数. 在一些简单的场合下，事件的全体可取为 Ω 的全体子集，但为了讨论更一般的情况，要求事件域是满足某些条件的子集类.

定义 1.1.1 非空集合 Ω 的一个子集类 $\mathscr{F}$ 称为是 Ω 上的一个 σ-域（或 σ-代数，事件域等），如果

(1) $\varnothing, \Omega \in \mathscr{F}$;

(2) $A \in \mathscr{F}$ 蕴含 $A^c \in \mathscr{F}$;

(3) $A_n \in \mathscr{F}, n \geqslant 1$ 蕴含 $\bigcup_n A_n \in \mathscr{F}$.

简单地说，$\mathscr{F}$ 是包含平凡子集且对补运算与可列并运算封闭的子集类. 这时 Ω 通常称为样本空间. 最简单的 σ-域是 Ω 的全体子集组成的集合，称为幂集，它是最大的一个

σ-域,另外 $\{\varnothing, \Omega\}$ 也是 σ-域,它是最小的一个.

引理 1.1.1 设 $\mathscr{F}$ 是一个 σ-域,那么

(1) $A, B \in \mathscr{F}$ 蕴含 $A \cap B, A \cup B, A \backslash B \in \mathscr{F}$;

(2) $A_n \in \mathscr{F}, n \in \mathbf{Z}_+$ 蕴含 $\bigcap_n A_n \in \mathscr{F}$.

证明 (1) $A \cup B = A \cup B \cup \varnothing \cup \varnothing \cup \cdots \in \mathscr{F}$, $A \cap B = (A^c \cup B^c)^c$, $A \backslash B = A \cap B^c$, 因此 $\mathscr{F}$ 对这三种运算封闭.

(2) $(\bigcap_n A_n)^c = \bigcup_n A_n^c$. □

因此 σ-域对通常涉及可列步的运算都是封闭的. σ-域的概念在概率论的理论研究中是极其重要的,但它常常是初学者感到困难的地方,有关它的详细讨论将放在下一章.

下面我们给出概率的严格数学定义. 某种意义上,它是古典概率的抽象化.

定义 1.1.2 设 Ω 为样本空间, $\mathscr{F}$ 为 Ω 上的 σ-域,那么 $\mathscr{F}$ 上的函数 $\mathbb{P}$ 称为概率测度(简称概率),如果它满足

(1) 非负性: 对任何 $A \in \mathscr{F}$, $\mathbb{P}(A) \geqslant 0$;

(2) 规范性: $\mathbb{P}(\Omega) = 1$;

(3) 可列可加性: 对 $\mathscr{F}$ 中互斥的可列个事件 $\{A_n: n \geqslant 1\}$, 有

$$\mathbb{P}(\bigcup_{n\geqslant 1} A_n) = \sum_{n\geqslant 1} \mathbb{P}(A_n).$$

这时,称 $\mathbb{P}(A)$ 是事件 A 发生的概率,且称满足上面两个定义的三要素 $(\Omega, \mathscr{F}, \mathbb{P})$ 是一个概率空间.

从定义容易推出概率有下面的性质,大多数看上去是自然的,但我们还是要严格地证明.

引理 1.1.2 设 $(\Omega, \mathscr{F}, \mathbb{P})$ 是概率空间,则有下面的性质:

(1) $\mathbb{P}(\varnothing) = 0$;

(2) $A, B \in \mathscr{F}, A \cap B = \varnothing$, 则 $\mathbb{P}(A \cup B) = \mathbb{P}(A) + \mathbb{P}(B)$;

(3) $A, B \in \mathscr{F}, A \subset B$, 则 $\mathbb{P}(B \backslash A) = \mathbb{P}(B) - \mathbb{P}(A)$. 因此 $\mathbb{P}(A) \leqslant \mathbb{P}(B)$;

(4) $\mathbb{P}(A^c) = 1 - \mathbb{P}(A)$;

(5) 次可列可加性: 若 $A_n \in \mathscr{F}$, 则 $\mathbb{P}(\bigcup_n A_n) \leqslant \sum_n \mathbb{P}(A_n)$;

(6) 下连续性: 若 $A_n \in \mathscr{F}$ 且递增,则 $\mathbb{P}(\bigcup_n A_n) = \lim_n \mathbb{P}(A_n)$;

(7) 上连续性: 若 $A_n \in \mathscr{F}$ 且递减,则 $\mathbb{P}(\bigcap_n A_n) = \lim_n \mathbb{P}(A_n)$.

证明 (1) 因为 $\Omega = \Omega \cup \varnothing \cup \varnothing \cup \cdots$, 由可列可加性,

$$\mathbb{P}(\Omega) = \mathbb{P}(\Omega) + \mathbb{P}(\varnothing) + \cdots + \mathbb{P}(\varnothing) + \cdots,$$

推出 $\mathbb{P}(\varnothing)=0$.

(2) $A\cup B=A\cup B\cup\varnothing\cup\cdots$,右边互不相交,由可列可加性和性质(1),

$$\mathbb{P}(A\cup B)=\mathbb{P}(A)+\mathbb{P}(B)+\mathbb{P}(\varnothing)+\cdots=\mathbb{P}(A)+\mathbb{P}(B).$$

(3) 如果 $A\subset B$,那么 $B=A\cup(B\backslash A)$,由(2)得 $\mathbb{P}(B)=\mathbb{P}(A)+\mathbb{P}(B\backslash A)$.

(4) 是(3)的直接推论.

(5) 集合的可列并可以写成为不交可列并. 令 $B_1:=A_1$, $B_n:=A_n\backslash(A_1\cup\cdots\cup A_{n-1})$, $n>1$,那么 $\bigcup_{i=1}^{n}B_i=\bigcup_{i=1}^{n}A_i$, $\{B_n\}$ 互不相交,且 $B_n\subset A_n$,因此由可列可加性和性质(3)得

$$\mathbb{P}(\bigcup_{n=1}^{\infty}A_n)=\mathbb{P}(\bigcup_{n=1}^{\infty}B_n)=\sum_{n=1}^{\infty}\mathbb{P}(B_n)\leqslant\sum_{n=1}^{\infty}\mathbb{P}(A_n).$$

(6) 设 $A_n\uparrow A$,那么 $A=\bigcup_n A_n=\bigcup_n(A_n\backslash A_{n-1})$,其中 $A_0:=\varnothing$. 由可列可加性,

$$\mathbb{P}(A)=\sum_n\mathbb{P}(A_n\backslash A_{n-1})=\sum_n(\mathbb{P}(A_n)-\mathbb{P}(A_{n-1}))=\lim_n\mathbb{P}(A_n).$$

(7) 如果 A_n 递减,那么 A_n^c 递增,利用(4),(6)和 De Morgan 公式,

$$\begin{aligned}\mathbb{P}(\bigcap_n A_n)&=1-\mathbb{P}((\bigcap_n A_n)^c)=1-\mathbb{P}(\bigcup_n A_n^c)\\&=1-\lim_n\mathbb{P}(A_n^c)=\lim_n(1-\mathbb{P}(A_n^c))\\&=\lim_n\mathbb{P}(A_n).\end{aligned}$$

完成证明. □

我们还有下面有用的公式.

定理 1.1.1 对任意 $A_1,A_2,\cdots\in\mathscr{F}$,

$$\mathbb{P}(\bigcup_{i=1}^{n}A_i)=\sum_{i=1}^{n}\mathbb{P}(A_i)-\sum_{1\leqslant i<j\leqslant n}\mathbb{P}(A_iA_j)+\sum_{1\leqslant i<j<k\leqslant n}\mathbb{P}(A_iA_jA_k)-\cdots+(-1)^{n-1}\mathbb{P}(A_1\cdots A_n).$$

证明 当 $n=2$ 时,因为 $(A_1\cup A_2)\backslash A_1=A_2\backslash(A_1\cap A_2)$,故由上面的性质(6),

$$\mathbb{P}(A_1\cup A_2)-\mathbb{P}(A_1)=\mathbb{P}(A_2)-\mathbb{P}(A_1\cap A_2).$$

因此 $n=2$ 时成立. 而

$$\begin{aligned}\mathbb{P}(\bigcup_{i=1}^{n}A_i)&=\mathbb{P}(\bigcup_{i=1}^{n-1}A_i\cup A_n)\\&=\mathbb{P}(\bigcup_{i=1}^{n-1}A_i)+\mathbb{P}(A_n)-\mathbb{P}(\bigcup_{i=1}^{n-1}A_i\cap A_n),\end{aligned}$$

因此可用归纳法证明其成立. □

前面性质(2)是有限可加性,因此定理 1.1.1 中的公式依然成立. 概率空间的定义是简单的,三条简单的公理给我们一个丰富多彩的概率论,但简单的定义并不意味着概率空间是简单的. 通常的函数值可以任意地定义,概率作为 σ- 域上的函数值却不能随意定义,需要符合可列可加性,因此概率空间的构造不是件容易的事情. 在本书中,我们将避免概率空间的构造问题,因为这需要太多的细节,而且对理解概率本身没有紧迫的必要性.

§1.1.2 分布

设 $(\Omega, \mathscr{F}, \mathbb{P})$ 是概率空间,ξ 是 $\Omega \to \mathbf{R}$ 上的函数. 如果对于任何 $x \in \mathbf{R}$, 有 $\{\xi \leqslant x\} \in \mathscr{F}$, 那么 ξ 称为是随机变量. 这时函数

$$F(x) = \mathbb{P}(\xi \leqslant x)$$

被称为是 ξ 的分布函数.

分布函数的性质有:

(1) F 是递增的;

(2) F 是右连续的;

(3) (规范性) $\lim\limits_{x \to -\infty} F(x) = 0$, $\lim\limits_{x \to +\infty} F(x) = 1$.

一般地, $\mathbf{R}$ 上满足上面性质的函数称为分布函数,简称分布.

随机变量(或者其分布函数)通常分为两类: 一类是离散型的,也就是 ξ 取有限多个值或者可数多个(例如一个数列)值. 另外一类是连续型的,也就是有密度函数的,即对任意实数 x,

$$F(x) = \mathbb{P}(\xi \leqslant x) = \int_{-\infty}^{x} \mathrm{d}F(y) = \int_{-\infty}^{x} F'(y)\mathrm{d}y,$$

其中 $p(x) = F'(x)$ 称为 F 的密度函数.

§1.1.3 期望与方差

设随机变量 ξ 的分布函数是 $F(x)$, 那么 ξ 的数学期望是

$$\mathbb{E}[\xi] = \int_{-\infty}^{\infty} x\mathrm{d}F(x).$$

当 ξ 是离散型时,

$$\mathbb{E}[\xi]=\sum_{n=1}^{\infty}x_n\,\mathbb{P}(\xi=x_n);$$

当 ξ 是连续型时，

$$\mathbb{E}[\xi]=\int_{-\infty}^{\infty}xp(x)\mathrm{d}x.$$

期望是随机变量的中心，或者平均. 期望有性质：

(1) $\mathbb{E}[1]=1$；

(2) $\mathbb{E}[a\xi+b\eta]=a\mathbb{E}[\xi]+b\mathbb{E}[\eta]$；

(3) 如果 ξ, η 独立，那么 $\mathbb{E}[\xi\eta]=\mathbb{E}[\xi]\cdot\mathbb{E}[\eta]$.

随机变量的方差定义为

$$D(\xi)=\mathbb{E}[(\xi-\mathbb{E}[\xi])^2]=\mathbb{E}[\xi^2]-(\mathbb{E}[\xi])^2.$$

方差描述随机变量的随机性大小. 方差有性质：

(1) $D(1)=0$；

(2) $D(c\xi)=c^2D(\xi)$；

(3) 如果 ξ, η 独立，那么 $D(\xi+\eta)=D(\xi)+D(\eta)$.

期望和方差是随机变量的两个重要数字特征，它们给出了随机变量分布的主要信息，但不是全部信息.

§1.1.4　例

例 1.1.1(Bernoulli 分布)　一个仅有两个结果(成功或不成功)的随机试验通常称为 Bernoulli 试验，如掷一枚不均匀的硬币. 成功的概率为 p，不成功的概率为 $q=1-p$，成功的指标 ξ 是个随机变量，分布为 $\begin{pmatrix}0 & 1\\ q & p\end{pmatrix}$，称为 Bernoulli 分布. 一个事件 A 的指标 1_A 是 Bernoulli 分布；反过来，任何 Bernoulli 分布的随机变量一定是某个事件的指标. ∎

例 1.1.2(Poisson 分布)　我们说随机变量 X 服从参数为 $\lambda>0$ 的 Poisson 分布，如果其分布律为

$$\mathbb{P}(X=k)=\frac{\lambda^k}{k!}\mathrm{e}^{-\lambda},\quad k=0,1,2,\cdots.$$

Poisson 分布常用来描述某段时间内某随机事件发生的次数. 注意这里没有说什么样的随机试验产生 Poisson 分布，因此你是否认为 Poisson 不那么自然. 初看起来的确如此，实际

上 Poisson 分布是许多分布的近似.

考虑经典的配对问题. 用 ξ 表示 n 个标号的球放入 n 个标号的盒子里(假设每个盒子放一个球)形成的配对数,那么 ξ 的分布

$$\mathbb{P}(\xi=k)=\frac{1}{k!}\sum_{j=0}^{n-k}(-1)^j\frac{1}{j!},\ 0\leqslant k\leqslant n.$$

当 n 很大时,有

$$\mathbb{P}(\xi=k)\simeq\frac{\mathrm{e}^{-1}}{k!},$$

也就是说,ξ 差不多服从参数为 1 的 Poisson 分布. ∎

离散随机变量的分布函数是纯跳的,即只有常数以及在正概率处跳跃,跳跃的高度等于概率.

例 1.1.3 掷三枚硬币,设 X 是出现正面的硬币数,那么 X 的分布律为

$$\begin{pmatrix}0 & 1 & 2 & 3\\ 1/8 & 3/8 & 3/8 & 1/8\end{pmatrix}.$$

相应分布函数如图 1.1 所示.

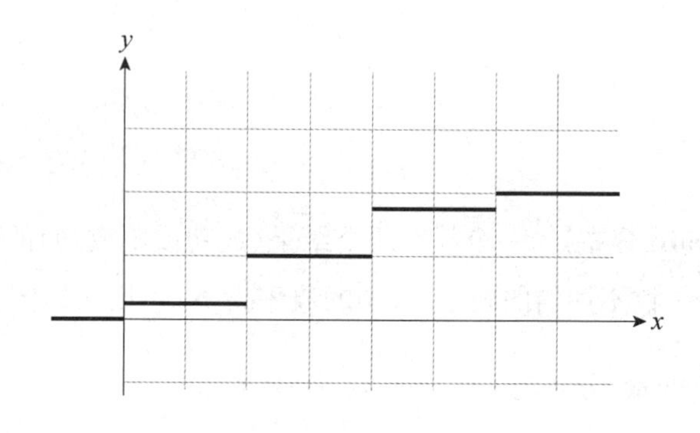

图 1.1

∎

例 1.1.4(二项分布) 独立地重复(如果可能)一个 Bernoulli 试验 n 次,记 ξ 是成功次数,那么

$$\mathbb{P}(\xi=k)=\mathrm{C}_n^k p^k q^{n-k},\ k=0,1,2,\cdots,n.$$

这样的随机变量称为是服从参数为 n, p 的二项分布. 它适用于许多概率模型. 让我们证

明在一定条件下它近似于 Poisson 分布. 写为

$$b(k;\ n,\ p) := C_n^k p^k (1-p)^{n-k},$$

固定 $k \geqslant 0$, $\lambda > 0$, 则

$$\lim_n b\left(k;\ n,\ \frac{\lambda}{n}\right) = e^{-\lambda} \frac{\lambda^k}{k!}.$$

事实上,因为

$$b\left(k;\ n,\ \frac{\lambda}{n}\right) = \frac{\lambda^k}{k!} \frac{n(n-1)\cdots(n-k+1)}{n^k}\left(1-\frac{\lambda}{n}\right)^{n-k},$$

故极限是显然的. 这说明当 n 很大、p 较小时,二项分布接近 Poisson 分布.

设 X 的分布律为

$$\begin{pmatrix} 0 & 1 \\ 1-p & p \end{pmatrix},$$

那么 $\mathbb{E}[X] = \mathbb{P}(X=1) = p$. 如果 $X_1, \cdots, X_n$ 是独立且都和 X 有相同的分布,那么 $\xi = X_1 + \cdots + X_n$ 服从参数为 n, p 的二项分布,因此

$\mathbb{E}[\xi] = n\mathbb{E}[X_1] = np$,

$D(\xi) = nD(X_1) = np(1-p)$. ▌

例 1.1.5(超几何分布) 从一个有 a 个白球 b 个黑球的袋子中任取 n 个球, $n \leqslant a+b$. 设其中白球数为 ξ. 当然这等同于依次不放回地取 n 个球. 则 ξ 的分布为

$$\mathbb{P}(\xi = k) = \frac{C_a^k C_b^{n-k}}{C_{a+b}^n}.$$

这个分布称为超几何分布.

用上面的分布算期望是比较麻烦的,我们可以利用期望的线性性. 设 ξ_i 是第 i 次取得白球的指标. 那么 $\{\xi_i\}$ 是同分布(但不独立)的, $\mathbb{E}[\xi_i] = \mathbb{P}(\xi_i = 1) = \frac{a}{a+b}$, 而 $\xi = \sum_{i=1}^n \xi_i$, 因此 $\mathbb{E}[\xi] = \frac{na}{a+b}$, 再计算方差,

$$\begin{aligned}
\mathbb{E}[\xi^2] &= \sum_{i=1}^n \mathbb{E}[\xi_i^2] + \sum_{i \neq j} \mathbb{E}[\xi_i \xi_j] \\
&= n\,\mathbb{P}(\xi_1 = 1) + n(n-1)\,\mathbb{P}(\xi_1 = 1,\ \xi_2 = 1) \\
&= \frac{na}{a+b} + n(n-1)\frac{a(a-1)}{(a+b)(a+b-1)},
\end{aligned}$$

方差

$$D(\xi)=\mathbb{E}[\xi^2]-(\mathbb{E}[\xi])^2=\frac{nab(a+b-n)}{(a+b)^2(a+b-1)}.$$ ∎

例 1.1.6(Pascal 分布) 对 $r\geqslant 1$，重复几何分布中的 Bernoulli 试验中的试验一直到 r 次成功(成功出现的概率是 $0<p<1$) 为止，记这时所做的试验次数为 ξ_r，它是 Pascal 分布的. 用 η_1 表示首次成功的试验次数，η_i 表示从第 $i-1$ 次成功后计到下一次成功所做的试验次数，那么 $\xi_r=\eta_1+\cdots+\eta_r$. 因为试验是独立的，故 $\{\eta_i\}$ 一定是独立同分布的(请验证)，故 $\mathbb{E}[\xi_r]=r\mathbb{E}[\eta_1]$, $D(\xi_r)=rD(\eta_1)$. 而 η_1 服从参数 p 的几何分布，

$$\mathbb{E}[\eta_1]=\frac{1}{p},$$

$$\mathbb{E}[\eta_1^2]=\sum_{n=1}^{\infty}n^2q^{n-1}p=\frac{1+q}{p^2},$$

$$D(\eta_1)=\frac{q}{p^2}.$$

因此 $\mathbb{E}[\xi_r]=r/p$, $D(\xi_r)=rq/p^2$. ∎

例 1.1.7(均匀分布) 让我们再回到几何概率模型. 从区间 $[a, b]$ 随机地取一个点是一个直观上有意义的随机试验. 记取出的点的坐标为 ξ，这时我们通常认为 ξ 在 $[a, b]$ 上是均匀分布的，意味着 ξ 落在其中的子区间 I 上的概率与 I 的长度成比例，即 $\mathbb{P}(\xi\in I)=c\mid I\mid$，取 $I=[a, b]$，得 $c=\dfrac{1}{b-a}$. 因此 ξ 的分布函数

$$F_\xi(x)=\mathbb{P}(\xi\leqslant x)=\mathbb{P}(\xi\in[a, b], \xi\leqslant x)=\begin{cases}0, & x<a,\\ \dfrac{x-a}{b-a}, & x\in[a, b],\\ 1, & x>b.\end{cases}$$

这个函数称为 $[a, b]$ 上均匀分布函数，并且说 ξ 在 $[a, b]$ 上均匀分布(见图 1.2). 与离散随机变量不同，均匀分布随机变量取任意给定值的概率为零，因为

$$\mathbb{P}(\xi=x)=\lim_n \mathbb{P}(\xi\in(x-n^{-1}, x+n^{-1}))=0,$$

也就是说，给定 x，ξ 恰等于 x 的概率是 0，但它不是不可能事件，是零概率事件或称为几乎不可能事件，而 $\{\xi\neq x\}$ 是几乎必然事件.

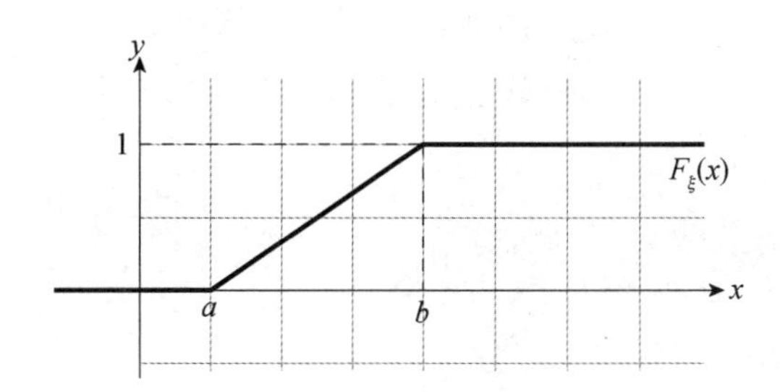

图 1.2　$U(a, b)$分布函数的图像

它的期望为

$$\mathbb{E}[\xi]=\int_a^b \frac{x}{b-a}\mathrm{d}x=\frac{1}{b-a}\cdot\frac{b^2-a^2}{2}=\frac{a+b}{2}.$$

也就是区间中点,这个答案和你心里想的一样吗?然后我们再来看方差.

$$D(\xi)=\mathbb{E}[\xi^2]-(\mathbb{E}[\xi])^2=\frac{1}{b-a}\int_a^b x^2\mathrm{d}x-\left(\frac{a+b}{2}\right)^2=\frac{(b-a)^2}{12}.$$

它和区间长度的平方成正比. 因为方差是对期望的偏差,当然区间越大,偏差也就越大,随机性也越大. ∎

例 1.1.8(正态分布)　首先看一个函数,

$$\phi(x)=\frac{1}{\sqrt{2\pi}}\mathrm{e}^{-\frac{1}{2}x^2},\ -\infty<x<+\infty.$$

让我们来证明这是一个密度函数. 只需验证 $\int_{-\infty}^{+\infty}\phi(x)\mathrm{d}x=1$ 就可以了. 这个积分不能直接用 Newton-Leibniz 公式来算,因为其原函数不是一个通常的初等函数. 这里用到一个源于 Poisson 的漂亮技巧,就是计算这个积分的平方,将累次积分化为二重积分,然后用极坐标计算. 这是耦合方法的基本思想,把一维问题化为二维问题来做. 记积分值为 I,那么

$$I^2=\frac{1}{2\pi}\iint \mathrm{e}^{-\frac{x^2+y^2}{2}}\mathrm{d}x\mathrm{d}y=\frac{1}{2\pi}\int_0^{2\pi}\mathrm{d}\theta\int_0^{\infty}\mathrm{e}^{-\frac{1}{2}r^2}r\mathrm{d}r=1.$$

记

$$\Phi(x):=\int_{-\infty}^{x}\frac{1}{\sqrt{2\pi}}\mathrm{e}^{-\frac{1}{2}t^2}\mathrm{d}t,$$

那么 Φ 是一个连续型的分布函数,称为标准正态(Gauss)分布函数. 它不是一个初等函数,

其值通常由近似计算得到，而 ϕ 称为标准正态密度函数，它是一个严格正的光滑偶函数，在正半轴上严格递减，且以平方的指数速度递减，见图 1.3. 让我们列举 Φ 的一些性质：

(1) $\Phi(0)=\frac{1}{2}$；

(2) 对任何 $x\in\mathbf{R}$，有 $\Phi(-x)=1-\Phi(x)$；

(3) Φ 是严格递增的，因此有反函数 Φ^{-1}.

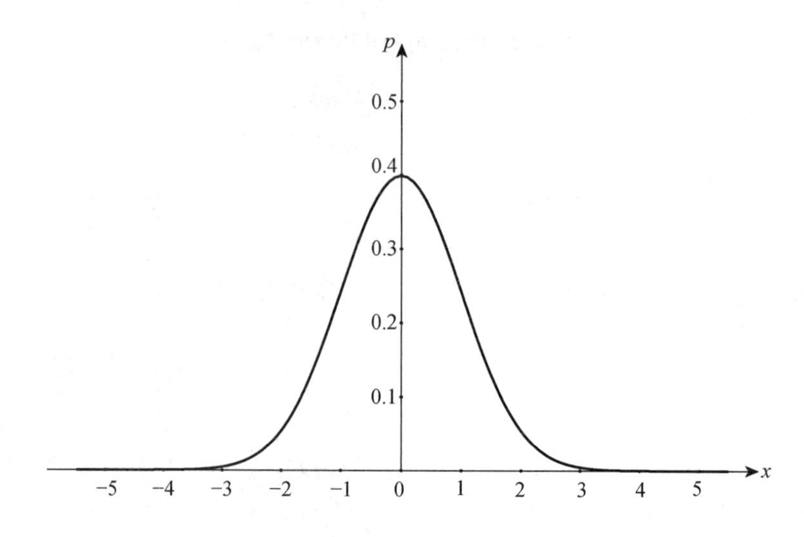

图 1.3 标准正态分布密度函数

正态分布的值通常可查正态分布表，正态分布表只列举正半轴上的值，负半轴上的值由(2)计算. 由于(3)，正态分布表也可以查反函数，对任何 $y\in(0,1)$，查 $\Phi^{-1}(y)$. 所以我们认为 Φ 与 Φ^{-1} 都是由正态分布表给出的. 对任何 $\alpha\in(0,1)$，存在唯一的 z_α，使得 $\mathbb{P}(\xi>z_\alpha)=\alpha$，称为 α-分位点. 显然 $z_\alpha=\Phi^{-1}(1-\alpha)$. 正态分布是 1733 年由法国人 DeMoivre 作为对于二项分布的近似引入的，这个结果后来被认为是概率论中最重要的结果之一，称为中心极限定理，这个分布也是生活中应用最广泛的，但是他的论文直到 1924 年才被发现，而这个分布由于在此之前 Gauss 的工作被称为 Gauss 分布.

一般地，利用标准正态密度，对实数 μ 和正实数 σ，定义

$$\phi(x;\mu,\sigma^2):=\frac{1}{\sigma}\phi\left(\frac{x-\mu}{\sigma}\right)=\frac{1}{\sqrt{2\pi}\sigma}\mathrm{e}^{-\frac{(x-\mu)^2}{2\sigma^2}}.$$

容易验证，它也是一个密度函数，即它与水平轴所夹的面积也是 1. 这个函数称为是参数为 μ, σ^2 的正态密度函数，显然 $\phi(\cdot;0,1)=\phi(\cdot)$，正态密度函数不过是标准正态密度函数的一个平移和线性收缩，它们的形状是一样的. 参数 μ 是函数图像的中心，图像关于直

线 $x=\mu$ 对称，σ^2 大小决定了图像的集中程度，函数的最大值是 $\frac{1}{\sqrt{2\pi}\sigma}$，$\sigma^2$ 越大，图像越是平坦，反之 σ^2 越小，图像越是向中心集中. 它的图像看起来象钟的形状，有时也称为钟形分布，见(图 1.3 和图 1.4).

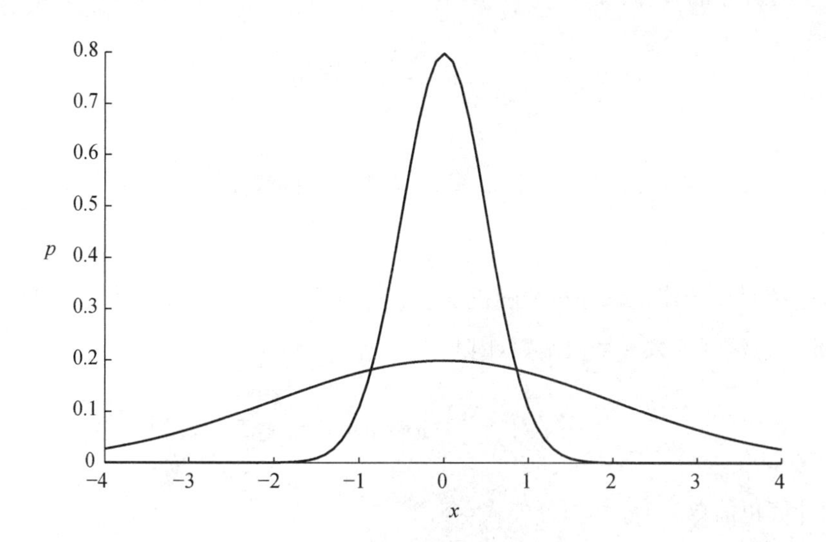

图 1.4　$N(0,\ 4)$和 $N\left(0,\ \frac{1}{4}\right)$密度的图像

如果随机变量 ξ 的密度函数是 $\phi(\cdot;\ \mu,\ \sigma^2)$，即对任何 x，

$$\mathbb{P}(\xi\leqslant x)=\int_{-\infty}^{x}\frac{1}{\sqrt{2\pi}\sigma}\mathrm{e}^{-\frac{(t-\mu)^2}{2\sigma^2}}\,\mathrm{d}t,$$

那么我们说 ξ 服从参数为 μ，σ^2 的正态(或 Gauss)分布，简单记为 $\xi\sim N(\mu,\ \sigma^2)$. 按这个记号，$N(0,\ 1)$ 就是标准正态分布. 很多现象被认为是服从正态分布的，如人的身高、考试成绩、测量的误差等.

如果 $\xi\sim N(\mu,\ \sigma^2)$，那么 $\frac{\xi-\mu}{\sigma}\sim N(0,\ 1)$. 事实上，做个积分变量替换：

$$\begin{aligned}\mathbb{P}\left(\frac{\xi-\mu}{\sigma}\leqslant x\right)&=\mathbb{P}(\xi\leqslant\sigma x+\mu)\\&=\int_{-\infty}^{\sigma x+\mu}\frac{1}{\sqrt{2\pi}\sigma}\mathrm{e}^{-\frac{(t-\mu)^2}{2\sigma^2}}\,\mathrm{d}t\\&=\int_{-\infty}^{x}\frac{1}{\sqrt{2\pi}}\mathrm{e}^{-\frac{1}{2}t^2}\,\mathrm{d}t.\end{aligned}$$

因此我们可以用标准正态分布来表示 ξ 的分布函数 F 如下：

$$F(x)=\mathbb{P}(\xi\leqslant x)=\mathbb{P}\left(\frac{\xi-\mu}{\sigma}\leqslant\frac{x-\mu}{\sigma}\right)=\Phi\left(\frac{x-\mu}{\sigma}\right).$$

也可以查正态分布表来得到其近似数值.

关于正态分布的计算：设 $\xi\sim N(\mu,\sigma^2)$，则

$$\mathbb{P}(a<\xi<b)=\Phi\left(\frac{b-\mu}{\sigma}\right)-\Phi\left(\frac{a-\mu}{\sigma}\right).$$

如果 $\alpha\in(0,1)$，$\mathbb{P}(\xi<c)=\alpha$，怎么算 c? 同样的道理，$\Phi\left(\frac{c-\mu}{\sigma}\right)=\alpha$，因此

$$c=\sigma\cdot\Phi^{-1}(\alpha)+\mu.$$

最后让我们来计算正态分布的随机变量 ξ 的期望和方差. 让我们先设 ξ 是标准正态分布的，标准正态密度函数 ϕ 是偶函数，因此

$$\mathbb{E}[\xi]=\int_{-\infty}^{+\infty}x\phi(x)\mathrm{d}x=0,$$

而方差的计算也简单，用分部积分公式，有

$$D(\xi)=\mathbb{E}[\xi^2]=\int_{-\infty}^{+\infty}\frac{1}{\sqrt{2\pi}}x^2\mathrm{e}^{-\frac{1}{2}x^2}\mathrm{d}x=-\int_{-\infty}^{+\infty}\frac{1}{\sqrt{2\pi}}x\mathrm{d}\mathrm{e}^{-\frac{1}{2}x^2}$$
$$=\frac{1}{\sqrt{2\pi}}\int_{-\infty}^{+\infty}\mathrm{e}^{-\frac{1}{2}x^2}\mathrm{d}x=1.$$

期望是 0 而方差是 1. 一般地，设 $\xi\sim N(\mu,\sigma^2)$，那么 $\frac{\xi-\mu}{\sigma}$ 是标准正态分布的，因此

$$\mathbb{E}\left[\frac{\xi-\mu}{\sigma}\right]=0,\quad D\left(\frac{\xi-\mu}{\sigma}\right)=1,$$

由期望和方差的性质推出 $\mathbb{E}[\xi]=\mu$ 和 $D(\xi)=\sigma^2$. 也就是说两个参数恰好是期望与方差，这也符合我们上面对于图像的描述. ∎

例 1.1.9(指数分布) 设 $\alpha>0$，那么函数

$$f(x)=\begin{cases}\alpha\mathrm{e}^{-\alpha x}, & x>0,\\ 0, & x\leqslant 0\end{cases}$$

也是一个密度函数，它对应的分布函数为

$$F(x)=\begin{cases}1-\mathrm{e}^{-\alpha x}, & x>0,\\ 0, & x\leqslant 0,\end{cases}$$

称为参数为 α 的指数分布. 分布函数是参数为 α 的指数分布的随机变量称为服从参数为 α 的指数分布. 指数分布通常用来描述寿命,如某个产品的寿命,或者药品的残留量等. 因为对任何 $x\in\mathbf{R}$, $\mathbb{P}(\xi>x)=\mathrm{e}^{-\alpha x}$, 故指数分布的随机变量 ξ 具有下面的遗忘性: 对任何 $x, y>0$, 有

$$\mathbb{P}(\xi>x+y\mid\xi>x)=\mathbb{P}(\xi>y).$$

证明很简单,因为 $\mathbb{P}(\xi>x)=\mathrm{e}^{-\alpha x}$ 是个指数函数.

也容易计算指数分布随机变量的数学期望和方差.

$$\mathbb{E}[\xi]=\int_0^\infty x\alpha\mathrm{e}^{-\alpha x}\mathrm{d}x=-\int_0^\infty x\mathrm{d}\mathrm{e}^{-\alpha x}=\int_0^\infty\mathrm{e}^{-\alpha x}\mathrm{d}x=\frac{1}{\alpha}.$$

类似地,有

$$\mathbb{E}[\xi^2]=\int_0^\infty x^2\alpha\mathrm{e}^{-\alpha x}\mathrm{d}x=\frac{2}{\alpha^2},$$

因此方差

$$D(\xi)=\mathbb{E}[\xi^2]-(\mathbb{E}[\xi])^2=\frac{1}{\alpha^2}.$$ ▎

例 1.1.10(Γ 分布) 对任何 $r>0$, $\alpha>0$, 函数

$$y=\begin{cases}x^{r-1}\mathrm{e}^{-\alpha x}, & x>0,\\ 0, & x\leqslant 0\end{cases}$$

是一个可积函数. 利用 Γ 函数的记号记

$$\Gamma(r):=\int_0^\infty x^{r-1}\mathrm{e}^{-x}\mathrm{d}x.$$

那么

$$\int_0^\infty x^{r-1}\mathrm{e}^{-\alpha x}\mathrm{d}x=\alpha^{-r}\Gamma(r),$$

且由分部积分法容易推出 $\Gamma(r+1)=r\Gamma(r)$, $\Gamma(1)=1$. 因此

$$y=\begin{cases}\dfrac{\alpha^r}{\Gamma(r)}x^{r-1}\mathrm{e}^{-\alpha x}, & x>0,\\ 0, & x\leqslant 0\end{cases}$$

是一个密度函数,对应的分布称为参数为 r, α 的 Γ 分布,或者写 $\Gamma(r, \alpha)$. 参数为 α 的指数分布就是 $\Gamma(1, \alpha)$ 分布.

现在设 ξ 是 $\Gamma(r, \alpha)$ 分布的. 那么

$$\mathbb{E}[\xi] = \int_0^{\infty} x \frac{\alpha^r}{\Gamma(r)} x^{r-1} \mathrm{e}^{-\alpha x} \mathrm{d}x = \frac{\alpha^r \Gamma(r+1)}{\alpha^{r+1}\Gamma(r)} = \frac{r}{\alpha},$$

$$\mathbb{E}[\xi^2] = \int_0^{\infty} x^2 \frac{\alpha^r}{\Gamma(r)} x^{r-1} \mathrm{e}^{-\alpha x} \mathrm{d}x = \frac{\alpha^r}{\Gamma(r)} \cdot \frac{\Gamma(r+2)}{\alpha^{r+2}} = \frac{r(r+1)}{\alpha^2},$$

$$D(\xi) = \mathbb{E}[\xi^2] - (\mathbb{E}[\xi])^2 = \frac{r}{\alpha^2}.$$

▮

下面我们会看到 Γ 分布的用处.

例 1.1.11 设 ξ 服从标准正态分布,求 ξ^2 的分布. 显然 ξ^2 取非负值,因此分布函数在负轴上为 0,而对任何 $x > 0$, 分布函数

$$\mathbb{P}(\xi^2 \leqslant x) = \mathbb{P}(\xi \in [-\sqrt{x}, \sqrt{x}]) = 2\int_0^{\sqrt{x}} \frac{1}{\sqrt{2\pi}} \mathrm{e}^{-\frac{1}{2}t^2} \mathrm{d}t.$$

对 x 求导,得 ξ^2 的密度函数在正轴上为

$$2 \frac{1}{\sqrt{2\pi}} \mathrm{e}^{-\frac{x}{2}} \frac{1}{2\sqrt{x}} = \frac{1}{\sqrt{2\pi x}} \mathrm{e}^{-\frac{x}{2}}.$$

这是 $\Gamma\left(\frac{1}{2}, \frac{1}{2}\right)$ 分布. 这里也说明 $\Gamma\left(\frac{1}{2}\right) = \sqrt{\pi}$. ▮

例 1.1.12 考虑 $\mathbf{R}^2$. 取过点 $P(0, a)$, $a > 0$ 的非水平的直线 l, 设它与垂直轴的有向夹角为 θ, 与水平轴交点的 x 坐标为 ξ, 那么 $\theta \in \left(-\frac{\pi}{2}, \frac{\pi}{2}\right)$, $\xi \in \mathbf{R}$. 若 θ 是均匀分布的,求 ξ 的分布. 可以把 l 看成是固定在 P 点的手电筒所射出的光线照射在地面上(见图 1.5).

两者的关系是 $\xi = a\tan\theta$. 因此

$$\begin{aligned}\mathbb{P}(\xi \leqslant x) &= \mathbb{P}\left(\theta \leqslant \arctan\frac{x}{a}\right) \\ &= \frac{1}{\pi}\left(\arctan\frac{x}{a} + \frac{\pi}{2}\right),\end{aligned}$$

求导得到 ξ 的密度函数是

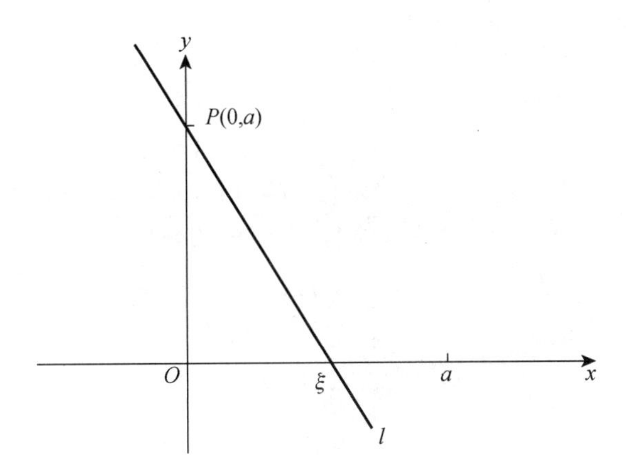

图 1.5

$$f_{\xi}(x)=\frac{1}{\pi}\cdot\frac{a}{x^{2}+a^{2}},\ x\in\mathbf{R}.$$

这个分布称为参数是 a 的 Cauchy 分布，$a=1$ 时就称为 Cauchy 分布，它的形状与正态分布类似. 注意 Cauchy 分布的密度函数虽然是偶函数，但是服从 Cauchy 分布的随机变量的期望不存在，因为 $\int_{\mathbf{R}}\frac{|x|}{x^{2}+a^{2}}\mathrm{d}x=\infty$. 当然方差也不存在. ∎

例 1.1.13 设 ξ 服从标准正态分布，$a\in\mathbf{R}$，计算期望 $\mathbb{E}[\mathrm{e}^{a\xi}]$. 由期望公式直接计算，

$$\begin{aligned}\mathbb{E}[\mathrm{e}^{a\xi}]&=\int_{\mathbf{R}}\mathrm{e}^{ax}\cdot\frac{1}{\sqrt{2\pi}}\mathrm{e}^{-\frac{1}{2}x^{2}}\mathrm{d}x\\&=\frac{1}{\sqrt{2\pi}}\int_{\mathbf{R}}\mathrm{e}^{-\frac{1}{2}(x^{2}-2ax)}\mathrm{d}x\\&=\frac{1}{\sqrt{2\pi}}\int_{\mathbf{R}}\mathrm{e}^{-\frac{1}{2}(x-a)^{2}}\mathrm{e}^{\frac{1}{2}a^{2}}\mathrm{d}x\\&=\mathrm{e}^{\frac{1}{2}a^{2}}.\end{aligned}$$

由 Taylor 展开，得

$$\mathbb{E}\left[\sum_{n\geqslant 0}\frac{(a\xi)^{n}}{n!}\right]=\sum_{n\geqslant 0}\frac{a^{2n}}{2^{n}n!},$$

比较两边 a^{2n} 的系数，得 $\mathbb{E}[\xi^{2n}]=\frac{(2n)!}{2^{n}n!}=(2n-1)!!$.

设 $i=\sqrt{-1}$，那么

$$\begin{aligned}\mathbb{E}[\mathrm{e}^{ia\xi}]&=\mathbb{E}\left[\sum_{n\geqslant 0}\frac{(ia\xi)^n}{n!}\right]\\&=\sum_{n\geqslant 0}\frac{(-1)^n a^{2n}\,\mathbb{E}[\xi^{2n}]}{(2n)!}\\&=\sum_{n\geqslant 0}\frac{(-1)^n a^{2n}}{2^n n!}=\mathrm{e}^{-\frac{1}{2}a^2},\end{aligned}$$

或者说

$$\int_{\mathbf{R}}\mathrm{e}^{iax}\frac{1}{\sqrt{2\pi}}\mathrm{e}^{-\frac{1}{2}x^2}\,\mathrm{d}x=\mathrm{e}^{-\frac{1}{2}a^2}.$$

熟悉 Fourier 分析的同学可以看出，这说明标准正态分布的密度函数是 Fourier 变换的不动点. 这也许可以部分地说明为什么中心极限定理的极限是标准正态分布. ▌

§1.2 随机向量

§1.2.1 联合分布

设概率空间 $(\Omega,\mathscr{F},\mathbb{P})$ 上有 n 个随机变量 $X_1,\cdots,X_n$. 那么 $(X_1,\cdots,X_n)$ 称为随机向量. 随机向量定义联合分布函数

$$F(x_1,x_2,\cdots,x_n)=\mathbb{P}(X_1\leqslant x_1,X_2\leqslant x_2,\cdots,X_n\leqslant x_n).$$

每一个 X_i 的分布函数 $F_i(x_i)$ 称为边缘分布函数. 如果联合分布是边缘分布函数的乘积

$$F(x_1,x_2,\cdots,x_n)=F_1(x_1)F_2(x_2)\cdots F_n(x_n),$$

那么说随机变量 $X_1,\cdots,X_n$ 相互独立. 如果联合分布函数有密度，即

$$\mathrm{d}F(x_1,\cdots,x_n)=p(x_1,\cdots,x_n)\mathrm{d}x_1\cdots\mathrm{d}x_n,$$

那么说随机向量是连续型的. 实际上，一个非负函数 p 且满足

$$\int_{\mathbf{R}^n}p(x_1,\cdots,x_n)\mathrm{d}x_1\cdots\mathrm{d}x_n=1$$

一定是一个联合密度函数.

在连续型的情况下,独立等价于密度函数是边缘密度函数的乘积,即

$$p(x_1, \cdots, x_n) = p_1(x_1)\cdots p_n(x_n),$$

其中, $p_i(x)$ 是 X_i 的分布密度函数,即所谓边缘密度函数.

§1.2.2 协方差与协方差矩阵

设 (X, Y) 是两个随机变量组成的随机向量,则

$$\mathrm{cov}(X, Y) := \mathbb{E}[(X-\mathbb{E}[X])(Y-\mathbb{E}[Y])] = \mathbb{E}[XY]-\mathbb{E}[X]\mathbb{E}[Y],$$

称为是 X, Y 的协方差. 它一定程度上描述 X, Y 之间的线性关系. 由 Cauchy-Schwarz 不等式推出

$$|\mathrm{cov}(X, Y)| \leqslant \sqrt{D(X)D(Y)}.$$

因此

$$\rho(X, Y) := \frac{\mathrm{cov}(X, Y)}{\sqrt{D(X)D(Y)}}$$

的绝对值不超过 1,被称为是 X, Y 的(线性)相关系数.

如果 $(X_1, \cdots, X_n)$ 是一个 n 维随机向量,那么协方差组成的矩阵

$$(\mathrm{cov}(X_i, X_j))_{1\leqslant i, j\leqslant n}$$

称为是随机向量的协方差矩阵. 协方差矩阵是一个对称半正定矩阵,当且仅当满秩时,它是正定的. 它不是满秩时,就说它是退化的,这时随机向量分布在一个超平面上.

§1.2.3 例

第一个例子是高维正态分布.

例 1.2.1 设 $A = (a_{i,j})$ 是 n 阶对称正定矩阵,让我们来计算

$$\int_{x\in\mathbf{R}^n} \exp\left\{-\frac{1}{2}xA^{-1}x^{\mathrm{T}}\right\}\mathrm{d}x,$$

这里向量或者矩阵右上角的 T 表示转置. 因为 A 对称正定当且仅当 A^{-1} 对称正定,所以

在上面密度函数中使用 A^{-1} 没有特别的用意，目的只是为了在 $n=1$ 时与原来的记号和谐（即 $A=\sigma^2$）. 存在对称正定矩阵 $B=(b_{i,j})$ 使得 $B^2=A$，那么 $A^{-1}=(B^{-1})^2$. 做变量替换 $y=xB^{-1}$，那么 $\mathrm{d}x=|B|\mathrm{d}y$，

$$\begin{aligned}\int_{x\in\mathbf{R}^n}\exp\left\{-\frac{1}{2}xA^{-1}x^{\mathrm{T}}\right\}\mathrm{d}x&=\int_{y\in\mathbf{R}^n}\exp\left\{-\frac{1}{2}yy^{\mathrm{T}}\right\}|B|\mathrm{d}y\\&=\sqrt{|A|}\int_{-\infty}^{+\infty}\cdots\int_{-\infty}^{+\infty}\exp\left\{-\frac{1}{2}\sum_{i=1}^{n}y_i^2\right\}\mathrm{d}y_1\cdots\mathrm{d}y_n\\&=\sqrt{|A|}(\sqrt{2\pi})^n.\end{aligned}$$

因此推出函数

$$\frac{1}{\sqrt{|A|}(\sqrt{2\pi})^n}\exp\left\{-\frac{1}{2}xA^{-1}x^{\mathrm{T}}\right\},\ x\in\mathbf{R}^n$$

是一个密度函数. 一般地，如果 $a=(a_1,a_2,\cdots,a_n)\in\mathbf{R}^n$，$A$ 对称正定，那么函数

$$\frac{1}{\sqrt{|A|}(\sqrt{2\pi})^n}\exp\left\{-\frac{1}{2}(x-a)A^{-1}(x^{\mathrm{T}}-a^{\mathrm{T}})\right\},\ x\in\mathbf{R}^n$$

称为（参数为 a，A 的）n 维正态分布. 记为 $X\sim N(a,A)$. 简单地说，一个随机向量是正态分布的当且仅当其密度函数为 $C\cdot\exp(-\phi(x))$，其中 C 是常数，ϕ 是具有最小值的二次函数. 当 $a=0$ 时，称为中心化正态分布. 再如果 A 是单位矩阵，那么称为是标准正态分布. 显然，若 $X\sim N(a,A)$，则 $(X-a)B^{-1}$ 是标准正态的.

现在设 $X=(\xi_1,\cdots,\xi_n)$ 是如上正态分布的. 密度函数 f_X 如上. 那么 X 的任何多个分量组成的随机向量仍然是正态分布的（留给读者证明）.

让我们来计算分量的期望和方差，记 $x=(x_1,x_2,\cdots,x_n)$，如果 X 是中心化的，那么 $x_if_X(x)$ 是中心对称的，故

$$\mathbb{E}[\xi_i]=\int_{\mathbf{R}^n}x_if_X(x)\mathrm{d}x=0,\ i=1,2,\cdots,n.$$

如果 $X\sim N(a,A)$，那么 $X-a$ 是中心化的，因此 $\mathbb{E}\xi_i=a_i$. 再来算 X 的协方差矩阵. 显然 $X-a$ 和 X 有相同的协方差矩阵. 所以我们可以假设 X 是中心化的. 显然当 X 是标准正态时，它的协方差矩阵就是单位矩阵，因为这时候 $\xi_1,\cdots,\xi_n$ 是独立且标准正态分布的. 一般地，如上做变量替换，$y=xB^{-1}$，或者 $x=yB$，$x_i=\sum_{k=1}^{n}y_kb_{i,k}$，则

$$\begin{aligned}\mathrm{cov}(\xi_i, \xi_j) &= \frac{1}{\sqrt{|A|}(\sqrt{2\pi})^n}\int_{\mathbf{R}^n} x_i x_j \exp\left\{-\frac{1}{2}xA^{-1}x^{\mathrm{T}}\right\}\mathrm{d}x \\ &= \frac{1}{(\sqrt{2\pi})^n}\int_{\mathbf{R}^n}\left(\sum_{k=1}^n\sum_{l=1}^n y_k b_{i,k} y_l b_{j,l}\right)\exp\left\{-\frac{1}{2}yy^{\mathrm{T}}\right\}\mathrm{d}y \\ &= \frac{1}{(\sqrt{2\pi})^n}\sum_{k=1}^n\sum_{l=1}^n b_{i,k}b_{j,l}\int_{\mathbf{R}^n} y_k y_l \exp\left\{-\frac{1}{2}yy^{\mathrm{T}}\right\}\mathrm{d}y \\ &= \sum_{k=1}^n\sum_{l=1}^n b_{i,k}b_{j,l}1_{\{k=l\}} = \sum_{k=1}^n b_{i,k}b_{j,k} = a_{i,j},\end{aligned}$$

恰好是 A 的 i 行，j 列元素，因此协方差矩阵恰好是矩阵 A. 用矩阵的语言，$Y = XB^{-1}$ 是标准正态分布的，其协方差矩阵是单位矩阵，故

$$\mathbb{E}[X^{\mathrm{T}}X] = B \cdot \mathbb{E}Y^{\mathrm{T}}Y \cdot B = B^2 = A.$$

这就是密度函数中使用 A 的逆矩阵的理由. 由此推出服从正态分布的随机向量 $(\xi_1, \cdots, \xi_n)$ 的分量独立当且仅当它们两两不相关，也就是说其协方差阵是对角矩阵.

让我们看看二维正态分布. 设 (ξ_1, ξ_2) 服从正态分布，那么它们分别服从正态分布，设 $\xi_i \sim N(\mu_i, \sigma_i^2)$，$i = 1, 2$，且设它们的相关系数是 ρ，那么 $\mathrm{cov}(\xi_1, \xi_2) = \rho\sigma_1\sigma_2$ 且协方差矩阵为

$$A = \begin{pmatrix} \sigma_1^2 & \rho\sigma_1\sigma_2 \\ \rho\sigma_1\sigma_2 & \sigma_2^2 \end{pmatrix}.$$

因此

$$\begin{aligned}A^{-1} &= \frac{1}{(1-\rho^2)\sigma_1^2\sigma_2^2}\begin{pmatrix} \sigma_2^2 & -\rho\sigma_1\sigma_2 \\ -\rho\sigma_1\sigma_2 & \sigma_1^2 \end{pmatrix} \\ &= \frac{1}{(1-\rho^2)}\begin{pmatrix} \dfrac{1}{\sigma_1^2} & -\dfrac{\rho}{\sigma_1\sigma_2} \\ -\dfrac{\rho}{\sigma_1\sigma_2} & \dfrac{1}{\sigma_2^2} \end{pmatrix},\end{aligned}$$

联合密度函数为

$$\begin{aligned}f_{\xi_1,\xi_2}(x_1, x_2) = &\frac{1}{2\pi\sqrt{1-\rho^2}\sigma_1\sigma_2} \\ &\cdot \exp\left\{-\frac{1}{2(1-\rho^2)}\left[\left(\frac{x_1-\mu_1}{\sigma_1}\right)^2 - 2\rho\frac{x_1-\mu_1}{\sigma_1}\frac{x_2-\mu_2}{\sigma_2} + \left(\frac{x_2-\mu_2}{\sigma_2}\right)^2\right]\right\}.\end{aligned}$$

容易看出右边函数是 x_1 的函数和 x_2 的函数乘积当且仅当 $\rho=0$. ▎

如果 X, Y 独立且密度函数分别为 f 和 g，则它们的和 $X+Y$ 的密度函数 h 是它们的卷积：对于 $x\in\mathbf{R}$，

$$h(x)=\int_{-\infty}^{+\infty}f(x-y)g(y)\mathrm{d}y.$$

例 1.2.2 现在设 ξ, η 是独立的，分别是 $\Gamma(r_1, \alpha)$ 和 $\Gamma(r_2, \alpha)$ 分布的，注意后一个参数相同，我们来算其和 $X:=\xi+\eta$ 的密度. 密度函数前的常数不重要，它总是取为使得密度函数积分等于 1 的那一个，所以我们总是用 C 表示. 因为在负轴上为 0，对 $x>0$，由卷积公式，密度函数为

$$\begin{aligned}f_X(x)&=C\int_0^x s^{r_1-1}\mathrm{e}^{-\alpha s}(x-s)^{r_2-1}\mathrm{e}^{-\alpha(x-s)}\mathrm{d}s=C\mathrm{e}^{-\alpha x}\int_0^x s^{r_1-1}(x-s)^{r_2-1}\mathrm{d}s\\&=C\mathrm{e}^{-\alpha x}\int_0^1(tx)^{r_1-1}(x(1-t))^{r_2-1}x\mathrm{d}t=C\mathrm{e}^{-\alpha x}x^{r_1+r_2-1},\end{aligned}$$

从密度函数看出 $\xi+\eta\sim\Gamma(r_1+r_2, \alpha)$. 因此 Γ 分布在第二个参数相同时有再生性. 例 1.1.11 告诉我们标准正态分布的随机变量的平方是 $\Gamma\left(\frac{1}{2}, \frac{1}{2}\right)$ 分布的，由此推出如果 $\xi_1, \cdots, \xi_n$ 是独立的 n 个标准正态分布的随机变量，那么 $\sum\limits_{i=1}^{n}\xi_i^2$ 是 $\Gamma\left(\frac{n}{2}, \frac{1}{2}\right)$ 分布的，这个分布也称为自由度为 n 的 χ^2 分布，是统计中常用的一个分布，也记为 $\chi^2(n)$.

再来看看随机变量 $Y:=\dfrac{\xi}{\xi+\eta}$ 的密度函数. 显然 $\mathbb{P}(0<Y<1)=1$，因而对 $x\in(0, 1)$，相应分布函数为

$$\begin{aligned}\mathbb{P}(Y\leqslant x)&=\mathbb{P}(\xi\leqslant x(\xi+\eta))=\mathbb{P}\left(\xi\leqslant\frac{x}{1-x}\eta\right)\\&=C\int_0^{\infty}\mathrm{d}t\int_0^{\frac{x}{1-x}t}s^{r_1-1}\mathrm{e}^{-\alpha s}t^{r_2-1}\mathrm{e}^{-\alpha t}\mathrm{d}s,\end{aligned}$$

对 x 求导，得到 Y 的密度函数为

$$\begin{aligned}f_Y(x)&=C\int_0^{\infty}t^{r_2-1}\mathrm{e}^{-\alpha t}\left(\frac{x}{1-x}t\right)^{r_1-1}\mathrm{e}^{-\alpha\frac{x}{1-x}t}\frac{1}{(1-x)^2}t\mathrm{d}t\\&=C\left(\frac{x}{1-x}\right)^{r_1-1}\frac{1}{(1-x)^2}\int_0^{\infty}t^{r_1+r_2-1}\mathrm{e}^{-\alpha t\frac{1}{1-x}}\mathrm{d}t\\&=C\left(\frac{x}{1-x}\right)^{r_1-1}\frac{1}{(1-x)^2}(1-x)^{r_1+r_2-1}(1-x)\int_0^{\infty}t^{r_1+r_2-1}\mathrm{e}^{-\alpha t}\mathrm{d}t\\&=Cx^{r_1-1}(1-x)^{r_2-1},\end{aligned}$$

由密度函数的性质，最后一个常数 C 一定是所谓 β 函数

$$B(r_1, r_2) := \int_0^1 x^{r_1-1}(1-x)^{r_2-1}\mathrm{d}x = \frac{\Gamma(r_1)\Gamma(r_2)}{\Gamma(r_1+r_2)}$$

的倒数. 这个分布称为是参数为 r_1, r_2 的 β 分布. β 分布也是个重要的分布，它的期望

$$\mathbb{E}[Y] = \frac{1}{B(r_1, r_2)}\int_0^1 x^{r_1}(1-x)^{r_2-1}\mathrm{d}x = \frac{r_1}{r_1+r_2}.$$

注意，当 $r_1 = r_2 = 1$ 时，β 分布是均匀分布.

同样可以算 (X, Y) 的联合分布或密度. 对于 $x > 0,\ y \in (0, 1)$，相应联合分布

$$\mathbb{P}(X \leqslant x, Y \leqslant y) = \iint\limits_{\substack{s+t\leqslant x, \\ \frac{s}{s+t}\leqslant y}} f_{\xi,\eta}(s, t)\mathrm{d}s\mathrm{d}t,$$

其中 $f_{\xi,\eta}$ 是 ξ, η 的联合密度. 令 $u = s+t,\ v = \dfrac{s}{s+t}$，那么 $(s, t) \to (u, v)$ 是 $\mathbf{R}_+^2$ 到 $\mathbf{R}_+ \times (0, 1)$ 的一一对应，反解出 s, t 得 $s = uv,\ t = u(1-v)$ 且 $\mathrm{d}s\mathrm{d}t = u\mathrm{d}u\mathrm{d}v$，因此

$$\mathbb{P}(X \leqslant x, Y \leqslant y) = \iint\limits_{\substack{u\leqslant x, \\ v\leqslant y}} f_{\xi,\eta}(uv, u(1-v)) \cdot u\mathrm{d}u\mathrm{d}v.$$

由条件推出

$$\begin{aligned} f_{\xi,\eta}(uv, u(1-v)) \cdot u &= C \cdot (uv)^{r_1-1}\mathrm{e}^{-\alpha uv}((1-v)u)^{r_2-1}\mathrm{e}^{-\alpha u(1-v)}u \\ &= C \cdot u^{r_1+r_2-1}\mathrm{e}^{-\alpha u} \cdot v^{r_1-1}(1-v)^{r_2-1}. \end{aligned}$$

即得 (X, Y) 的联合密度函数是

$$f_{X,Y}(x, y) = C \cdot x^{r_1+r_2-1}\mathrm{e}^{-\alpha x} \cdot y^{r_1-1}(1-y)^{r_2-1}.$$

这不仅容易地看出 X, Y 各自的密度函数，还说明 X, Y 是独立的.

如果 ξ, η 是独立同分布的，都服从标准正态分布，那么 ξ^2 与 η^2 独立服从 $\Gamma\left(\frac{1}{2}, \frac{1}{2}\right)$，因此 $\xi^2+\eta^2$ 与 $\dfrac{\xi^2}{\xi^2+\eta^2}$ 独立，且前者服从参数为 $\frac{1}{2}$ 的指数分布，后者服从参数为 $\frac{1}{2}, \frac{1}{2}$ 的 β 分布，其密度函数为

$$\frac{1}{\pi\sqrt{(y(1-y))}},\ y \in (0, 1),$$

称为反正弦律，因为其分布函数为

$$F_Y(y)=\begin{cases}0, & y\leqslant 0,\\ \dfrac{2}{\pi}\arcsin\sqrt{y}, & y\in(0,1),\\ 1, & y\geqslant 1.\end{cases}$$

反正弦律之所以得名是因为在马氏过程中许多随机现象服从这个分布. ∎

例 1.2.3 设 ξ, η 独立都服从标准正态分布，我们来算 $\dfrac{\xi}{\eta}$ 的密度函数 f. 容易看出 f 一定是偶函数. 对 $x\in\mathbf{R}$, 先得到分布函数

$$\begin{aligned}F(x)&=\mathbb{P}\left(\frac{\xi}{\eta}\leqslant x\right)\\&=\mathbb{P}\left(\frac{\xi}{\eta}\leqslant x,\ \eta>0\right)+\mathbb{P}\left(\frac{\xi}{\eta}\leqslant x,\ \eta<0\right)\\&=\mathbb{P}(\xi\leqslant x\eta,\ \eta>0)+\mathbb{P}(\xi\geqslant x\eta,\ \eta<0)\\&=2\,\mathbb{P}(\xi\leqslant x\eta,\ \eta>0)\\&=2\iint_{t\leqslant xs,\ s>0}\frac{1}{2\pi}e^{-\frac{s^2+t^2}{2}}\mathrm{d}s\mathrm{d}t\\&=\frac{1}{\pi}\int_0^{\infty}\mathrm{d}s\int_{-\infty}^{xs}e^{-\frac{s^2+t^2}{2}}\mathrm{d}t,\end{aligned}$$

对 x 求导得

$$f(x)=\frac{1}{\pi}\int_0^{\infty}se^{-\frac{s^2}{2}(1+x^2)}\mathrm{d}s=\frac{1}{\pi(1+x^2)},$$

这是 Cauchy 分布的密度函数. 另外因为标准正态密度函数是偶函数，故 (ξ,η) 与 $(\xi,-\eta)$, $(-\xi,-\eta)$ 有同样的联合密度函数，因此 $\dfrac{\xi}{|\eta|}$ 与 $\dfrac{\xi}{\eta}$ 是同分布的.

有其他更本质的方法考虑这个问题，用 θ 表示平面上 x 轴到向量 (ξ,η) 的幅角，但原点的幅角是无定义的，而因为 $\mathbb{P}((\xi,\eta)=(0,0))=0$, 这样幅角至少几乎处处有定义了，$\theta$ 取值于区间 $[0,2\pi)$, $\theta\leqslant x$ 等价于 (ξ,η) 在幅角 0 到 x 的扇形 $S(x)$ 内，因此

$$\mathbb{P}(\theta\leqslant x)=\int_{S(x)}f(s,t)\mathrm{d}s\mathrm{d}t,$$

其中

$$f(s,\ t)=\frac{1}{2\pi}\mathrm{e}^{-\frac{1}{2}(s^2+t^2)}$$

是 $(\xi,\ \eta)$ 的联合密度. 显然 f 是旋转不变的,因此上面的积分与角度 x 是成比例的,即 θ 服从均匀分布,现在 $\frac{\eta}{\xi}=\tan\theta$, 类似例 1.1.12 的方法证明 $[0,\ 2\pi)$ 的均匀分布的正切服从 Cauchy 分布.

接着我们再来算正态分布与 Γ 分布平方根的商的分布. 设 $\xi,\ \eta$ 独立,ξ 服从标准正态分布, $\eta\sim\Gamma(r,\ \alpha)$, 那么 $\mathbb{E}[\eta]=\frac{r}{\alpha}$, 我们再来算商

$$\zeta:=\frac{\xi}{\sqrt{\eta/\ \mathbb{E}[\eta]}}$$

的密度. 一样地,先看分布函数,对 $x\in\mathbf{R}$,

$$\begin{aligned}F(x)&=\mathbb{P}(\zeta\leqslant x)=\mathbb{P}\left(\xi\leqslant x\sqrt{\frac{\eta}{\mathbb{E}\,\eta}}\right)=\mathbb{P}(\xi\leqslant x\sqrt{\alpha r^{-1}\eta})\\&=\int_0^\infty\frac{\alpha^r}{\Gamma(r)}t^{r-1}\mathrm{e}^{-\alpha t}\mathrm{d}t\int_{-\infty}^{x\sqrt{\alpha r^{-1}t}}\frac{1}{\sqrt{2\pi}}\mathrm{e}^{-\frac{1}{2}s^2}\mathrm{d}s,\end{aligned}$$

对 x 求导,得密度为

$$\begin{aligned}f(x)&=\int_0^\infty\frac{1}{\sqrt{2\pi}}\frac{\alpha^r}{\Gamma(r)}t^{r-1}\mathrm{e}^{-\alpha t}\mathrm{e}^{-\frac{1}{2}(x\sqrt{\alpha r^{-1}}t)^2}\sqrt{\alpha r^{-1}}t\mathrm{d}t\\&=\frac{1}{\sqrt{2\pi}}\frac{\alpha^r}{\Gamma(r)}\int_0^\infty t^{r-\frac{1}{2}}\mathrm{e}^{-\left(1+\frac{x^2}{2r}\right)\alpha t}\sqrt{\alpha r^{-1}}\mathrm{d}t\\&=\frac{\alpha^{r+\frac{1}{2}}}{\sqrt{2\pi r}\Gamma(r)}\int_0^\infty\left(\frac{1}{\alpha\left(1+\dfrac{x^2}{2r}\right)}\right)^{r+\frac{1}{2}}t^{r-\frac{1}{2}}\mathrm{e}^{-t}\mathrm{d}t\\&=\frac{\Gamma\left(r+\dfrac{1}{2}\right)}{\sqrt{2\pi r}\Gamma(r)}\left(1+\frac{x^2}{2r}\right)^{-r-\frac{1}{2}},\end{aligned}$$

此函数与 α 无关. 特别地,如果 $\eta\sim\chi^2(n)$, 也就是说 $\eta\sim\Gamma\left(\frac{n}{2},\ \frac{1}{2}\right)$, 那么 $r=\frac{n}{2}$, 故商 $\zeta=\frac{\xi}{\sqrt{\eta/n}}$ 的密度函数是

$$t_n(x)=\frac{\Gamma\left(\frac{n+1}{2}\right)}{\sqrt{\pi n}\Gamma\left(\frac{n}{2}\right)}\left(1+\frac{x^2}{n}\right)^{-\frac{n+1}{2}}.$$

我们把这个密度函数称为自由度为 n 的 t 分布的密度函数，它也是统计中的重要分布. 当 $n=1$ 时恰好是 Cauchy 分布，而当 n 趋于无穷时极限是标准正态分布的密度函数. ∎

例 1.2.4 设随机变量 $X_1, X_2, \cdots, X_n$ 独立且服从标准正态分布，令

$$\overline{X}:=\frac{1}{n}(X_1+\cdots+X_n),$$

$$S^2:=\frac{1}{n-1}[(X_1-\overline{X})^2+\cdots+(X_n-\overline{X})^2].$$

我们来证明它们独立且 S^2 服从 Γ 分布. 展开 S^2 得

$$(n-1)S^2=\sum_{i=1}^n X_i^2-n\overline{X}^2,$$

向量 $e_1=\frac{1}{\sqrt{n}}(1, 1, \cdots, 1)$ 是单位向量，可以扩充为 $\mathbf{R}^n$ 的标准正交基，也就是说存在 n 阶正交矩阵 Q，其首列向量是 e_1. 置

$$(Y_1, \cdots, Y_n)=(X_1, \cdots, X_n)Q.$$

那么因为多维标准正态分布是旋转不变的，故 $(Y_1, Y_2, \cdots, Y_n)$ 也是独立且服从标准正态分布的，且

$$\overline{X}=\sqrt{n}Y_1,$$

$$(n-1)S^2=Y_2^2+\cdots+Y_n^2.$$

因此 $\overline{X}$ 与 S^2 独立且 $(n-1)S^2\sim\Gamma((n-1)/2, 1/2)$. ∎

例 1.2.5 设 $\{X_n\}$ 是独立同分布随机序列，服从参数为 α 的指数分布. 令 $S_0=0$,

$$S_n=\sum_{k=1}^n X_k.$$

如果把 X_n 看成是等待时间的话，S_n 可以看成为第 n 个随机信号到达的时间，自然 S_n 是服从 Γ 分布 $\Gamma(n, \alpha)$ 的. 对任何 $t\geqslant 0$，令

$$N(t):=\sup\{n: S_n\leqslant t\},$$

那么 $S_n \leqslant t < S_{n+1}$ 当且仅当 $N(t)=n$. 也就是说 $N(t)$ 是 t 时刻前已到达的信号数量. 我们来算 $N(t)$ 的分布.

$$\begin{aligned}\mathbb{P}(N(t)=n) &= \mathbb{P}(S_n \leqslant t < S_{n+1}) \\ &= \mathbb{P}(S_n \leqslant t < S_n + X_{n+1}) \\ &= \int_0^t \frac{\alpha^n}{(n-1)!} x^{n-1} \mathrm{e}^{-\alpha x} \mathrm{d}x \int_{t-x}^{\infty} \alpha \mathrm{e}^{-\alpha y} \mathrm{d}y \\ &= \mathrm{e}^{-\alpha t} \frac{\alpha^n}{(n-1)!} \int_0^t x^{n-1} \mathrm{d}x = \mathrm{e}^{-\alpha t} \frac{(\alpha t)^n}{n!},\end{aligned}$$

也就是说 $N(t)$ 服从参数为 αt 的 Poisson 分布. ▌

例 1.2.6 在这个例子中,我们将介绍顺序统计量的概念. 设 $\xi_1, \cdots, \xi_n (n \geqslant 2)$ 是独立同分布连续型随机变量,分布函数是 F, 密度函数是 f. 令

$$\xi := \sup_{1 \leqslant i \leqslant n} \xi_i, \quad \eta := \inf_{1 \leqslant i \leqslant n} \xi_i.$$

求 (ξ, η) 的联合分布与密度. 因为它们是连续型的,所以不必担心下面大于或者是大于等于的符号问题. 当然 $\xi \geqslant \eta$, 因此取 $x > y$, 那么

$$\{\xi < x, \eta > y\} = \bigcap_{1 \leqslant i \leqslant n} \{y < \xi_i < x\},$$

因而

$$\begin{aligned}\mathbb{P}(\xi < x, \eta > y) &= \mathbb{P}(y < \xi_1 < x, \cdots, y < \xi_n < x) \\ &= [\mathbb{P}(y < \xi_1 < x)]^n = (F(x) - F(y))^n,\end{aligned}$$

推出它们的联合分布函数为

$$\begin{aligned}\mathbb{P}(\xi \leqslant x, \eta \leqslant y) &= \mathbb{P}(\xi \leqslant x) - \mathbb{P}(\xi \leqslant x, \eta > y) \\ &= F(x)^n - (F(x) - F(y))^n.\end{aligned}$$

对 x 和 y 分别求导,得联合密度函数表达式为

$$(x, y) \mapsto \begin{cases} n(n-1) f(x)(F(x) - F(y))^{n-2} f(y), & x > y, \\ 0, & x \leqslant y. \end{cases}$$

设 $n=2$, ξ_1, ξ_2 独立且是相同区间上均匀分布的,那么 (ξ, η) 是二维均匀分布,但 ξ 与 η 都不是均匀分布.

更一般地,我们可以考虑顺序统计量问题. 因为 $\{\xi_i\}_{i=1}^n$ 独立且都是连续型分布的,故

可以认为它们互不相同,重新按从小到大的顺序排列为 $\xi_{(1)}, \xi_{(2)}, \cdots, \xi_{(n)}$. 具体地说,对于任意的 $\omega \in \Omega$, $\xi_{(i)}(\omega)$ 表示 n 个实数 $\xi_1(\omega), \cdots, \xi_n(\omega)$ 从小到大排列时的第 i 个数,也就是说,符号 (i) 代表随机序号, $(i)(\omega) = j$ 当且仅当数 $\xi_j(\omega)$ 在以上排列中排在第 i 个位置. 随机变量 $\xi_{(1)}, \cdots, \xi_{(n)}$ 称为 $\{\xi_i\}$ 的顺序统计量. 容易看出

$$\xi_{(1)} = \min_{1\leqslant i\leqslant n} \xi_i, \quad \xi_{(n)} = \max_{1\leqslant i\leqslant n} \xi_i.$$

由于对称性, $\{\xi_i\}$ 的各种不同顺序排列应该是等可能发生的,故 $((1), (2), \cdots, (n))$ 在 $1, 2, \cdots, n$ 的所有顺序的集合上均匀分布. 再考虑 $\xi_{(i)}$ 的分布,对任何 $x \in \mathbf{R}$, $\xi_{(i)} \leqslant x$ 当且仅当 $\{\xi_i\}_{i=1}^n$ 中至少有 i 个随机变量不超过 x. 用 A_k 表示恰有 k 个不超过 x,由二项分布,有

$$\begin{aligned}\mathbb{P}(A_k) &= \mathrm{C}_n^k\, \mathbb{P}(\xi_1 \leqslant x, \cdots, \xi_k \leqslant x, \xi_{k+1} > x, \cdots, \xi_n > x) \\ &= \mathrm{C}_n^k F(x)^k (1-F(x))^{n-k}.\end{aligned}$$

因此

$$\mathbb{P}(\xi_{(i)} \leqslant x) = \sum_{k=i}^{n} \mathrm{C}_n^k F(x)^k (1-F(x))^{n-k} = \mathbb{P}(B(i, n-i) \leqslant F(x)),$$

其中 $B(i, n-i)$ 是参数为 $i, n-i$ 的 β 分布(见习题 10). ▎

关于例 1.2.6 中所说的对称性,我们在此做点解释,因为它在很多问题中都会用到. 设 $(\xi_1, \cdots, \xi_n)$ 是随机向量,说它是对称的,如果对于 $(1, \cdots, n)$ 的任意一个置换 $(\sigma_1, \cdots, \sigma_n)$, $(\xi_{\sigma_1}, \cdots, \xi_{\sigma_n})$ 与 $(\xi_1, \cdots, \xi_n)$ 同分布,也就是说分布与顺序无关. 很容易证明,如果 $\xi_1, \cdots, \xi_n$ 是独立同分布的,那么它作为随机向量是对称的. 用函数来表达的话,对称性是说对任意非负或有界 Borel 可测函数 $f: \mathbf{R}^n \mapsto \mathbf{R}$, 有

$$\mathbb{E} f(\xi_1, \cdots, \xi_n) = \mathbb{E} f(\xi_{\sigma_1}, \cdots, \xi_{\sigma_n}),$$

因此推出例 1.2.6 中所说的断言: $\{\xi_i\}$ 的各种顺序应该是等可能发生的.

§1.3 极限定理

极限定理是概率论中最重要的理论结果之一,其中尤为重要的是大数定律或中心极限定理. 在所声明的条件下,一个随机序列的算术平均值(按某种意义)通常收敛于所希望的平均值的定理,归为大数定律. 另一方面,中心极限定理则是关于确定在什么条件下大

量的随机变量之和具有近似正态的概率分布. 首先我们需要一些不等式.

§1.3.1 可积性与不等式

随机变量的数学期望不一定存在. 例如,设 X 是 Cauchy 分布,即 X 的密度函数是 $p(x)=\dfrac{1}{\pi(1+x^2)}$,那么

$$\mathbb{E}[X]=\int_{-\infty}^{+\infty}\frac{x\mathrm{d}x}{\pi(1+x^2)},$$

它不可积,因此期望不存在.

当 $\mathbb{E}[|X|]<\infty$ 时,我们说 X 是可积的,否则不可积;当 $\mathbb{E}[X^2]<\infty$ 时,我们说 X 是平方可积的. 下面的不等式称为 Cauchy-Schwarz 不等式

$$\mathbb{E}[|XY|]\leqslant\sqrt{\mathbb{E}[X^2]\,\mathbb{E}[Y^2]}.$$

其中当 $Y=1$ 时,有

$$\mathbb{E}[|X|]\leqslant\sqrt{\mathbb{E}[X^2]}.$$

§1.3.2 Chebyshev 不等式

设 X 是一个随机变量,对任何 $\varepsilon>0$,有

$$|X|^2\geqslant\varepsilon^2 1_{\{|X|>\varepsilon\}}.$$

因此

$$\mathbb{E}[|X|^2]\geqslant\varepsilon^2\,\mathbb{P}(|X|>\varepsilon),$$

即有

$$\mathbb{P}(|X|>\varepsilon)\leqslant\frac{\mathbb{E}[|X|^2]}{\varepsilon^2}.$$

称为 Chebyshev 不等式.

这个不等式的重要性在于,当我们仅仅知道概率分布的二阶矩时,可以由它得到概率的界. 经常作为证明结论的理论工具. 比如,我们可以证明方差为 0 的随机变量就是以概

率 1 为常数的随机变量.

命题 1.3.1 若 $D(X)=0$, 则 $\mathbb{P}(X=\mathbb{E}[X])=1$.

证明 令 $\mu=\mathbb{E}[X]$, 根据 Chebyshev 不等式,对任意 $n\geqslant 1$, 我们有

$$\mathbb{P}\left(|X-\mu|>\frac{1}{n}\right)=0.$$

令 $n\to\infty$ 并用概率的连续性,可得

$$\begin{aligned}0&=\lim_{n\to\infty}\mathbb{P}\left(|X-\mu|>\frac{1}{n}\right)=\mathbb{P}\left(\lim_{n\to\infty}\left\{|X-\mu|>\frac{1}{n}\right\}\right)\\&=\mathbb{P}(X\neq\mu).\end{aligned}$$

□

§1.3.3 Bernoulli 大数定律

下面我们可以讨论频率与概率的关系问题了. 独立地重复一个成功概率为 p 的 Bernoulli 试验,用 ξ_n 表示前 n 次试验时成功的次数,那么 $\frac{\xi_n}{n}$ 是前 n 次试验成功的频率,也是一个随机变量. 下面定理说明这个频率在某种意义下收敛于成功概率 p, 即大数定律,说明概率在某种意义下是可以检验的. 这是 Bernoulli 在 1713 年发现的.

定理 1.3.1(Bernoulli) 对任何 $\varepsilon>0$, 有

$$\lim_{n}\mathbb{P}\left(\left|\frac{\xi_n}{n}-p\right|>\varepsilon\right)=0.$$

证明 因为 $\mathbb{E}\,\xi_n=np$, $D\xi_n=np(1-p)$, 由 Chebyshev 不等式得

$$\mathbb{P}\left(\left|\frac{\xi_n}{n}-p\right|>\varepsilon\right)\leqslant\frac{1}{\varepsilon^2}\,\mathbb{E}\left|\frac{\xi_n-np}{n}\right|^2=\frac{1}{\varepsilon^2}\,\frac{p(1-p)}{n}\leqslant\frac{1}{4\varepsilon^2 n}\to 0.$$

完成证明. □

从这个定理引出一个收敛性的定义.

定义 1.3.1 设 $\{\xi_n\}$ 是一个随机变量序列, ξ 是一个随机变量. 如果对任何 $\varepsilon>0$,

$$\lim_{n}\mathbb{P}(\{|\xi_n-\xi|\geqslant\varepsilon\})=0,$$

那么我们称 $\{\xi_n\}$ 依概率收敛于 ξ, 记为 $\xi_n\xrightarrow{p}\xi$.

后来,引入另外一个收敛的概念,即几乎处处收敛,它是指随机序列在一个概率为 1 的事件上收敛.

定义 1.3.2 设 $\{\xi_n\}$ 是一个随机变量序列,ξ 是一个随机变量. 如果

$$\mathbb{P}(\lim_n \xi_n = \xi) = 1,$$

那么我们说 ξ_n 几乎处处或者以概率 1 收敛于 ξ. 记为 $\xi_n \xrightarrow{\text{a.s.}} \xi$.

几乎处处收敛等价于对任何 $\varepsilon > 0$,有

$$\mathbb{P}(\limsup_{n\to\infty}\{|\xi_n - \xi| > \varepsilon\}) = 0.$$

回忆事件列 $\{A_n\}$ 的上极限和下极限分别定义为

$$\limsup_{n\to\infty} A_n = \bigcap_{n\geqslant 1}\bigcup_{k\geqslant n} A_k \text{ 与} \liminf_{n\to\infty} A_n = \bigcup_{n\geqslant 1}\bigcap_{k\geqslant n} A_k.$$

前者表示无穷个 A_n 发生,后者表示至多有限个 A_n 不发生.

思考 1.3.1 几乎处处收敛蕴含依概率收敛;反之不对,有反例.

§1.3.4 Borel-Cantelli 引理

首先注意到,概率 $\mathbb{P}$ 满足可列可加性:对任何互斥的事件列 $\{A_n\}$,有

$$\mathbb{P}(\bigcup_{n\geqslant 1} A_n) = \sum_{n\geqslant 1}\mathbb{P}(A_n).$$

如果只是一个事件列,没有互斥性,那么有次可列可加性

$$\mathbb{P}(\bigcup_{n\geqslant 1} A_n) \leqslant \sum_{n\geqslant 1}\mathbb{P}(A_n).$$

思考 1.3.2 从可列可加性推出次可列可加性.

定理 1.3.2(Borel-Cantelli) 设 $\{A_n\}$ 是事件列.

(1) 若 $\sum_{n=1}^{\infty}\mathbb{P}(A_n) < \infty$,则

$$\mathbb{P}(\limsup_{n\to\infty} A_n) = 0;$$

(2) 若 $\{A_n\}$ 是独立事件列且 $\sum_{n=1}^{\infty}\mathbb{P}(A_n) = \infty$,则

$$\mathbb{P}(\limsup_{n\to\infty} A_n) = 1.$$

证明 (1) 首先 $\mathbb{P}(\limsup_n A_n)=\lim_n \mathbb{P}(\bigcup_{k\geqslant n}A_k)$，而

$$\mathbb{P}(\bigcup_{k\geqslant n}A_k)\leqslant \sum_{k\geqslant n}\mathbb{P}(A_k)\to 0,$$

因为级数 $\sum_{n=1}^{\infty}\mathbb{P}(A_n)$ 收敛.

(2) 对 $n<N$，由于 $\{A_n\}$ 独立，

$$\mathbb{P}(\bigcap_{k=n}^{N}A_k^c)=\prod_{k=n}^{N}(1-\mathbb{P}(A_k))\leqslant \prod_{k=n}^{N}\mathrm{e}^{-\mathbb{P}(A_k)}=\mathrm{e}^{-\sum_{k=n}^{N}\mathbb{P}(A_k)}.$$

得 $\lim_N \mathbb{P}(\bigcap_{k=n}^{N}A_k^c)=0$，即 $\mathbb{P}(\bigcup_{k=n}^{\infty}A_k)=1$，故 $\mathbb{P}(\limsup_n A_n)=1$. □

因为几乎处处收敛等价于对任何 $\varepsilon>0$ 有

$$\mathbb{P}(\limsup_{n\to\infty}\{|\xi_n-\xi|>\varepsilon\})=0,$$

所以下面的推论显而易见.

推论 1.3.1 如果对任何 $\varepsilon>0$，

$$\sum_{n\geqslant 1}\mathbb{P}(|\xi_n-\xi|>\varepsilon)<\infty,$$

那么当 $n\to\infty$ 时，有 $\xi_n\xrightarrow{\text{a.s.}}\xi$.

如下强大数定律说明独立同分布的随机序列的算术平均值以概率 1 收敛于该分布的均值.

定理 1.3.3(Borel) 如果 $\{\xi_n, n\geqslant 1\}$ 是独立同分布的随机序列且 $\mathbb{E}\xi_1^4<\infty$，那么 $\{\xi_n\}$ 满足强大数定律，即

$$\frac{1}{n}\sum_{i=1}^{n}\xi_i\xrightarrow{\text{a.s.}}\mathbb{E}[\xi_1].$$

证明 在证明之前，我们可以容易地验证 Chebyshev 不等式中的平方可以换成任何正数幂，例如 4，即

$$\mathbb{P}(|X|>\varepsilon)\leqslant\frac{\mathbb{E}[|X|^4]}{\varepsilon^4}.$$

由推论，只需证明

$$\sum_n \mathbb{P}\left(\left\{\left|\frac{1}{n}\sum_{i=1}^{n}\xi_i-\mathbb{E}\xi_1\right|>\varepsilon\right\}\right)<\infty$$

就足够了. 回忆展开公式

$$\left(\sum_{i=1}^{n} x_i\right)^k = \sum_{k_1,\cdots,k_n \text{非负且和为} k} \frac{k!}{k_1!\cdots k_n!} x_1^{k_1}\cdots x_n^{k_n},$$

然后由 Chebyshev 不等式,

$$\sum_n \mathbb{P}\left(\left\{\left|\frac{1}{n}\sum_{i=1}^{n}\xi_i - \mathbb{E}\xi_1\right| > \varepsilon\right\}\right) \leqslant \sum_n \frac{1}{(\varepsilon n)^4}\mathbb{E}\left[\left(\sum_{i=1}^{n}(\xi_i - \mathbb{E}\xi_i)\right)^4\right]$$

$$= \sum_n \frac{1}{(\varepsilon n)^4}\left(\mathbb{E}\sum_{i=1}^{n}(\xi_i - \mathbb{E}\xi_i)^4 + 6\sum_{1\leqslant i<j\leqslant n}\mathbb{E}(\xi_i - \mathbb{E}\xi_i)^2(\xi_j - \mathbb{E}\xi_j)^2\right)$$

$$= \sum_n \frac{1}{(\varepsilon n)^4}\left(n\mathbb{E}(\xi_1 - \mathbb{E}\xi_1)^4 + 3n(n-1)(D\xi_1)^2\right) < \infty.$$

因此推出结论. □

§1.3.5 例

先看几个具体的例子.

例 1.3.1 设 ξ_n 是连续型随机变量,密度函数是

$$f(x) = \frac{n^\alpha}{\pi(1+n^{2\alpha}x^2)}$$

且 $\alpha > 0$, 那么对任何 $\varepsilon > 0$, 有

$$\mathbb{P}(|\xi_n| > \varepsilon) = \int_{|x|>\varepsilon} \frac{n^\alpha}{\pi(1+n^{2\alpha}x^2)}\mathrm{d}x = \int_{|x|>n^\alpha\varepsilon} \frac{1}{\pi(1+x^2)}\mathrm{d}x,$$

函数 $\dfrac{1}{\pi(1+x^2)}$ 在无穷远处积分收敛,而当 $n\to\infty$ 时,积分限趋于无穷,故不必计算这个积分就看出 $\lim_n \mathbb{P}(|\xi_n| > \varepsilon) = 0$, 即 $\xi_n \xrightarrow{p} 0$. 实际上这个函数的原函数是反正切函数,即得

$$\mathbb{P}(|\xi_n| > \varepsilon) = 2\int_{n^\alpha\varepsilon}^{\infty} \frac{1}{\pi(1+x^2)}\mathrm{d}x = 1 - \frac{2}{\pi}\arctan(n^\alpha\varepsilon) \to 0.$$

问题是 $\{\xi_n\}$ 是否也几乎处处收敛呢? 而当 $x\to+\infty$ 时, $1-\dfrac{2}{\pi}\arctan x$ 是与 x^{-1} 同阶的无

穷小，如果 $\alpha>1$，那么级数 $\sum_n n^{-\alpha}$ 收敛，故

$$\sum_n \mathbb{P}(|\xi_n|>\varepsilon)=\sum_n 2\int_{n^\alpha\varepsilon}^{\infty}\frac{1}{\pi(1+x^2)}\mathrm{d}x=\sum_n\left(1-\frac{2}{\pi}\arctan(n^\alpha\varepsilon)\right)<\infty,$$

因此由推论 1.3.1，$\xi_n\xrightarrow{\text{a.s.}}0$. 当 $\alpha\leqslant 1$ 时怎么样呢？实际上这时我们不能判定. 注意条件只是告诉我们每个 ξ_n 的分布，而不是 ξ_n 本身. 容易看出，要判定 $\{\xi_n\}$ 是否依概率收敛于零只要知道每个 ξ_n 的分布就足够了，但不足以判定它是否几乎处处收敛. 让我们仔细说明 $\alpha\leqslant 1$ 的情况：不一定几乎处处收敛.

首先设 η 服从标准 Cauchy 分布，令 $\xi_n=n^{-\alpha}\eta$，那么 ξ_n 的分布如上且必有 $\xi_n\xrightarrow{\text{a.s.}}0$. 但是如果上面的随机序列 $\{\xi_n\}$ 是独立的，那么级数 $\sum_n n^{-\alpha}$ 发散推出

$$\sum_n \mathbb{P}(|\xi_n|>\varepsilon)=\sum_n\left(1-\frac{2}{\pi}\arctan(n^\alpha\varepsilon)\right)=+\infty,$$

由 Borel-Cantelli 引理(2)推出 $\mathbb{P}(\limsup_n\{|\xi_n|>\varepsilon\})=1$，即 $\{\xi_n\}$ 不几乎处处收敛于零. ▌

例 1.3.2 假设有一笔钱，放在银行拿利息比较稳定，设每期的利率为正常数 $r>0$，也就是说 a 元钱一期之后变成 $a(1+r)$ 元；另一种方法是投资，收益是随机的，每期的投资收益率为随机变量 $X>-1$，即 a 元钱一期之后变成 $a(1+X)$ 元钱.

由于投资收益是随机的，也就是有风险，那必然有风险溢价，即期望收益率 $\mathbb{E}[X]$ 应该高于利率，这是说市场总会在期望上给予愿意冒险者一定的奖励，否则这个投资就没有足够的吸引力. 例如现在，银行年利率为 3%，那投资的期望收益率应该 3%以上才会有吸引力，否则大多数人愿意把钱存在银行，市场就不可能活跃.

用 S_0 表示初始投资额，这是常数. 用 S_n 表示 n 期投资之后的财富，那么 S_n 可以如下表示：

$$S_n=S_0(1+X_1)(1+X_2)\cdots(1+X_n),$$

其中 $X_1, X_2, \cdots, X_n$ 为第 1, 2, …, n 期的投资收益率. 假设投资项目稳定，它们是独立且与 X 同分布的.

利用期望的性质

$$\mathbb{E}[S_n]=S_0(\mathbb{E}[1+X])^n=S_0(1+\mathbb{E}[X])^n,$$

因为 $\mathbb{E}[X]>r>0$，所以期望收益 $\mathbb{E}[S_n]$ 趋于无穷. 因此从预期看，投资总是很乐观的.

事实是这样吗？答案是不一定，至少从数学上看有一个很深的陷阱. 什么是陷阱？陷阱是指期望很乐观的投资却几乎总是亏损的，即对几乎所有 $\omega \in \Omega$，$S_n(\omega)$ 趋于 0.

投资陷阱的存在性：存在这样的随机收益率 X，使得

(1) $\mathbb{E}[S_n] \to +\infty$；

(2) $S_n \to 0$.

因为 S_n 可以写为

$$S_n = S_0 \exp\Big(\sum_{i=1}^{n} \log(1+X_i)\Big).$$

由强大数定律，当

$$\mathbb{E}[\log(1+X)] < 0$$

时，$\sum\limits_{i=1}^{n} \log(1+X_i)$ 趋于负无穷，这时 S_n 趋于零. 因此当

$$\mathbb{E}[1+X] > 1,\ (\text{等价地}, \log \mathbb{E}[1+X] > 0), \text{且}$$
$$\mathbb{E}[\log(1+X)] < 0$$

时，投资陷阱呈现，称为陷阱条件.

这很大程度上是因为对数函数的凹性. 因为对数的凹性，由 Jensen 不等式知

$$\mathbb{E}[\log(1+X)] \leqslant \log(1+\mathbb{E}[X]),$$

适当选取 X 的分布，右边是正的，但左边可能会负的.

假设投资有亏损的可能，即 X 可能大于 0(盈利)也可能小于 0(亏损). 最简单地，我们设 X 取两个值，一个是 $b > 0$，一个是 $-1 < a < 0$，它的分布为

$$\begin{pmatrix} a & b \\ 1-p & p \end{pmatrix},$$

则 $\log(1+X)$ 的分布为

$$\begin{pmatrix} \log(1+a) & \log(1+b) \\ 1-p & p \end{pmatrix}.$$

那么陷阱条件等价于

$$\mathbb{E}[X] = pb + (1-p)a > 0,$$
$$\mathbb{E}[\log(1+X)] = p\log(1+b) + (1-p)\log(1+a) < 0.$$

考察函数 $f(x)=\log(1+x)$，通过点 $(a,\ \log(1+a))$ 与 $(b,\ \log(1+b))$ 做直线 l，方程为

$$\frac{y-\log(1+b)}{x-b}=\frac{\log(1+b)-\log(1+a)}{b-a}.$$

这条直线在区间 $(a,\ b)$ 上位于 $y=\log x$ 之下(见图 1.6).

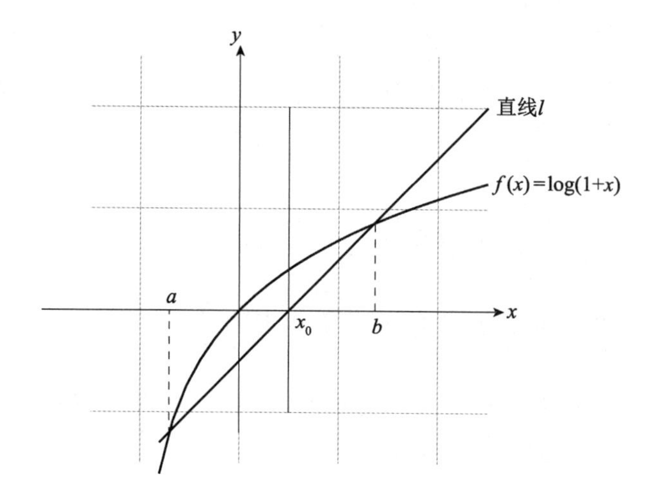

图 1.6

对于 $p\in(0,\ 1)$，$pb+(1-p)a\in(a,\ b)$，它在直线 l 上对应的点恰是 $\mathbb{E}[\log(1+X)]$，实际上，

$$\begin{aligned}y&=\log(1+b)+(pb+(1-p)a-b)\,\frac{\log(1+b)-\log(1+a)}{b-a}\\&=p\log(1+b)+(1-p)\log(1+a)\\&=\mathbb{E}[\log(1+X)].\end{aligned}$$

可以直观地看到，在 $x>0$ 时，$f(x)>0$，但直线上有一段却小于 0，这就是我们要找的陷阱区. 现在我们把这一段区间先找出来. 通过解方程得到直线与 $y=0$ 的交点的 x-坐标

$$x_0=b-\frac{(b-a)\log(1+b)}{\log(1+b)-\log(1+a)}\in(0,\ b).$$

现在我们只需要找到 p，使得 $pb+(1-p)a\in(0,\ x_0)$ 就可以了. 实际上，解方程

$$0<pb+(1-p)a<x_0,$$

得

$$0 < \frac{-a}{b-a} < p < \frac{x_0 - a}{b-a} < 1,$$

这时陷阱条件满足：$\mathbb{E}[1+X] > 1$ 但 $\mathbb{E}[\log(1+X)] < 0$，投资陷阱现象出现.

投资陷阱存在的结果是，大多数投资是失败的，但是投资成功的人会非常赚钱，财富向少数人聚集，这样造成贫富差距会越来越大. ∎

§1.3.6　极限与期望交换

当 X_n 几乎处处收敛于某个随机变量时，我们自然会问是否有

$$\lim_n \mathbb{E}[X_n] = \mathbb{E}[\lim_n X_n]?$$

如果能，我们就说极限与期望可以交换. 极限与期望能够交换的例子很多，这可能让我们轻易地认为极限和期望总是可以交换的. 但是例 1.3.2 告诉我们，存在几乎处处趋于零的随机序列 S_n，但期望 $\mathbb{E}[S_n]$ 趋于无穷，也就是说极限和期望不一定能够交换. 那么什么条件下极限和期望可以交换呢？下面的定理给出几个常用的充分条件.

定理 1.3.4　(1) 单调收敛定理：如果 X_n 是非负随机序列且单调递增，则可以交换

$$\mathbb{E}[\lim_n X_n] = \lim_n \mathbb{E}[X_n];$$

(2) Fatou 引理：如果 X_n 是非负随机序列，则有不等式

$$\mathbb{E}[\liminf_n X_n] \leqslant \liminf_n \mathbb{E}[X_n];$$

(3) 控制收敛定理：如果 X_n 几乎处处收敛且存在可积的 Y，使得 $|X_n| \leqslant Y$，则可以交换

$$\mathbb{E}[\lim_n X_n] = \lim_n \mathbb{E}[X_n].$$

§1.4　中心极限定理

前面证明了大数定律. 如果 $\{X_n,\ n \geqslant 1\}$ 是独立同分布随机序列，期望为 μ，方差为 σ^2. 那么，当 n 充分大时，

$$\frac{1}{n}\sum_{i=1}^{n} X_i \xrightarrow{p} \mu.$$

下面是中心极限定理.

定理 1.4.1 对任意的 $x \in \mathbf{R}$, 有

$$\lim_n \mathbb{P}\left(\frac{1}{\sqrt{n}\sigma} \sum_{i=1}^{n} (X_i - \mu) \leqslant x\right) = \Phi(x),$$

其中 Φ 是标准正态分布函数.

中心极限定理是 DeMoivre 首先提出的,然后由 Laplace 严格证明二项分布的情况,上面定理的形式称为 Levy-Lindeberg 中心极限定理.

后人把上面定理中所断言的那种收敛称为依分布收敛,也就是说,中心极限定理是断言独立同分布随机序列的部分和的标准化序列依分布收敛于标准正态分布.

定义 1.4.1 设 F_n 是 ξ_n 的分布函数, F 是 ξ 的分布函数. 如果对 F 的连续点 x 有

$$\lim_n F_n(x) = F(x),$$

那么我们说 ξ_n 依分布收敛于 ξ, 记为 $\xi_n \Rightarrow \xi$, 也说 F_n 弱收敛于 F, 记为 $F_n \xrightarrow{w} F$.

因为 F 是递增函数,所以它的不连续点最多只有可数多个,也就是说绝大部分都是连续点.

定理 1.4.2 如果 $\xi_n \xrightarrow{p} \xi$, 那么 $\xi_n \Rightarrow \xi$.

证明 对任意 $\varepsilon > 0$, $\xi_n \leqslant x$ 和 $|\xi_n - \xi| < \varepsilon$ 蕴含 $\xi \leqslant x + \varepsilon$, 而 $\xi \leqslant x - \varepsilon$ 和 $|\xi_n - \xi| < \varepsilon$ 蕴含 $\xi_n \leqslant x$, 因此我们得到

$$\begin{aligned} F_n(x) = \mathbb{P}(\xi_n \leqslant x) &= \mathbb{P}(\{\xi_n \leqslant x\} \cap \{|\xi_n - \xi| < \varepsilon\}) \\ &\quad + \mathbb{P}(\{\xi_n \leqslant x\} \cap \{|\xi_n - \xi| \geqslant \varepsilon\}) \\ &\leqslant \mathbb{P}(\xi \leqslant x + \varepsilon) + \mathbb{P}(|\xi_n - \xi| \geqslant \varepsilon) \\ &= F(x + \varepsilon) + \mathbb{P}(|\xi_n - \xi| \geqslant \varepsilon); \end{aligned}$$

另一方面,

$$\begin{aligned} F_n(x) = \mathbb{P}(\xi_n \leqslant x) &\geqslant \mathbb{P}(\{\xi \leqslant x - \varepsilon\} \cap \{|\xi_n - \xi| < \varepsilon\}) \\ &\geqslant F(x - \varepsilon) - \mathbb{P}(|\xi_n - \xi| \geqslant \varepsilon). \end{aligned}$$

因此

$$F(x - \varepsilon) \leqslant \liminf_n F_n(x) \leqslant \limsup_n F_n(x) \leqslant F(x + \varepsilon).$$

当 F 在 x 点连续时,显然有 $\lim_n F_n(x) = F(x)$. □

最后我们叙述一个重要的定理作为本节的结束.

定理 1.4.3(Helly)　$\xi_n \Rightarrow \xi$ 当且仅当对任何有界连续函数 f 有

$$\lim_n \mathbb{E}[f(\xi_n)] = \mathbb{E}[f(\xi)].$$

§1.5　特征函数

直接证明中心极限定理是困难的,通常通过特征函数的方法,实际上是 Fourier 变换的方法.

定义 1.5.1　随机变量 ξ 的特征函数定义为

$$\varphi_\xi(x) = \mathbb{E}[e^{ix\xi}] = \int e^{ixy} dF(y),\ x \in \mathbf{R}.$$

下面叙述特征函数的几个简单性质.

(i) $\varphi_\xi(0) = 1$, $|\varphi_\xi(x)| \leqslant 1$;

(ii) φ_ξ 是连续的;

(iii) 独立随机变量 ξ 和 η 的和的特征函数等于各自特征函数的乘积

$$\varphi_{\xi+\eta} = \varphi_\xi \cdot \varphi_\eta.$$

性质(iii)由独立性推出

$$\mathbb{E}[e^{ix(\xi+\eta)}] = \mathbb{E}[e^{ix\xi} \cdot e^{ix\eta}] = \mathbb{E}[e^{ix\xi}] \cdot \mathbb{E}[e^{ix\eta}].$$

例 1.5.1　我们来算某些分布的特征函数. 特征函数是通过积分计算的,并不是都很容易算,很多分布的特征函数根本不能用常见函数表达. 下面例子中的特征函数计算都比较简单.

(1) 设 ξ 服从 Bernoulli 分布, $\mathbb{P}(\xi=0)=q$, $\mathbb{P}(\xi=1)=p$, 那么 $\mathbb{E}[e^{ix\xi}]=q+pe^{ix}$. 如果 ξ 是参数为 n, p 的二项分布,那么它是 n 个独立的 Bernoulli 分布的和,因此

$$\mathbb{E}[e^{ix\xi}] = (q+pe^{ix})^n.$$

(2) 如果 ξ 服从参数为 λ 的 Poisson 分布,则

$$\mathbb{E}[e^{ix\xi}] = \sum_{n\geqslant 0} e^{-\lambda} \frac{\lambda^n}{n!} e^{inx} = e^{-\lambda(1-e^{ix})}.$$

(3) 如果 ξ 服从 $[a, b]$ 上均匀分布,即有密度 $f = \frac{1}{b-a} 1_{[a,b]}$, 则

$$\mathbb{E}[e^{ix\xi}]=\frac{1}{b-a}\int_a^b e^{ixy}dy=\frac{e^{ibx}-e^{iax}}{ix(b-a)}.$$

因此单位区间上均匀分布的特征函数是 $x\mapsto\frac{e^{ix}-1}{ix}$. 对称区间 $[-a, a]$ 上的特征函数是

$$x\mapsto\frac{\sin ax}{ax}.$$

上面这个积分的计算应该先化为实函数的积分

$$\int_a^b e^{ixy}dy=\int_a^b\cos xydy+i\int_a^b\sin xydy,$$

然后计算,但是读者会发现按上面的方法计算得到同样的结果,并且在其他情况下也是对的. 如果 ξ, η 独立都服从 $[-1/2, 1/2]$ 上均匀分布,那么 $\xi+\eta$ 的密度函数是 $1_{[-1/2, 1/2]}$ 的卷积

$$f(x)=1_{[-1, 1]}(x)(1-|x|),$$

由前面的性质(iii)知道此密度函数的特征函数为

$$\varphi(x)=\left(\frac{\sin\left(\frac{x}{2}\right)}{\frac{x}{2}}\right)^2,$$

它是 $\mathbf{R}$ 上的可积函数.

(4) 标准正态分布的特征函数在前面已经算过,除系数不计外,具有形式不变性,

$$\mathbb{E}[e^{ix\cdot\xi}]=\prod_{k=1}^d\mathbb{E}[e^{ix_k\xi_k}]=e^{-\frac{1}{2}|x|^2}.$$

由此可以容易地计算一般多维正态分布的特征函数. 参见例 1.2.1,设 $a\in\mathbf{R}^n$, A 是正定 n 阶方阵,$\xi\sim N(a, A)$. 那么 $(\xi-a)\sqrt{A^{-1}}$ 是标准正态分布的. 因此

$$\mathbb{E}[\exp\{i(x, (\xi-a)\sqrt{A^{-1}})\}]=\exp\left\{-\frac{1}{2}|x|^2\right\},$$

经过变换,

$$\mathbb{E}[e^{i(x, \xi)}]=\exp\left\{i(a, x)-\frac{1}{2}xAx^{\mathrm{T}}\right\}.$$

(5) 设 ξ 服从参数为 $\alpha>0$ 的指数分布,那么特征函数

$$\mathbb{E}[e^{ix\xi}]=\int_0^\infty \alpha e^{(-\alpha+ix)y}dy=\frac{-\alpha}{ix-\alpha}.$$

▌

引理 1.5.1 如果 $\mathbb{E}[|\xi|^n]<\infty$,那么 φ_ξ 是 n-阶可导,且

$$\varphi_\xi^{(n)}(0)=i^n\,\mathbb{E}[\xi^n].$$

直观上,这是显然的:

$$\varphi_\xi^{(n)}(x)=\mathbb{E}\left[\frac{d^n e^{ix\xi}}{dx^n}\right]=\mathbb{E}[i^n\xi^n e^{ix\xi}].$$

关键是条件保证期望与求导是可交换的. 特征函数最重要的性质是下面定理所述的唯一性与连续性.

定理 1.5.1 针对随机变量 ξ, η 及随机序列 $\{\xi_n,\ n\geqslant 1\}$.

(1) ξ 与 η 同分布,当且仅当特征函数相等 $\varphi_\xi=\varphi_\eta$.

(2) $\xi_n\Rightarrow\xi$, 当且仅当对任何 $x\in\mathbf{R}^n$, 有

$$\varphi_{\xi_n}(x)\to\varphi_\xi(x).$$

下面我们给出中心极限定理的证明. 根据特征函数的连续性,我们只需证明

$$\frac{1}{\sqrt{n}\sigma}\sum_{k=1}^n(X_k-\mu)$$

的特征函数点点收敛于标准正态分布的特征函数

$$\varphi_{N(0,\,1)}(x)=e^{\frac{-x^2}{2}}.$$

令 Y_n 是 X_n 的标准化

$$Y_n=\frac{X_n-\mu}{\sigma}.$$

那么就是验证

$$\varphi_{\frac{1}{\sqrt{n}}\sum_{k=1}^n Y_k}(x)\to e^{\frac{-x^2}{2}}.$$

因为同分布,故 Y_n 的特征函数一致,用 φ 表示. 由于 Y_n 平方可积且是标准化的,因而

$$\varphi(x)=1-\frac{x^2}{2}+o(x^2).$$

因此

$$\varphi_{\frac{1}{\sqrt{n}}\sum_{k=1}^{n}Y_k}(x)=\mathbb{E}\left[\mathrm{e}^{i\frac{x}{\sqrt{n}}\sum_{k=1}^{n}Y_k}\right]=\mathbb{E}\left[\prod_{k=1}^{n}\mathrm{e}^{i\frac{x}{\sqrt{n}}Y_k}\right]=\left[\varphi\left(\frac{x}{\sqrt{n}}\right)\right]^n$$

$$=\left(1-\frac{x^2}{2n}+o\left(\frac{x^2}{n}\right)\right)^n\to\mathrm{e}^{\frac{-x^2}{2}}.$$

证明完成. □

§1.6 矩母函数及母函数

首先给出矩母函数的定义.

定义 1.6.1 对于随机变量 $X\sim F$，若下列数学期望存在，则对任意实数 t 定义

$$\psi(t):=\mathbb{E}[\mathrm{e}^{tX}]=\int\mathrm{e}^{tx}\,\mathrm{d}F(x),$$

称为 X 的矩母函数. 为了表示是随机变量 X 对应的矩母函数，也记为 $\psi_X(t)$.

矩母函数就是分布函数的 Laplace 变换. 如果存在，则唯一确定 X 的分布，我们也可以通过 $\psi(t)$ 求出 X 的各阶矩：

$$\mathbb{E}[X^n]=\psi^{(n)}(0)\ (n\geqslant 1).$$

例 1.6.1 常见分布的矩母函数.

(1) Poisson 分布的矩母函数

设 $N\sim P(\lambda)$，则

$$\psi_N(t)=\sum_{x=0}^{\infty}\mathrm{e}^{tx}\frac{\lambda^x}{x!}\mathrm{e}^{-\lambda}=\sum_{x=0}^{\infty}\frac{\lambda^x}{x!}\mathrm{e}^{tx-\lambda}$$

$$=\sum_{x=0}^{\infty}\frac{(\lambda\mathrm{e}^t)^x}{x!}\mathrm{e}^{-\lambda}=\exp\{\lambda(\mathrm{e}^t-1)\}.$$

(2) Gamma 分布的矩母函数

设 $X\sim\Gamma(r,\alpha)$，则

$$\begin{aligned}\psi_X(t) &= \int_0^{\infty} e^{tx} \frac{\alpha^r}{\Gamma(r)} x^{r-1} e^{-\alpha x} dx \\ &= \frac{\alpha^r}{\Gamma(r)} \int_0^{\infty} x^{r-1} e^{-(\alpha-t)x} dx \\ &= \left(\frac{\alpha}{\alpha - t}\right)^r, \ t < \frac{1}{\alpha}.\end{aligned}$$

注意到，当 $t \geqslant \frac{1}{\alpha}$ 时，上述矩母函数是不存在的.

（3）正态分布的矩母函数

设 $X \sim N(\mu, \sigma^2)$，则

$$\begin{aligned}\psi_X(t) &= \int_{-\infty}^{\infty} e^{tx} \frac{1}{\sqrt{2\pi\sigma^2}} e^{-\frac{(x-\mu)^2}{2\sigma^2}} dx \\ &= \frac{1}{\sqrt{2\pi\sigma^2}} \int_{-\infty}^{\infty} e^{tx} e^{-\frac{(x-\mu)^2}{2\sigma^2}} dx \\ &= \frac{1}{\sqrt{2\pi}\sigma} \int_{-\infty}^{\infty} \exp\left\{-\frac{(x-(\sigma^2 t+\mu))^2}{2\sigma^2}\right\} dx \cdot e^{\left(\frac{1}{2}\sigma^2 t^2 + \mu t\right)} \\ &= \exp\left\{\mu t + \frac{1}{2}\sigma^2 t^2\right\}.\end{aligned}$$

与例 1.1.13 计算标准正态分布矩母函数的结果相吻合. ▌

例 1.6.2 设随机变量 X 的矩母函数为 $\psi_X(t) = e^{3(e^t-1)}$，求 $\mathbb{P}(X=0)$.

由例 1.6.1 中(1)可知 $\psi_X(t)$ 是均值为 3 的 Poisson 随机变量的矩母函数，因此 X 必为均值是 3 的 Poisson 随机变量，从而

$$\mathbb{P}(X=0) = e^{-3}.$$ ▌

与特征函数一样，矩母函数可用来计算矩，如例 1.1.13. 我们还注意到，若 X，Y 相互独立，则

$$\psi_{X+Y}(t) = \psi_X(t) \cdot \psi_Y(t).$$

例 1.6.3 设 X 与 Y 是独立的正态随机变量，各自的均值为 μ_1 与 μ_2，方差为 σ_1^2 与 σ_2^2，它们的和的矩母函数由下式给出：

$$\begin{aligned}\psi_{X+Y}(t) &= \mathbb{E}[e^{t(X+Y)}] = \mathbb{E}[e^{tX}]\mathbb{E}[e^{tY}] \\ &= \psi_X(t)\psi_Y(t) = \exp\left\{(\mu_1+\mu_2)t + \frac{\sigma_1^2+\sigma_2^2}{2}\right\},\end{aligned}$$

于是 $X+Y$ 的矩母函数是均值为 $\mu_1+\mu_2$，方差为 $\sigma_1^2+\sigma_2^2$ 的正态随机变量的矩母函数. 由唯一性，这就是 $X+Y$ 的分布. ∎

下面定义母函数，先关注数列的母函数.

定义 1.6.2(数列的母函数) 设有一个实数列 $a=\{a_0, a_1, \cdots, a_n, \cdots\}$，如果幂级数

$$G_a(z):=a_0+a_1z+a_2z^2+\cdots+a_nz^n+\cdots$$

在 0 点的一个非空邻域上收敛，则称它为数列 a 的母函数.

由幂级数的知识可以证明，一个数列的母函数唯一地决定这个数列. 母函数本身只是表达和研究数列的一种方法，其中的变量 z 没有实质的意义. 设 ξ 是 $\mathbf{Z}_+$ -值（甚至可以允许取 $+\infty$）随机变量，那么它的分布律 $\mathbb{P}(\xi=n)$ 是一个有界数列，用 G_ξ 表示它的母函数

$$G_\xi(z):=\sum_{n\geqslant 0} z^n\,\mathbb{P}(\xi=n).$$

那么 $G_\xi(z)=\mathbb{E}(z^\xi)$. 显然 $\lim\limits_{z\uparrow 1}G_\xi(z)=\mathbb{P}(\xi<+\infty)$. 如果 ξ, η 是非负整数值随机变量且 $G_\xi=G_\eta$，那么 ξ 与 η 有相同的分布律.

设 $\mathbf{Z}_+$-值随机变量 ξ 的母函数是 G_ξ，那么

$$\mathbb{E}\xi=G_\xi'(1),\quad \mathbb{E}\xi^2=G_\xi''(1)+G_\xi'(1),\cdots.$$

显然，结论由下面公式推出：

$$G_\xi'(z)=\sum_{n\geqslant 0} n\,\mathbb{P}(\xi=n)z^{n-1};$$

$$G_\xi''(z)=\sum_{n\geqslant 1} n(n-1)\,\mathbb{P}(\xi=n)z^{n-2}.$$

定义 1.6.3 数列 $\{u_n\}$ 与 $\{v_n\}$ 的卷积定义为数列

$$\{u_0v_n+u_1v_{n-1}+\cdots+u_nv_0: n\geqslant 0\}.$$

容易验证，如果 $\mathbf{Z}_+$-值随机变量 ξ, η 独立，那么 $\xi+\eta$ 的分布列是 ξ 与 η 的分布律的卷积. 下面的定理也很容易验证.

定理 1.6.1 母函数为 $U(z)$ 的数列 $\{u_n\}$ 与母函数为 $V(z)$ 的数列 $\{v_n\}$ 的卷积的母函数为 $U(z)V(z)$. 因此独立 $\mathbf{Z}_+$ -值的随机变量 ξ, η 的和 $\xi+\eta$ 的母函数

$$G_{\xi+\eta}(z)=G_\xi(z)G_\eta(z).$$

从本质上讲，特征函数、Laplace 变换与母函数都是类似的，其中最主要的是它们都唯

一地确定分布且将分布的卷积化为乘积.

习 题

1. 设Ω是样本空间，$A, B\subset\Omega$，集类$\mathscr{A}=\{A, B\}$. 试写出由$\mathscr{A}$生成的σ域$\sigma(\mathscr{A})$中所有的元素.

2. 设随机事件列$\{C_n, n\geqslant 1\}$是Ω的一个划分，$A, B\in\mathscr{F}$满足$\mathbb{P}(BC_n)>0$，证明：

$$\mathbb{P}(A\mid B)=\sum_{n=1}^{\infty}\mathbb{P}(C_n\mid B)\,\mathbb{P}(A\mid BC_n).$$

3. 如果随机变量$U\sim U(0, 1)$，$F(x)$是一个给定的分布函数，则$F^{-1}(U)$的分布函数是F，其中F^{-1}是F的反函数.

4. 设N是非负整数值随机变量，证明：

$$\mathbb{E}[N]=\sum_{n\geqslant 1}\mathbb{P}(N\geqslant n)=\sum_{n\geqslant 0}\mathbb{P}(N>n).$$

5. 设X是非负随机变量，其分布函数为$F(x)$，证明：

(1) $\mathbb{E}[X]=\int_0^{\infty}(1-F(x))\mathrm{d}x$；

(2) $\mathbb{E}[X^n]=\int_0^{\infty}(1-F(x))\mathrm{d}x,\ n\geqslant 1$.

6. 考虑一个有两名营业员的邮局，营业员i的服务时间是参数λ_i的指数变量，$i=1, 2$. 假设当顾客A进去时一名营业员正在给顾客B办事而另一名在为顾客C服务；假设已经告诉顾客A，一旦顾客B或顾客C离开就为他服务，试计算三名顾客中A最后离去的概率.

7. 假设进行n次独立试验，每次试验的结果为$1, 2, \cdots, r$中的一个，它们出现的概率分别为$P_1, P_2, \cdots, P_r$，$\sum_{i=1}^{r}P_i=1$. 以N_i记试验结果为i的次数. 试计算：

(1) $N_1, N_2, \cdots, N_r$的联合分布(它称为多项分布)；

(2) 协方差$\mathrm{cov}(N_i, N_j)$；

(3) 未出现的结果的个数的均值和方差.

8. 掷一枚硬币，其正面出现的概率为p，连续地投掷，直到一连出现r个正面为止，计算投掷次数的期望.

9. 若随机变量ξ的密度函数是偶函数，且$\mathbb{E}\xi^2<\infty$，试证$|\xi|$与ξ不相关，但它们不

相互独立.

10. 设 $\xi_1, \xi_2, \cdots, \xi_n$ 是独立同分布的随机序列,公共分布函数 F 是连续函数,试证:顺序统计量的第 i 个 $\xi_{(i)}$ 的分布函数是

$$F_{(i)}(x)=\frac{n!}{(i-1)!(n-i)!}\int_0^{F(x)} t^{i-1}(1-t)^{n-i}\mathrm{d}t.$$

如果 F 是 $(0, 1)$ 上的均匀分布,那么 $\xi_{(i)}$ 服从参数为 $i, n-i+1$ 的 Beta 分布.

11. 设 X 与 Y 是同分布的随机变量,但两者不一定独立. 证明 $\operatorname{cov}(X+Y, X-Y)=0$.

12. 设 ξ 是一个随机变量,其均值和方差都等于 10,那么对概率 $\mathbb{P}(0<\xi<20)$ 有什么结论?

13. 某教师根据以往的经验知道,一个学生在期末考试中的成绩是均值为 80 的随机变量.

(1) 假设这位教师知道该学生成绩的方差是 15,试给出学生成绩将超过 90 分的概率的上界;

(2) 对这个学生将取得 70~90 分的概率有什么结论?

(3) 不用中心极限定理,求应有多少学生参加考试,才能保证他们的平均分在 70~85 分的概率至少为 0.9?

14. 利用中心极限定理解题 13 中的(3).

15. 设随机变量 $X \sim U(-\pi, \pi)$, $S_n=\sum_{k=1}^{n}\cos(kX)$, 证明:

$$\frac{S_n}{n}\xrightarrow{p}0(n\to\infty).$$

16. 某型号的元件在坏掉之前的工作时间是一个随机变量,概率密度函数是

$$p(x)=2x,\ 0<x<1,$$

一旦元件坏掉后立刻换上另一个同类型的新元件. 若用 X_i 表示投入使用的第 i 个元件的寿命,那么 $S_n=\sum_{i=1}^{n}X_i$ 表示第 n 个元件坏掉时的时间. 定义毁坏发生时的长期比为

$$r=\lim_{n\to\infty}\frac{n}{S_n},$$

假设 $X_i, i\geqslant 1$ 相互独立,试确定 r.

17. 题 16 中,手头需要有多少元件才能以 90% 的把握断定库存将会维持 35 天?

18. 机器维修需要两个独立的步骤：第一个步骤所需要的时间是一个均值为 0.2 小时的指数分布随机变量，第二个步骤所需要的时间是另一个独立的均值为 0.3 小时的指数分布随机变量. 若维修人员有 20 台机器需要维修，估计所有工作将在 8 小时内完成的概率.

19. 在题 18 中确定 t，使得维修人员在时间 t 内完成 20 项工作的概率大概是 95%.

20. 考虑股价波动的二项式模型：若现在某股票价格为 S，则过一个单位时间后它以概率 p 变为 uS，以概率 $1-p$ 变为 $\mathrm{d}S$. 设每个时间段的价格波动是独立的，试计算经过 1 000 个单位时间后股价至少上升 30% 的概率，其中 $u=1.02$，$d=0.980$，$p=0.52$.

21. 设随机过程 $\{X(t),\ t\in T\}$ 在每个时刻只能取值 0 或者 1，而在不同时刻状态是相互独立的，且对任意时间 t，

$$\mathbb{P}(X(t)=0)=q,\quad \mathbb{P}(X(t)=1)=p=1-q,\ 0<p<1.$$

(1) 求 $\{X(t),\ t\in T\}$ 的一维分布和二维分布；

(2) 求过程的均值函数和相关函数.

22. 设 $\{X_n,\ n=1,\ 2,\ \cdots\}$ 是一个独立同分布的随机序列，且对任意 n，

$$\mathbb{P}(X_n=-1)=\frac{1}{2}=\mathbb{P}(X_n=1),$$

设 $Y_n=\sum_{k=1}^{n}X_k,\ n=1,\ 2,\ \cdots$，

(1) 求 Y_2 的分布律；

(2) 求 Y_n 的均值；

(3) 求 Y_m，Y_n 的相关系数.

23. 如果 $Y=aX+b$，其中 a，b 为常数，试用 X 的矩母函数表示 Y 的矩母函数.

第 二 章

随机过程预备知识

§2.1 条件期望

§2.1.1 事件域与可测性

事件域与可测性两个概念抽象又枯燥，是学习概率的难点，但又是必不可少的. 在这里，我们就简单的事件域来解释这些概念，以使学生直观地体验.

设 A 是一个事件，1_A 是 A 的示性函数，即在 A 上等于 1，其他地方等于 0. 说随机变量 X 不能区别 A，是指它在 A 上是常数.

把一个集合分拆为互斥的子集称为分类，每个这样的子集可以理解为分块. 例如奇偶、性别、国家、省等都是分类，女性全体是个按性别分类的分块，浙江省是按照省分类的一个分块. 当然也可以按照年龄、身高、体重分类，在学校按照成绩分类，在招工的时候按照学历或者工作经历分类. 所以分类在日常生活中是常见的，俗话说："物以类聚，人以群分. "分类意味着信息，例如说"一个浙江杭州市戴眼镜的中年女性"包含很多信息，这些信息是以分类形式表达的.

样本空间是一个集合，事件域 $\mathscr{G}$ 是样本空间的满足某些条件的子集组成的集合，它本质上相当于给 Ω 分类. 从这个意义说，事件域就是信息.

随机变量是样本空间上的一个函数，它会自动地诱导一个分类. 例如，如果 X 是年龄，那么 X 给出了按照年龄的分类；如果 X 是身高，那么它给出按照身高的分类.

例 2.1.1　掷 8 个硬币，样本空间总数是 $2^8=256$. 正面的硬币个数 X 是随机变量，它按照正面个数将样本空间分成 9 种情况. 掷两个骰子，有 36 个等可能样本点，骰子之和 X 是随机变量，它按照和将样本空间分为 11 种情况. ▌

设 X 取 n 个值 x_1, …, x_n，记

$$B_i=\{X=x_i\},$$

它表示使得 X 取值为 x_i 的样本点全体组成的集合，即一个分块. 那么 B_1, B_2, …, B_n 是 X 给出的分类，且 X 可以表示为

$$X=x_1 1_{B_1}+x_2 1_{B_2}+\cdots+x_n 1_{B_n}.$$

随机变量 X 所诱导的事件域用 $\sigma(X)$ 表示，多个随机变量 X_1, …, X_k 叠加在一起给出更细的分类，用 $\sigma(X_1, \cdots, X_k)$ 表示，例如年龄和性别.

定义 2.1.1　如果对任何 x 有 $\{X\leqslant x\}\in\mathscr{G}$，那么我们说 X 关于 $\mathscr{G}$ 可测.

可测的概念直观上是说 X 不能区别 $\mathscr{G}$ 的分类，或者说在 $\mathscr{G}$ 的分类上是常数. 例如，"每个 n 岁的人发 n 元"这个决定是关于年龄可测的. 如果事件 B_1, B_2, …, B_n 是一个分类，那么它定义一个事件域 $\mathscr{G}$，即 $\mathscr{G}$ 中的事件是若干个 B_i 的并；反之，一个有限的事件域 $\mathscr{G}$ 有最小的不可再分的分块，B_1, …, B_n，记为 $\mathscr{G}=\sigma(\{B_i\})$. 可以证明 X 是关于 $\mathscr{G}$ 可测的，当且仅当 X 可以表示为

$$X=x_1 1_{B_1}+x_2 1_{B_2}+\cdots+x_n 1_{B_n},$$

等价于说，在每个分块上等于常数. 这样的 X 可以说是基于信息 $\mathscr{G}$ 的表达.

实际上，随机变量 Y 关于 X 可测是指 Y 在 X 不能区别的分块上也不能区别，或者说在 X 等于常数的事件上 Y 也是常数，或者说 Y 给出的分类比 X 更粗.

命题 2.1.1　Y 关于 X 可测当且仅当 Y 是 X 的函数，即存在函数 f 使得

$$Y=f(X).$$

类似地，如果 Y 关于 $\sigma(X_1, \cdots, X_k)$ 可测，则存在多元函数 f，使得

$$Y=f(X_1, \cdots, X_k).$$

这时我们也经常说 Y 依赖于 X_1, …, X_k.

这个结果告诉我们，可测其实也就是依赖. 这样我们对事件域以及关于事件域可测的随机变量有了初步的了解：事件域是分类，关于某个事件域可测是指随机变量在事件域

的分块上不可区别. 一个人了解多少信息决定他以什么分辨率看待周围,一个国家总理说话总是以省为单位,省长说话是以县市为单位,而普通人说话是以个人为单位的,但仅限于周围的人.

再用屏幕显示器来说明一下问题. 电视屏幕是像素点组成的一个矩形,例如 $j \times k$, 也称为分辨率. 用数字来表示颜色,称为数字电视机,现在的电视机、手机、电脑屏幕基本上都是数字的. 一幅图像就是一个随机变量,一个事件域 $\mathscr{G}$ 实际上是把像素点分类为 B_1, …, B_n, 一个 $\mathscr{G}$ 可测的随机变量在每一个块上显示的颜色是一样的,很像是马赛克, $\mathscr{G}$ 可测的随机变量全体是这样的分类可以表达的图像全体. 实际上,老式的电视机或者电影分辨率很低,要在现在高分辨率电视上播放就需要使用马赛克的技术;反之,高分辨率的图像在一个老式低分辨率显示器上显示也需要类似的处理. 下一节我们将介绍这种技术,数学上称为条件期望.

§2.1.2 条件概率与条件期望

设事件 A 的概率 $\mathbb{P}(A) > 0$. 事件 A 发生的条件下事件 B 发生的概率为

$$\mathbb{P}(B \mid A) = \frac{\mathbb{P}(B \cap A)}{\mathbb{P}(A)}.$$

概率可以看成期望 $\mathbb{P}(A) = \mathbb{E}[1_A]$.

事件 A 发生的条件下,随机变量 X 的期望为

$$\mathbb{E}[X \mid A] = \frac{\mathbb{E}[X 1_A]}{\mathbb{P}(A)},$$

称为条件期望. 而 $\mathbb{P}(X = x_i \mid A)$, $i \geqslant 1$ 称为条件分布. 显然条件分布也是一个分布.

条件期望与条件分布的关系:条件期望等于条件分布的期望

$$\mathbb{E}[X \mid A] = \sum_i x_i \mathbb{P}(X = x_i \mid A).$$

例 2.1.2 设 X, Y 分别是参数为 $\lambda > 0$, $\rho > 0$ 的独立的 Poisson 分布的随机变量. 求在 $X+Y=n$ 的条件下 X 的期望.

先计算给定条件下 X 的分布. 因为 X, Y 独立,所以 $X+Y$ 是参数为 $\lambda+\rho$ 的 Poisson 分布,因此

$$\mathbb{P}(X+Y=n) = \mathrm{e}^{-(\lambda+\rho)} \frac{(\lambda+\rho)^n}{n!},$$

推出

$$\begin{aligned}\mathbb{P}(X=k \mid X+Y=n) &= \frac{\mathbb{P}(X=k,\ X+Y=n)}{\mathbb{P}(X+Y=n)} \\ &= \frac{\mathbb{P}(X=k)\,\mathbb{P}(Y=n-k)}{\mathbb{P}(X+Y=n)} \\ &= \frac{n!\lambda^k\rho^{n-k}}{k!(n-k)!(\lambda+\rho)^n}.\end{aligned}$$

也就是说 X 的条件分布是试验次数为 n 成功概率为 $\frac{\lambda}{\lambda+\rho}$ 的二项分布. 从而 X 的条件期望为 $\frac{\lambda n}{\lambda+\rho}$. ∎

如果 X, Y 都是离散随机变量,那么我们用 $\mathbb{E}[Y \mid X]$ 表示一个这样随机变量,它在 $X=x$ 时取值为条件期望 $\mathbb{E}[Y \mid X=x]$,它被称为随机变量 Y 关于 X 的条件期望. 例如在例 2.1.2 中,当 $X+Y=n$ 时,

$$\mathbb{E}[X \mid X+Y=n] = \frac{\lambda n}{\lambda+\rho},$$

也就是说

$$\mathbb{E}[X \mid X+Y] = \frac{\lambda(X+Y)}{\lambda+\rho}.$$

同理,条件期望 $\mathbb{E}[Y \mid X]$ 也是条件分布 $\mathbb{P}(Y=y \mid X)$ 的期望,即

$$\mathbb{E}[Y \mid X] = \sum_y y\,\mathbb{P}(Y=y \mid X),$$

而条件分布 $\mathbb{P}(Y=y \mid X)$ 在 $X=x$ 时,等于

$$\mathbb{P}(Y=y \mid X=x) = \frac{\mathbb{P}(Y=y,\ X=x)}{\mathbb{P}(X=x)}.$$

回忆全概率公式:设 B_1, …, B_n 是样本空间的分类,即它们互斥且

$$\Omega = B_1 \cup B_2 \cup \cdots \cup B_n,$$

那么

$$\mathbb{P}(A) = \sum_{k=1}^{n} \mathbb{P}(A \mid B_k)\,\mathbb{P}(B_k).$$

对于随机变量 Y 有下面的全期望公式：

$$\mathbb{E}[Y]=\sum_{k=1}^{n}\mathbb{E}[Y\mid B_k]\mathbb{P}(B_k).$$

例 2.1.3 猫在有三个门的迷宫中，如果选第一个门，爬 2 个小时就可以出去了；如果选第二个门，爬 1 个小时后回到原地；如果选第三个门，爬 3 个小时后回到原地.

1. 如果是个傻猫，每次到这个地方都随机选一个门，问平均需要多少时间爬出去？

2. 如果是个聪明猫，之前选过的门不再选，问平均需要多少时间爬出去？

(1) 用 Y 表示笨猫出去所需时间. X 是选的门. 那么

$$\mathbb{E}[Y\mid X=1]=2,\ \mathbb{E}[Y\mid X=2]=1+\mathbb{E}[Y],\ \mathbb{E}[Y\mid X=3]=3+\mathbb{E}[Y].$$

因此

$$\mathbb{E}[Y]=\mathbb{E}[\mathbb{E}[Y\mid X]]=\frac{1}{3}(2+1+\mathbb{E}[Y]+3+\mathbb{E}[Y]),$$

故得 $\mathbb{E}[Y]=6$.

(2) 聪明猫按选门的顺序有下面的可能：1，21，31，321，231，概率分别为 1/3，1/6，1/6，1/6，1/6. 且 $\mathbb{E}[Y\mid 1]=2$，$\mathbb{E}[Y\mid 21]=3$，$\mathbb{E}[Y\mid 31]=5$，$\mathbb{E}[Y\mid 321]=\mathbb{E}[Y\mid 231]=6$. 因此

$$\mathbb{E}[Y]=2/3+3/6+5/6+6/6+6/6=4.$$

聪明猫平均少走 2 个小时. ∎

因为条件期望 $\mathbb{E}[Y\mid X]$ 在事件 $X=x$ 上的取值为 $\mathbb{E}[Y\mid X=x]$，例如，如果 X 取 n 个不同的值 x_1，…，x_n，那么

$$\mathbb{E}[Y\mid X]=\mathbb{E}[Y\mid X=x_1]1_{\{X=x_1\}}+\cdots+\mathbb{E}[Y\mid X=x_n]1_{\{X=x_n\}},$$

所以有公式

$$\mathbb{E}[\mathbb{E}[Y\mid X]]=\sum_{k=1}^{n}\mathbb{E}[Y\mid X=x_k]\mathbb{P}(X=x_k)=\mathbb{E}[Y].$$

以上公式有强烈的直观含义：分类平均再平均等于总的平均. 国家统计局可以根据各省的平均收入获得全国的平均收入，省统计局可以根据县的平均收入获得省平均收入，县的平均来自乡的统计. 因此，国家统计局不需要亲自调查就可以获得各种统计数据.

例 2.1.4 从一个装有 a 个白球与 b 个黑球的袋子 A 中随机地拿出 n 个球(不放

回)，放入另外一个袋子 B 中拌匀，再从 B 中取出 m 个球，求白球数的期望.

用 Y 记从 B 袋中取出的白球数，要求 $\mathbb{E}[Y]$. 按照通常的做法，我们需要对 A 中取出的球的不同情况应用全期望公式，但上面的公式让我们更清晰、简单地做这个过程，尽管没有本质的不同.

用 X 表示从 A 袋中取出的白球数，因为 B 袋中一共 n 个球，其中有 X 个白球，所以由超几何分布的期望公式

$$\mathbb{E}[Y \mid X] = \frac{mX}{n}.$$

因此

$$\mathbb{E}[Y] = \mathbb{E}[E[Y \mid X]] = \frac{m}{n}\,\mathbb{E}[X].$$

再应用超几何分布的期望公式，推出

$$\mathbb{E}[Y] = \frac{m}{n}\,\mathbb{E}[X] = \frac{m}{n}\,\frac{an}{a+b} = \frac{am}{a+b}.$$

这个过程直观、简单. ▌

例 2.1.5　袋子 A, B 中各有 n 个白球和 n 个黑球，每次各取一球交换，求 k 次交换之后 A 中的白球数之期望.

用 X_i 表示 i 次交换之后 A 中的白球数. 那么 $X_0 = n$ 且在已知 A 中有 $X_{i-1} = j$ 个白球的条件下，X_i 可能取值为 $j-1$, j, $j+1$，概率分别为

$$\frac{j^2}{n^2},\ \frac{2j(n-j)}{n^2},\ \frac{(n-j)^2}{n^2};$$

条件期望为

$$\begin{aligned}\mathbb{E}[X_i \mid X_{i-1} = j] &= (j-1)\,\frac{j^2}{n^2} + j\,\frac{2j(n-j)}{n^2} + (j+1)\,\frac{(n-j)^2}{n^2}\\ &= \left(1-\frac{2}{n}\right)j + 1.\end{aligned}$$

因此

$$\mathbb{E}[X_i \mid X_{i-1}] = \left(1-\frac{2}{n}\right)X_{i-1} + 1.$$

然后得到递推

$$\begin{aligned}\mathbb{E}[X_i]&=\left(1-\frac{2}{n}\right)\mathbb{E}[X_{i-1}]+1\\&=\left(1-\frac{2}{n}\right)\left[\left(1-\frac{2}{n}\right)\mathbb{E}[X_{i-2}]+1\right]+1\\&=\cdots\\&=\left(1-\frac{2}{n}\right)^i\mathbb{E}[X_0]+\sum_{j=0}^{i-1}\left(1-\frac{2}{n}\right)^j\\&=\left(1-\frac{2}{n}\right)^i n+\frac{1-\left(1-\frac{2}{n}\right)^i}{\frac{2}{n}}=\frac{n}{2}\left(1+\left(1-\frac{2}{n}\right)^i\right),\end{aligned}$$

最后

$$\mathbb{E}[X_k]=\frac{n}{2}\left[1+\left(1-\frac{2}{n}\right)^k\right].$$ ∎

类似地,如果 X, Y 是连续型随机变量,即 (X, Y) 有联合密度函数 $p(x, y)$ 以及边缘密度函数 $p_X(x)$, $p_Y(y)$,那么已知 $X=x$ 时,Y 的条件密度函数是

$$p(y\mid x)=\frac{p(x, y)}{p_X(x)},$$

记为

$$\mathbb{P}(Y\in \mathrm{d}y\mid X=x)=p(y\mid x)\mathrm{d}y.$$

而条件期望 $\mathbb{E}[Y\mid X=x]$ 是条件密度函数的期望,即

$$\mathbb{E}[Y\mid X=x]=\int_{\mathbf{R}} yp(y\mid x)\mathrm{d}y.$$

右端作为 x 的函数,记为 $f(x)$,用 X 代替 x 即成为 X 的函数,是条件期望 $\mathbb{E}[Y\mid X]$ 的定义,这同样体现了当 $X=x$ 时,$\mathbb{E}[Y\mid X]$ 的值是 $\mathbb{E}[Y\mid X=x]$. 注意,在连续型情况下,因为 $\mathbb{P}(X=x)=0$,所以上面的写法 $\mathbb{E}[Y\mid X=x]$ 不合法,算是直观的形式. 严格地,应该把 $\mathbb{E}[Y\mid X]$ 定义为 $f(X)$.

例 2.1.6 假设一个值为 s 的信号从位置 A 发出,在位置 B 被接收到的信号值服从参数是 $(s, 1)$ 的正态分布. 再假设从位置 A 发出的信号 S 服从参数是 (μ, σ^2) 的正态分布,在位置 B 被接收到的信号值 $R=r$,则对位置 A 发出的信号值的最优预测为多少?

首先,计算给定 R 的条件下 S 的条件密度函数

$$f_{S|R}(s \mid r) = \frac{f_{S,R}(s, r)}{f_R(r)} = \frac{f_S(s) f_{R|S}(r \mid s)}{f_R(r)} = C' \mathrm{e}^{-(s-\mu)^2/2\sigma^2} \mathrm{e}^{-(r-s)^2/2},$$

其中 C' 与 s 无关. 而

$$\begin{aligned}\frac{(s-\mu)^2}{2\sigma^2}+\frac{(r-s)^2}{2} &= s^2\left(\frac{1}{2\sigma^2}+\frac{1}{2}\right)-\left(\frac{\mu}{\sigma^2}+r\right)s+C_1 \\ &= \frac{1+2\sigma^2}{2\sigma^2}\left(s-\frac{\mu+r\sigma^2}{1+\sigma^2}\right)^2+C_2,\end{aligned}$$

其中 C_1, C_2 与 s 无关. 所以

$$f_{S|R}(s|r)=C\exp\left\{-\left(s-\frac{\mu+r\sigma^2}{1+\sigma^2}\right)^2\Big/\frac{2\sigma^2}{1+2\sigma^2}\right\},$$

其中 C 与 s 无关. 可以断定在接收信号值 r 一定的情况下,按照最小化均方误差原则,对发出信号的最优预测是

$$\mathbb{E}[S|R=r]=\frac{1}{1+\sigma^2}\mu+\frac{\sigma^2}{1+\sigma^2}r.$$

上式表明条件期望等于信号的先验均值 μ 与接收信号 r 的加权平均,其各自的权重之比为 1 比 σ^2, 前者是发送信号为 s 时收到信号的条件方差,后者为发送信号的方差. ∎

例 2.1.7 如果随机变量 X 的分布密度有参数 θ, 那么我们经常把它写成 $p(x \mid \theta)$. 也就是说,给定 θ, 这是个密度函数,所以等同于条件密度. Bayes 统计中通常假设 θ 服从一个分布,称为先验分布密度,设其密度是 $f(\theta)$, 那么 X, θ 的联合密度是

$$p(x, \theta) = p(x \mid \theta) f(\theta).$$

给定 $X = x$, θ 的条件密度为

$$p(\theta \mid x) = \frac{p(x, \theta)}{p_X(x)} = \frac{p(x \mid \theta) f(\theta)}{\int p(x \mid \theta) f(\theta) \mathrm{d}\theta},$$

被称为是 θ 的后验分布密度,而其期望 $\mathbb{E}[\theta \mid x]$ 就是 θ 的 Bayes 估计. 这个公式也就是 Bayes 公式的连续形式.

掷一个非均匀的硬币 n 次,设硬币正面朝上概率是 θ, X 是正面次数,那么

$$p(x \mid \theta) = \mathrm{C}_n^x \theta^x (1-\theta)^{n-x}, \ 0 \leqslant x \leqslant n.$$

根据 Bernoulli 大数定律，如果观察到 $X = x$，那么 θ 的估计是正面的频率 $\dfrac{x}{n}$. 现在，设 θ 的先验分布是 $(0, 1)$ 上的均匀分布，求 θ 的 Bayes 估计.

首先，X 的分布

$$\begin{aligned} p_X(x) &= \int_0^1 \mathrm{C}_n^x \theta^x (1-\theta)^{n-x} \mathrm{d}\theta \\ &= \mathrm{C}_n^x \frac{n-x}{x+1} \int_0^1 \theta^{x+1} (1-\theta)^{n-x-1} \mathrm{d}\theta \\ &= \mathrm{C}_n^{x+1} \int_0^1 \theta^{x+1} (1-\theta)^{n-x-1} \mathrm{d}\theta \\ &= \cdots \\ &= \mathrm{C}_n^n \int_0^1 \theta^n \mathrm{d}\theta = \frac{1}{n+1}, \ x = 0, 1, \cdots, n, \end{aligned}$$

推出 θ 的后验分布密度是

$$p(\theta \mid x) = (n+1)\mathrm{C}_n^x \theta^x (1-\theta)^{n-x} 1_{(0,1)}(\theta).$$

因此，θ 的 Bayes 估计是

$$\begin{aligned} \mathbb{E}[\theta \mid x] &= \int_0^1 \theta p(\theta \mid x) \mathrm{d}\theta \\ &= (x+1)\mathrm{C}_{n+1}^{x+1} \int_0^1 \theta^{x+1} (1-\theta)^{n-x} \mathrm{d}\theta \\ &= (x+1)\mathrm{C}_{n+1}^{n+1} \int_0^1 \theta^{n+1} \mathrm{d}\theta = \frac{x+1}{n+2}. \end{aligned}$$

比较 θ 的频率估计：x/n. ▍

下面我们再看一个条件分布的例子.

例 2.1.8 设 U 是单位区间 $(0, 1)$ 上均匀分布的随机变量. 在 $U = p$ 的条件下，X 的条件分布是参数为 n，p 的二项分布，求 X 的概率分布.

对任意 $i = 0, 1, 2, \cdots, n$，针对 U 的取值求条件概率，有

$$\begin{aligned} \mathbb{P}(X = i) &= \int_0^1 \mathbb{P}(X = i \mid U = x) p_U(x) \mathrm{d}x \\ &= \int_0^1 \mathbb{P}(X = i \mid U = x) \mathrm{d}x = \frac{n!}{i!(n-i)!} \int_0^1 x^i (1-x)^{n-i} \mathrm{d}x \\ &= \frac{n!}{i!(n-i)!} \frac{i!(n-i)!}{(n+1)!} = \frac{1}{n+1}. \end{aligned}$$

这也得到一个令人惊奇的结果：掷一枚硬币，正面朝上的概率服从均匀分布 $U(0, 1)$；掷 n 次，则正面朝上的次数等可能的是 $0, 1, 2, \cdots, n$ 中的任何一个. 我们换一个角度来思考出现这个结果的原因. 令 $U, U_1, \cdots, U_n$ 是 $n+1$ 个独立同分布于均匀分布 $U(0, 1)$ 的随机序列，用 X 表示 $U_1, \cdots, U_n$ 中取值比 U 的取值小的个数. 由于随机变量 $U, U_1, \cdots, U_n$ 的分布相同，所以 U 等可能地排在所有可能的位置，即 X 等可能的是 $0, 1, 2, \cdots, n$ 中的任何一个. 而在给定 $U=p$ 的条件下，U_i 比 U 小的个数服从参数是 n, p 的二项分布，即得前面所述结果. ▮

§2.1.3　理解条件期望

随机变量 Y 关于一个离散随机变量 X 的条件期望已经定义，$\mathbb{E}[Y \mid X]$ 在 $X=x$ 时等于 $\mathbb{E}[Y \mid X=x]$，即

$$\mathbb{E}[Y \mid X] = \sum_x \mathbb{E}[Y \mid X=x] 1_{\{X=x\}}.$$

同样我们可以定义 Y 关于 $\mathscr{G} = \sigma(B_i, i \geqslant 1)$ 的条件期望 $\mathbb{E}[Y \mid \mathscr{G}]$，它在 B_i 上的取值是 $\mathbb{E}[Y \mid B_i]$，即

$$\mathbb{E}[Y \mid \mathscr{G}] = \sum_i \mathbb{E}[Y \mid B_i] 1_{B_i},$$

是一个关于 $\mathscr{G}$ 可测的随机变量.

问题是，这个随机变量有什么特别之处？当然有，条件期望 $\mathbb{E}[Y \mid \mathscr{G}]$ 是所有关于 $\mathscr{G}$ 可测的随机变量中离 Y 最近的一个，或者通俗地说，是基于 $\mathscr{G}$（信息）对 Y 的最佳预测. 的确，本质上来说，随机变量的取值随机，我们不可能预知它会取什么值，所能做的是基于已有的信息尽可能准确地预测.

什么是最佳预测？有没有标准？我们通常使用距离来进行衡量：两个随机变量 X, Y 的距离是指其 L^2-距离

$$|| X-Y || = \sqrt{\mathbb{E}[(X-Y)^2]}.$$

有这个标准，问题就容易解释了. 例如，$\mathbb{E}[Y]$ 是所有常数中离 Y 最近的，因为

$$\begin{aligned}\mathbb{E}[(Y-a)^2] &= \mathbb{E}[((Y-\mathbb{E}[Y]) + (\mathbb{E}[Y]-a))^2] \\ &= \mathbb{E}[(Y-\mathbb{E}[Y])^2] + \mathbb{E}[(\mathbb{E}[Y]-a)^2],\end{aligned}$$

所以左边在 $a = \mathbb{E}[Y]$ 达到最小值.

一般地，任取关于 $\mathscr{G}$ 可测的随机变量 X，前面说过它是 1_{B_i}，$i \geqslant 1$ 的线性组合. 因为对任何的 i，

$$\mathbb{E}[(Y-\mathbb{E}[Y \mid \mathscr{G}])1_{B_i}] = \mathbb{E}[(Y-\mathbb{E}[Y \mid B_i])1_{B_i}] = 0,$$

所以

$$\mathbb{E}[(Y-\mathbb{E}[Y \mid \mathscr{G}])X] = 0.$$

现在看 Y 与 X 的距离，

$$\begin{aligned}\mathbb{E}[(Y-X)^2] &= \mathbb{E}[(Y-\mathbb{E}[Y \mid \mathscr{G}]+\mathbb{E}[Y \mid \mathscr{G}]-X)^2] \\ &= \mathbb{E}[(Y-\mathbb{E}[Y \mid \mathscr{G}])^2]+\mathbb{E}[(\mathbb{E}[Y \mid \mathscr{G}]-X)^2],\end{aligned}$$

最后的等号是因为 $\mathbb{E}[Y \mid \mathscr{G}]-X$ 也是关于 $\mathscr{G}$ 可测的，所以

$$\mathbb{E}[(Y-\mathbb{E}[Y \mid \mathscr{G}])(\mathbb{E}[Y \mid \mathscr{G}]-X)] = 0.$$

因此，$\| Y-X \|$ 当且仅当 $X = \mathbb{E}[Y \mid \mathscr{G}]$ 时达到最小. 这验证了下面的断言.

定理 2.1.1 条件期望 $\mathbb{E}[Y \mid \mathscr{G}]$ 是关于 $\mathscr{G}$ 可测的随机变量中离 Y 最近的那个，或者说，是基于 $\mathscr{G}$ 对 Y 的最佳预测. 一个简单的推论是，如果 Y 本身是 $\mathscr{G}$ 可测的，那么离它最近的就是它本身，即 $\mathbb{E}[Y \mid \mathscr{G}] = Y$.

注意达到最小值的关键是，对任意 $i \geqslant 1$，

$$\mathbb{E}[(Y-\mathbb{E}[Y \mid \mathscr{G}])1_{B_i}] = 0,$$

这等价于对任何 $A \in \mathscr{G}$ 有

$$\mathbb{E}[(Y-\mathbb{E}[Y \mid \mathscr{G}])1_A] = 0.$$

定理 2.1.2 ξ 是 Y 关于 $\mathscr{G}$ 的条件期望当且仅当：

(1) ξ 是关于 $\mathscr{G}$ 可测的；

(2) 对任何 $A \in \mathscr{G}$ 有

$$\mathbb{E}[(Y-\xi)1_A] = 0.$$

条件期望有以下性质，需要记住.

定理 2.1.3 (1) 条件期望是线性的，

$$\mathbb{E}[c_1 Y_1 + c_2 Y_2 \mid \mathscr{G}] = c_1\,\mathbb{E}[Y_1 \mid \mathscr{G}] + c_2\,\mathbb{E}[Y_2 \mid \mathscr{G}].$$

(2) 全期望公式：$\mathbb{E}[\mathbb{E}[Y \mid \mathscr{G}]] = \mathbb{E}[Y]$.

(3) 如果 Y, Z 是随机变量,且 Z 是关于事件域 $\mathscr{G}$ 可测的随机变量,那么

$$\mathbb{E}[ZY \mid \mathscr{G}] = Z\,\mathbb{E}[Y \mid \mathscr{G}].$$

在给定信息下清楚的因子是可以分离的.

(4) 如果 Y 与 $\mathscr{G}$ 独立,那么 $\mathbb{E}[Y \mid \mathscr{G}] = \mathbb{E}[Y]$. Y 与 $\mathscr{G}$ 独立是指对任何 $A \in \mathscr{G}$, Y 与 1_A 独立. 这说明与 Y 独立的信息对于预测 Y 是无用的.

(5) 设 $\mathscr{G}_1$, $\mathscr{G}_2$ 是子事件域,且 $\mathscr{G}_1 \subset \mathscr{G}_2$, 那么

$$\mathbb{E}[\mathbb{E}[Y \mid \mathscr{G}_1] \mid \mathscr{G}_2] = \mathbb{E}[\mathbb{E}[Y \mid \mathscr{G}_2] \mid \mathscr{G}_1] = \mathbb{E}[Y \mid \mathscr{G}_1].$$

这说明粗的预测与细的预测是相容的,是全期望公式的推广.

(6) $\mathbb{E}[Y \mid \{\emptyset, \Omega\}] = \mathbb{E}[Y]$, $\mathbb{E}[Y \mid \mathscr{F}] = Y$. 这说明简单的信息得到简单的预测,完整的信息得到完整的预测.

(7) Jensen 不等式: 若 φ 是凸函数,即 $\varphi'' \geqslant 0$, 则

$$\varphi(\mathbb{E}[Y \mid \mathscr{G}]) \leqslant \mathbb{E}[\varphi(Y) \mid \mathscr{G}].$$

例 2.1.9 考虑 (X, Y) 服从二维正态分布 $N(0, 0, 1, 1, r)$ 的,即联合密度函数为

$$p(x, y) = \frac{1}{2\pi\sqrt{1-r^2}} \exp\left\{-\frac{x^2 - 2rxy + y^2}{2(1-r^2)}\right\},$$

显然 X, Y 都是标准正态的.

给定 $X = x$ 的条件密度

$$\begin{aligned} p(y \mid x) = \frac{p(x, y)}{p_X(x)} &= \frac{1}{\sqrt{2\pi(1-r^2)}} \exp\left\{-\frac{x^2 - 2rxy + y^2}{2(1-r^2) + \frac{x^2}{2}}\right\} \\ &= \frac{1}{\sqrt{2\pi(1-r^2)}} \exp\left\{-\frac{r^2x^2 - 2rxy + y^2}{2(1-r^2)}\right\} \\ &= \frac{1}{\sqrt{2\pi(1-r^2)}} \exp\left\{-\frac{(y-rx)^2}{2(1-r^2)}\right\}, \end{aligned}$$

即是正态分布 $N(rx, 1-r^2)$. 所以 $\mathbb{E}[Y \mid X = x] = rx$, 严格地 $\mathbb{E}[Y \mid X] = rX$.

另外一个方法: 因为 X, Y 是标准化的且协方差为 r, 所以 $\mathbb{E}[(Y - rX)X] = 0$, 即 $Y - rX$ 与 X 不相关. 由于 X, Y 是联合正态的,因而 $Y - rX$ 与 X 独立,因此由条件期望的性质 $\mathbb{E}[Y - rX \mid X] = \mathbb{E}[Y - rX] = 0$, 再应用条件期望性质,得

$$\mathbb{E}[Y \mid X] = \mathbb{E}[rX \mid X] = rX.$$ ▌

例 2.1.10 设 X_n, $n \geqslant 1$ 是一个独立同分布的随机序列, N 是非负整数值的随机变量且与 X_n, $n \geqslant 1$ 相互独立,下面计算随机和 $Y = \sum_{i=1}^{N} X_i$ 的矩母函数.

为此,先取 N 作为条件

$$\begin{aligned}\mathbb{E}[\exp\{t\sum_{i=1}^{N} X_i\} \mid N = n] &= \mathbb{E}[\exp\{t\sum_{i=1}^{n} X_i\} \mid N = n] \\ &= \mathbb{E}[\exp\{t\sum_{i=1}^{n} X_i\}] = (\psi_X(t))^n,\end{aligned}$$

这里 $\psi_X(t) = \mathbb{E}[e^{tX_i}]$. 因此

$$\mathbb{E}[\exp\{t\sum_{i=1}^{N} X_i\} \mid N] = (\psi_X(t))^N,$$

可得 $\psi_Y(t) = \mathbb{E}[(\psi_X(t))^N]$.

Y 的各阶矩可以通过矩母函数微分得到

$$\psi_Y'(t) = \mathbb{E}[N(\psi_X(t))^{N-1}\psi_X'(t)],$$

从而,注意到 $\psi_Y(0)=1$, 有

$$\begin{aligned}\mathbb{E}[Y] &= \psi_Y'(0) = \mathbb{E}[N(\psi_X(0))^{N-1}\psi_X'(0)] \\ &= \mathbb{E}[N\,\mathbb{E}X] \\ &= \mathbb{E}N\,\mathbb{E}X.\end{aligned}$$

同样,

$$\psi_Y''(t) = \mathbb{E}[N(N-1)(\psi_X(t))^{N-2}(\psi_X'(t))^2 + N(\psi_X(t))^{N-1}\psi_X''(t)].$$

故

$$\begin{aligned}\mathbb{E}[Y^2] = \psi_Y''(0) &= \mathbb{E}[N(N-1)(\mathbb{E}X)^2 + N\,\mathbb{E}[X^2]] \\ &= (\mathbb{E}X)^2(\mathbb{E}[N^2] - \mathbb{E}N) + \mathbb{E}N\,\mathbb{E}[X^2] \\ &= \mathbb{E}N(\mathbb{E}[X^2] - (\mathbb{E}X)^2) + (\mathbb{E}X)^2\,\mathbb{E}[N^2] \\ &= \mathbb{E}ND(X) + (\mathbb{E}X)^2\,\mathbb{E}[N^2],\end{aligned}$$

结合上面的两个式子,可知

$$\begin{aligned}D(Y) &= \mathbb{E}ND(X) + (\mathbb{E}X)^2(\mathbb{E}[N^2] - (\mathbb{E}N)^2) \\ &= \mathbb{E}ND(X) + (\mathbb{E}X)^2 D(N).\end{aligned}$$ ▌

§2.2　随机过程

§2.2.1　定义

什么是随机过程？随机过程是按时间记录的一族随机变量. 通常分两类：连续时间和离散时间. 连续时间是指 **R** 的一个区间，离散时间是指一个连续整数集，后者常称为随机序列. 固定概率空间 $(\Omega, \mathscr{F}, \mathbb{P})$，例如，对任意 $t \geqslant 0$，X_t 是随机变量，那么 $\{X_t: t \geqslant 0\}$ 称为随机过程；对任何整数 $n \geqslant 0$，X_n 是随机变量，那么 $\{X_n: n \geqslant 0\}$ 是随机序列.

设 T 是一个指标集，它可以是任意的，但在本书中，我们一般取 T 是全序集，例如非负整数集 $\mathbf{Z}^+ = \{0, 1, 2, \cdots\}$ 或非负实数集 $\mathbf{R}^+ = [0, \infty)$ 或它们的子集，分别称为离散时间集与连续时间集. 下面当我们说时间集时，是指两者之一. 实际上，在许多情况下也可以是 **R** 或者它的一个子集.

定义 2.2.1　设 $(\Omega, \mathscr{F}, \mathbb{P})$ 是一个概率空间，$(E, \mathscr{B}(E))$ 是一个可测空间，则一个取值在 E 上的可测映射族 $X = \{X_t: t \in T\}$ 称为 $(\Omega, \mathscr{F}, \mathbb{P})$ 上以 $(E, \mathscr{B}(E))$ 为状态空间的随机场，当 T 是时间集时称为随机过程. 在上下文明确时，简称为 E-值随机过程或随机过程. 当 E 是实数空间或复数空间时，分别称过程是实值过程与复值过程. 特别地，如果需要，我们可以把随机变量、随机向量看成随机过程.

按照随机过程的定义，随机过程的例子随手可得，我们将在下面的例子中介绍一些重要的随机过程.

例 2.2.1　最简单也是最早被人们研究的随机过程是随机游动. 设 $\{\xi_n: n \geqslant 1\}$ 是某个概率空间上独立同分布的随机变量序列且都服从 Bernoulli 分布，即

$$\mathbb{P}(\xi_n = 1) = p, \ \mathbb{P}(\xi_n = -1) = q,$$

其中 $p, q \geqslant 0$，$p + q = 1$，称这样的随机序列为 Bernoulli(随机)序列. Bernoulli 序列的存在性在直观上是显然的. 这相当于甲乙两人用某种固定的方法与规则进行一系列独立的赌博. 无疑 Bernoulli 序列 $\{\xi_n: n \geqslant 1\}$ 是一个随机过程，但更有意思的是下面的过程. 让值 1 表示甲赢，这时他得到 1 元；值 -1 表示甲输，这时他付出 1 元. 记 S_n 为 n 次赌博后甲所拥有的赌资. 任取整数值随机变量 S_0 并令 $S_n = S_0 + \sum_{i=1}^{n} \xi_i$，$n \geqslant 1$. 自然 $\{S_n: n \geqslant 0\}$ 也是一个随机过程，称为随机游动或随机游走. 如果 $S_0 = x \in \mathbf{Z}$，称 $\{S_n\}$ 是从 x 出发的随

机游动. ∎

随机变量有几乎处处相等以及同分布的概念,随机过程也有类似的概念.随机过程的分布是通过其中任意有限多个随机变量的联合分布或者说有限维分布来刻画的.后面我们将看到过程的有限维分布族是研究随机过程的一个很好的工具,有时它比随机过程本身更为重要.一般来说,不同的随机过程可能有相同的有限维分布族.因此我们给出下面的定义.

定义 2.2.2 (1) 假设 X, X' 是分别在概率空间 $(\Omega, \mathscr{F}, \mathbb{P})$ 和 $(\Omega', \mathscr{F}', \mathbb{P}')$ 上且有相同的状态空间 $(E, \mathscr{B}(E))$ 与相同的指标集 T 的随机过程. X, X' 称为是等价的(同分布的),如果它们有相同的有限维分布族,即对任何 $t_1, \cdots, t_n \in T$,随机向量 $(X_{t_1}, \cdots, X_{t_n})$ 与随机向量 $(X'_{t_1}, \cdots, X'_{t_n})$ 同分布.

(2) 假设 X, X' 是两个定义在同一个概率空间上具有同一个状态空间的随机过程.称 X 与 X' 是互为修正,如果对任何 $t \in T$, $X_t = X'_t$ a. s.. 称 X 与 X' 是不可区别的,如果对几乎所有的 $\omega \in \Omega$, $X_t(\omega) = X'_t(\omega)$ 对所有的 t 成立.显然如果 T 是可列的,那么互为修正的过程是不可区别的.

显然,如果 X 和 X' 是不可区别的,则它们互为修正,而若 X 和 X' 互为修正,则它们一定是等价的.

例 2.2.2 设 $\mathbb{P}$ 是 $([0, 1], \mathscr{B}([0.1]))$ 上的 Lebesgue 测度,对 $t, \omega \in [0, 1]$,令 $X_t(\omega) = 0$, $X'_t(\omega) = 1_{\{t\}}(\omega)$,则 (X_t) 与 (X'_t) 互为修正,但非不可区别的. ∎

设 T 是 $\mathbf{R}$ 的一个区间, E 是一个度量空间, $X = \{X_t: t \in T\}$ 是 $(\Omega, \mathscr{F}, \mathbb{P})$ 上以 E 为状态空间的随机过程.如果当 $s \to t$ 时, X_s 依概率收敛于 X_t,则称过程 X 在 $t \in T$ 处随机连续.如果它在任意点 $t \in T$ 处随机连续,则称 X 随机连续.显而易见,例 2.2.2 中的两个过程都是随机连续的.

§ 2.2.2 样本轨道

上面对于随机过程的考虑是将它们作为个别随机变量的一个集合而已,更有意义的是将它们作为一个整体考虑,即考虑样本轨道.对任何 $\omega \in \Omega$, $t \mapsto X_t(\omega)$ 是 T 到 E 的映射,称为是 ω 的样本轨道.经常在新闻中看到的股票或者股指走势就是样本轨道,一个花粉在液体表面的运动轨迹也是样本轨道.

几乎所有样本轨道有某种性质,是指存在一个概率等于 1 的事件 Ω_0,使得对任何 $\omega \in \Omega_0$, ω 的样本轨道有这个性质.设 E 是一个拓扑空间,称随机过程 X 是右连续(对应地,左连续,右连左极)的,如果其几乎所有样本轨道是右连续(对应地,左连续,右连续并存在左极限)的.显然连续的过程是随机连续的,反过来,在上面的例 2.2.2 中, X 是一个连续过程，X' 不是，因为它的所有样本轨道都在某个点间断. 因此我们可以看出，过程的随机连续与连续有本质的不同.

例 2.2.3　现在我们考虑掷硬币游戏的累积财富. 设甲乙两人持续地掷硬币赌博，硬币正面朝上时乙给甲一块钱，反面朝上是甲给乙一块钱. 用 X_n 表示第 n 次掷之后甲的所得，那么

$$\mathbb{P}(X_n = 1) = \mathbb{P}(X_n = -1) = \frac{1}{2}.$$

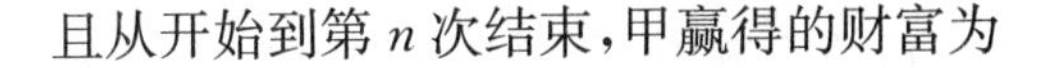

且从开始到第 n 次结束，甲赢得的财富为

$$S_0 = 0, \quad S_n = X_1 + \cdots + X_n,$$

其中 $X_1, \cdots, X_n, \cdots$ 是独立同分布的. 我们关心下面的问题：

问题　输的人是不是一定会赢回来？赢的人是不是一定会输回去？这实际上就是一个样本轨道性质，即 $\{S_n: n \geqslant 1\}$ 这个随机序列的样本轨道是不是一定会在有限时间内回到零？

定义首次返回零的时间

$$T := \inf\{n > 0: S_n = 0\},$$

称为零点的首中时. 上面的问题等价于计算概率 $\mathbb{P}(T < \infty)$.

考虑概率分布律 $\mathbb{P}(T = n)$，$n \geqslant 1$，因为 T 的取值一定是偶数，所以该数列的奇数项为零，不妨令 $f_n := \mathbb{P}(T = 2n)$. 而

$$\mathbb{P}(T < \infty) = \sum_{n=1}^{\infty} \mathbb{P}(T = n).$$

注意到 $S_n = 0$ 只有当 n 是偶数时才有可能，而事件 $\{S_{2n} = 0\}$ 相当于说，在 $2n$ 局游戏中，硬币的正面次数与反面次数一样多且 S_{2n} 服从二项分布. 令 $u_n := \mathbb{P}(S_{2n} = 0)$，$n \geqslant 1$，则

$$u_n = \frac{1}{2^{2n}} \mathrm{C}_{2n}^{n}.$$

现在我们来推导概率 $\mathbb{P}(T = 2n)$. 如果 $S_{2n} = 0$，则它一定在 $2n$ 前的某个时间 $2k$ 处首次回归零，然后从 $2k$ 时的零出发，到 $2n$ 时再回到零，即 $S_{2n} - S_{2k} = 0$. 由此推出对 $n \geqslant 1$，有

$$
\begin{aligned}
u_n &= \mathbb{P}(S_{2n}=0) = \sum_{k=1}^{n} \mathbb{P}(T=2k,\ S_{2n}-S_{2k}=0) \\
&= \sum_{k=1}^{n} \mathbb{P}(T=2k)\,\mathbb{P}(S_{2n}-S_{2k}=0) \\
&= \sum_{k=1}^{n} f_k u_{n-k} \\
&= f_1 u_{n-1} + f_2 u_{n-2} + \cdots + f_{n-1} u_1 + f_n,
\end{aligned}
$$

其中第三个等号是由于独立性. 原则上，当 $n=1$ 时，$f_1=u_1$. 当 $n=2$ 时，从 $u_2=f_1u_1+f_2$ 解出 $f_2=u_2-(u_1)^2$，然后原则上可以依次解出 f_3，f_4 以及所有的 f_n. 但实际上很难，问题是即使写出 f_n 表达式，还要算级数和，也很难. 怎么办呢？所幸我们的目标是计算级数和 $\sum_{n=1}^{\infty} f_n$，而不是数列 $\{f_n\}$.

让我们把所有的方程列出来，u 的下标从小到大，f 的下标从大到小.

$$
\begin{aligned}
&u_1 = f_1; \\
&u_2 = f_2 + u_1 f_1; \\
&u_3 = f_3 + u_1 f_2 + u_2 f_1; \\
&u_4 = f_4 + u_1 f_3 + u_2 f_2 + u_3 f_1; \\
&u_5 = f_5 + u_1 f_4 + u_2 f_3 + u_3 f_2 + u_4 f_1; \\
&\cdots\cdots
\end{aligned}
$$

全部加起来，右边每一列相加，看出

$$
\begin{aligned}
\sum_{n=1}^{\infty} u_n &= \sum_{n=1}^{\infty} f_n + u_1 \sum_{n=1}^{\infty} f_n + u_2 \sum_{n=1}^{\infty} f_n + \cdots \\
&= (1+u_1+u_2+\cdots) \sum_{n=1}^{\infty} f_n.
\end{aligned}
$$

由此推出

$$
\mathbb{P}(T<\infty) = \sum_{n=1}^{\infty} f_n = \frac{\sum_{n\geqslant 1} u_n}{1+\sum_{n\geqslant 1} u_n}.
$$

这说明什么呢？当级数 $\sum_{n\geqslant 1} u_n$ 收敛时，$\mathbb{P}(T<\infty)<1$；否则 $\mathbb{P}(T<\infty)=1$. 因此问题归结为判断级数 $\sum_{n\geqslant 1} u_n$ 是否收敛.

回答这个问题不难,只是需要一个有关阶乘的估计和一点关于级数的基本常识,称为 Stirling 公式

$$\lim_{n\to\infty}\frac{n!}{\sqrt{2\pi n}(n\mathrm{e}^{-1})^n}=1.$$

用它来估计 u_n,

$$u_n=\frac{(2n)!}{(n!)^2}\frac{1}{2^{2n}}\sim\frac{\sqrt{2\pi 2n}(2n\mathrm{e}^{-1})^{2n}}{(\sqrt{2\pi n}(n\mathrm{e}^{-1})^n)^2}=\frac{1}{\sqrt{\pi n}}.$$

因此级数 $\sum_{n\geqslant 1}u_n=+\infty$,即推出 $\mathbb{P}(T<\infty)=1$. ∎

这个例子采用的是个初等的方法,后面我们会介绍其他方法.

§2.2.3 常见的随机过程

随机过程的有限维分布的重要性主要表现在理论方面,在实际问题中,两个更容易计算的量是均值函数与协方差函数. 假设 $X=\{X_t: t\in T\}$ 是一个复或实值随机过程,如果对任意 $t\in T$, $\mathbb{E}|X_t|<\infty$,则称 X 是可积的,这时 $m(t):=\mathbb{E}X_t$ 称为过程的均值函数;如果对任意 $t\in T$, $\mathbb{E}|X_t|^2<\infty$,则称 X 是平方可积的. 对于平方可积过程 X,我们定义其协方差函数

$$K(t,s):=\mathrm{cov}(X_t,X_s)=\mathbb{E}\,\overline{(X_t-\mathbb{E}X_t)}(X_s-\mathbb{E}X_s),\ t,s\in T,$$

如果有需要,也记为 K_X. 容易验证协方差函数满足下列性质:

(1) K 是共轭对称的,即 $K(s,t)=\overline{K(t,s)}$, $s,t\in T$;

(2) K 是非负定的,即对任何 $c_1,\cdots,c_n\in\mathbf{C}$, $t_1,\cdots,t_n\in T$,有

$$\sum_{j,k}\overline{c_j}K(t_j,t_k)c_k\geqslant 0.$$

例 2.2.4(Gauss 过程) 概率空间 $(\Omega,\mathscr{F},\mathbb{P})$ 上的实值随机过程 $X=\{X_t: t\in T\}$ 称为 Gauss 过程,如果它的每一个有限维分布都是 Gauss 分布. 进一步,一个 Gauss 过程称为是中心化的 Gauss 过程,如果 $\mathbb{E}X_t=0$, $t\in T$. 设 $(\Omega,\mathscr{F},\mathbb{P})$ 是概率空间,ξ 是服从标准正态分布的随机变量,对 $t\geqslant 0$,令 $X_t=\xi t$,则 $\{X_t\}$ 是一个平方可积的随机过程,且 $\mathbb{E}X_t^2=t^2$, $K(t,s)=ts$. 另外对 $t_1,\cdots,t_n\in T$,有限维分布是一个正态分布,其特征函数是

$$f_{t_1, \cdots, t_n}(x) = \exp\left(-\frac{1}{2}xBx^{\mathrm{T}}\right),$$

其中 $x \in \mathbf{R}^n$, $B = (t_1, \cdots, t_n)^{\mathrm{T}}(t_1, \cdots, t_n)$.

取独立且都服从标准正态分布的随机序列 $\{\xi_n\}$, 设 H 是 Hilbert 空间,取标准正交基 $\{e_n\}$, 对任何 $h \in H$, 定义

$$X(h) := \sum_n \langle h, e_n \rangle \xi_n,$$

那么容易验证 X 是 H 到 $L^2(\Omega, \mathscr{F}, \mathbb{P})$ 的等距嵌入,即对任何 $h, h' \in H$,

$$\mathbb{E}[X(h) \cdot X(h')] = \langle h, h' \rangle,$$

随机过程 $X = \{X(h): h \in H\}$ 是中心化 Gauss 过程. ∎

例 2.2.5(平稳过程) 概率空间 $(\Omega, \mathscr{F}, \mathbb{P})$ 上的状态空间为 E 的随机过程 $X = \{X_t: t \in T\}$ 称为平稳过程,如果其任何有限维分布是平移不变的. 精确地说, T 是一个时间半群,即对加法封闭,且对任何 $t_1, \cdots, t_n, t \in T$, $A_1, \cdots, A_n \in E$, 有

$$\mathbb{P}(X_{t_1+t} \in A_1, \cdots, X_{t_n+t} \in A_n) = \mathbb{P}(X_{t_1} \in A_1, \cdots, X_{t_n} \in A_n).$$

如果 X 是平方可积的,且 $m(t) = \mathbb{E}X_t$ 与 t 无关,协方差函数 K 满足齐性

$$K(s+h, t+h) = K(s, t),$$

那么称 X 为广义(或宽)平稳过程. 广义平稳过程在信号分析中是非常有用的,我们将在下面进一步讨论. ∎

例 2.2.6(宽平稳过程) 设 $T = \mathbf{R}$(或 $T = \mathbf{Z}$). 一个复值平方可积过程 $\{X_t: t \in T\}$ 称为 L^2-连续,如果过程 X 看作 T 到 $L^2(\Omega, \mathscr{F}, \mathbb{P})$ 的映射是连续的. 一个 L^2-连续的随机过程称为宽平稳过程,在这里我们简称为平稳过程,如果其均值函数是常数且协方差函数 $K(t, s)$ 只与 $s-t$ 有关,即存在 T 上函数 K 使得 $K(t, s) = K(s-t)$, $s, t \in T$, 那么我们有:

(1) $+\infty > K(0) > 0$;

(2) K 是共轭对称的,即 $K(-t) = \overline{K(t)}$, $t \in T$;

(3) K 是非负定的,即对任何 $c_1, \cdots, c_n \in \mathbf{C}$, $t_1, \cdots, t_n \in T$, 有

$$\sum_{j,k} \overline{c_j} K(t_j - t_k) c_k \geqslant 0.$$

由 Bochner-Khinchin 定理,存在 $\mathbf{R}$ 上有限测度 μ, 使

$$K(t) = \int_{\mathbf{R}} e^{itx} \mu(dx).$$

显然过程是实值的当且仅当 μ 是对称的(如果 $T = \mathbf{Z}$，则 K 是一个序列，这时 μ 将集中在区间 $[-\pi, \pi)$ 上，并且以下的讨论是平行的). 若令 $F(x) := \mu((-\infty, x])$，$x \in \mathbf{R}$，则 F 是单增右连续有界函数，且 $F(-\infty) = 0$，$F(+\infty) = K(0)$. μ 和 F 由 K 唯一决定，分别称为平稳过程 X 的谱测度与谱函数. μ 有密度时，密度函数称为 X 的谱密度. ▌

例 2.2.7(独立增量过程) 设 $T = [0, \infty)$ 或 $\{0, 1, 2, \cdots\}$，$X = \{X_t: t \in T\}$ 是一个以 $\mathbf{R}^d$ 为状态空间的随机过程，如果对任何 $0 \leqslant t_1 < \cdots < t_n$，增量 $X_{t_n} - X_{t_{n-1}}$，$\cdots$，$X_{t_2} - X_{t_1}$，X_{t_1} 相互独立，称 X 是一个独立增量过程. 如果进一步对任何 $t > s$，$X_t - X_s$ 与 $X_{t-s} - X_0$ 同分布，称 X 是平稳独立增量过程，或 Lévy 过程.

对于随机序列来说，如果 $\{\xi_n\}$ 是独立随机序列，那么其和 $S_n = \sum_{i=1}^{n} \xi_i$ 是独立增量过程. 进一步，如果 $\{\xi_n\}$ 独立同分布，那么 $\{S_n\}$ 是平稳独立增量过程.

平稳独立增量过程有许多重要的例子，如 Brown 运动与 Poisson 过程. 如果 $E = \mathbf{R}^n$，对任意 $x \in E$，$0 \leqslant s < t$，

$$\mathbb{P}(X_t - X_s \in dx) = \left(\frac{1}{\sqrt{2\pi(t-s)}}\right)^n \exp\left(-\frac{|x|^2}{2(t-s)}\right) dx,$$

那么对应的过程是著名的 Brown 运动. 如果 $E = \mathbf{R}$，上面的概率分布是参数为 $\lambda(t-s)$ 的 Poisson 分布时，对应的过程是参数为 λ 的 Poisson 过程. 另外还有保险模型使用的复合 Poisson 过程以及金融模型使用的对称稳定过程. ▌

例 2.2.8(马氏过程) 马氏过程是随机过程中被广泛与深入研究的一类. 直观地说，它是指给定现在时刻的信息，过程的将来与过去独立. 用数学的语言来描述就是对 $t > s > 0$，$A \in E$，有

$$\mathbb{P}(X_t \in A \mid X_u: 0 \leqslant u \leqslant s) = \mathbb{P}(X_t \in A \mid X_s).$$

也就是说，已知过程现在时刻的状态，那么其未来与过去再没有关系. 后面我们将专门讨论这类过程，给出更直观的数学表达，且证明独立增量过程是马氏过程. 所以 Brown 运动与 Poisson 过程都是马氏过程. ▌

例 2.2.9(更新过程) 设 $\{X_n\}$ 是独立同分布随机系列，且 $\mathbb{P}(X_n > 0) = 1$，令 $S_n = \sum_{i=1}^{n} X_i$，那么 $\{S_n\}$ 是平稳独立增量过程，再取它的右连续逆

$$Y_t := \inf\{n \geqslant 0: S_n > t\}, \ t \geqslant 0.$$

过程 $Y=\{Y_t: t\geqslant 0\}$ 称为更新过程.更新过程一般不是马氏过程,只有当 X_i 是指数分布这个特殊情况时,相应的 Y 是马氏过程. ▌

习 题

1. (Jensen 不等式)设 $f(x)$ 是连续可导且二阶导数非负的函数,X 是一个可积的随机变量,且 $\mathbb{E}[f(X)]$ 存在,证明:$f(\mathbb{E}[X])\leqslant\mathbb{E}[f(X)]$.

2. 设 N_1, N_2 是独立的 Poisson 分布随机变量,参数分别是 $\lambda_1>0$, $\lambda_2>0$. 求:

(1) $\mathbb{P}(N_1+N_2=n)$, $n\geqslant 0$;

(2) $\mathbb{P}(N_1=k\mid N_1+N_2=n)$, $0\leqslant k\leqslant n$;

(3) $\mathbb{E}[N_1\mid N_1+N_2]$ 及 $\mathbb{E}[N_1+N_2\mid N_1]$.

3. 设随机变量 X 和 Y 的联合密度函数是

$$p(x, y)=\frac{1}{y}\mathrm{e}^{-\frac{x}{y}}\mathrm{e}^{-y},\ 0<x<\infty,\ 0<y<\infty.$$

求:

(1) $\mathbb{E}[X\mid Y=y]$;

(2) $\mathbb{E}[X^2\mid Y=y]$.

4. 设随机变量 X 和 Y 的联合密度函数是

$$p(x, y)=\frac{1}{y}\mathrm{e}^{-y},\ 0<x<y<\infty.$$

求:$\mathbb{E}[X^3\mid Y=y]$.

5. 一罐内有 a 个白球及 b 个黑球.从中任取一球,如果取出白球则将它放回去;如果是黑球,则从另一罐内拿一白球替换它放回去.在重复 n 次这样的做法后,该罐内白球的期望记为 M_n.

(a) 导出递推公式 $M_{n+1}=\left(1-\frac{1}{a+b}\right)M_n+1$;

(b) 利用(a)证明:$M_n=a+b-b\left(1-\frac{1}{a+b}\right)^n$;

(c) 求第 $n+1$ 次取出白球的概率.

6. 设一天走进某超市的顾客数是均值为 35 000(人)的随机变量.又设这些顾客所花的钱数是相互独立、均值为 52(元)的随机变量序列,且任一顾客所花的钱数和进入该超市的总人数独立,问该超市一天的平均营业额是多少?

7. 设 $U_1, U_2, \cdots$ 是独立的 (0, 1) 上均匀分布的随机变量,且以 N 记满足下式的 $n(\geqslant 0)$ 的最小值

$$\prod_{i=1}^{n} U_i \geqslant e^{-\lambda} > \prod_{i=1}^{n+1} U_i, \text{其中} \prod_{i=1}^{0} U_i = 1.$$

证明:N 是均值为 λ 的 Poisson 随机变量.(提示:按 n 归纳,并对 U_1 取条件证明 $\mathbb{P}(N = n) = e^{-\lambda}\lambda^n/n!$.)

8. 在一次集会上,n 个人把他们的帽子放到房间的中央混在一起,而后每个人随机地选取一顶帽子,求拿到自己帽子的人数 ξ 的均值与方差.

9. 假设身高为 x 厘米的父亲,其儿子的身高(厘米)服从均值为 $x+1$、方差为 4 的正态分布.令父亲身高 175 厘米,则儿子身高的最佳预测为多少?

10. 设 Y 是服从均匀分布 $U(0, 1)$ 的随机变量,且在给定 $Y = p$ 的条件下,随机变量 X 服从参数为 n, p 的二项分布.在例 2.1.8 中我们证明了 X 等可能地取 $0, 1, 2, \cdots, n$ 中的任何一个值,试用矩母函数的方法证明这个结果.

11. 给定随机过程 $\{X(t), t \geqslant 0\}$, $X(t) = X_0 + Vt$, 其中 X_0 和 V 是独立同分布于标准正态分布的随机变量,证明 $\{X(t), t \geqslant 0\}$ 是 Gauss 过程.

12. 设 $\{X(t), t \geqslant 0\}$ 是平稳独立增量过程. $X(0) = 0$, $V \sim N(0, 1)$, $X(t)$ 和 V 相互独立, $Y(t) = X(t) + V$, 求 $\{Y(t), t \geqslant 0\}$ 的协方差函数和相关系数.

13. 设 $\{N(t), t \geqslant 0\}$ 是参数为 $\lambda(> 0)$ 的 Poisson 过程,求:

(1) 二维概率分布;

(2) n 维概率分布.

第三章

离散时间马氏链

随机过程直观上是随机现象中按时间顺序记录的数据，它的研究对象通常是依序排列的无限多个随机变量. 马氏过程是一类有广泛应用的随机过程，而马氏链是一类特殊的马氏过程，比如独立随机试验模型最直接的推广就是马氏链模型，因早在 1906 年就对它进行研究的俄国数学家马尔可夫(A. A. Markov)而得名，马氏链指马尔可夫链. 以后 Kolmogorov、Feller、Doob 等数学家发展了这一理论.

粗略地说，对于一个在状态空间 E 上的随机过程 $\{X_t, t \in T\}$ (所谓状态空间，即为过程的取值的全体)，若已知现在的状态 X_t，将来的状态 $X_u(u > t)$ 取值的概率与过去的状态 $X_s(s < t)$ 的取值无关，则称该性质为马氏性或无后效性，该过程为马氏过程. 设 $\{X_t, t \in T\}$ 为一个马氏过程，当状态空间为至多可列点集时，称为马氏链. 比如，Poisson 过程就是以 $E = \{0, 1, 2, \cdots\}$ 为状态空间的、最简单的连续时间马氏链. 称样本函数是连续的马氏过程 $\{X_t, t \in [0, \infty]\}$ 为扩散过程. 比如，Brown 运动是最简单的扩散过程.

§3.1 随机游动

最简单的马氏链模型是随机游动，它是指独立同分布随机变量序列组成的部分和序列. 该模型被广泛运用于对股价收益率、收益过程和期权等问题的研究中，随机游动的独立性和重复性是构造金融模型(如收益过程)的关键. 如果投资者在一个公平的股市可以得到所投资股票的所有情报，那么就可以根据随机游动理论建立相应的收益过程模型，从而帮助投资者在一定范围内正确地做出股价走势的预测和推断. 而在现实的市场中，投资者往往得不到公正的对待，他们所得到的信息和数据通常是不完整而且有误的，基于这些信息和数据构造的数学模型自然无法反映股价的走势和波动. 但随机游动模型在金融领域的作用还是被肯定的，是研究金融问题的重要手段之一.

随机过程的研究方法很多，例 2.2.3 是个初等方法. 在此，我们将用经典的反射原理讨论对称简单随机游动，整数上对称简单随机游动是随机游动中最简单的一类，它在每个点处向左和向右的可能性是一样的，这种随机游动可以简单地由掷一枚公正的硬币的方式来实现.

随机游动是最早被数学家关注和研究的随机现象，因为它常见. 比如两个人可以用一个硬币开始，正面赢一块，反面输一块，这样一直下去就是一个简单的随机游动，当然硬币只是起一个随机发生器的作用，我们可以用掷骰子、下棋、打球、猜数字等方法代替. 把其中某个人持有的钱数按时间顺序记录下来画在黑板上，赢一块钱向上一格，输一块钱向下一格，这样在黑板上就出现一条忽上忽下的轨迹，称为一条样本轨道. 下次再赌，又会有一条样本轨道，所有这些可能的样本轨道是等可能出现的，这实际上已经给了我们关于简单对称随机游动的基本图景.

§3.1.1 格点轨道与反射原理

考虑 X-Y 平面上的整数格点组成的空间，设 $m < n$, a, b 是整数，一条 (m, a) 到 (n, b) 的格点轨道是指整数列 $(s_m, s_{m+1}, \cdots, s_n)$ 满足：

(i) $s_m = a$, $s_n = b$;

(ii) 对 $m < k \leqslant n$, $s_k - s_{k-1}$ 取值为 1 或 -1, 即 $\{s_k\}$ 以单位 1 向上或向下.

用直线将其相邻的点 $(k-1, s_{k-1})$ 与 (k, s_k) 连接，形成一条折线. $n-m$ 称为轨道的长度. 显然，经过平移，从 (m, a) 到 (n, b) 的格点轨道总数与从 $(0, 0)$ 到 $(n-m, b-a)$ 的格点轨道总数是相同的. 下面我们用 $N_{n,x}$ 表示 $(0, 0)$ 到 (n, x) 的格点轨道总数.

显然，存在连接 $(0, 0)$ 与 (n, x) 的格点轨道当且仅当存在 $p, q \in \mathbf{Z}_+$, 使得 $n = p+q$, $x = p-q$. 实际上，只要用 p 和 q 表示格点轨道中向上和向下的折线数就可以了. 这样一条从 $(0, 0)$ 出发的格点轨道会经过 (n, x) 当且仅当它有 p 条向上的折线，因此由排列的思想得

$$N_{n,x} = \mathrm{C}_{p+q}^{p} = \mathrm{C}_{n}^{\frac{n+x}{2}}, \ N_{n,-x} = N_{n,x}.$$

反射原理是一个简单、朴素的结果，在许多领域都有应用，普遍认为是 Maxwell 和 Kelvin 首先引入并运用的.

定理 3.1.1 设 $a, b > 0$, $m < n$, 则从 (m, a) 到 (n, b) 的且与 x-轴相遇的格点轨道总数与从 (m, a) 到 $(n, -b)$ 的格点轨道总数相同.

证明 分别用 A, B 表示从 (m, a) 到 (n, b) 的且与 x-轴相遇的格点轨道全体与从 (m, a) 到 $(n, -b)$ 的格点轨道全体. 任取 A 中的轨道 $(s_m, \cdots, s_n)$, 设最迟遇到 x-轴是在 k 时刻,那么 $m < k < n$. 将轨道 k 到 n 部分按 x-轴反射得格点轨道

$$(s_m, \cdots, s_k, -s_{k+1}, \cdots, -s_n).$$

它是 B 中的格点轨道. 容易验证映射

$$(s_m, \cdots, s_n) \mapsto (s_m, \cdots, s_k, -s_{k+1}, \cdots, -s_n)$$

建立了 A 到 B 上的一一对应. 因此结论成立. □

格点轨道给出一个概率空间 $(W_n, \mathbb{P}_n)$, 精确地讲,对任何 $n \geqslant 1$, 用 W_n 表示从 $(0, 0)$ 出发、长度为 n 的格点轨道全体, $\mathbb{P}_n$ 是其上的古典概率,即若 $B \subset W_n$, 那么

$$\mathbb{P}_n(B) = \frac{|B|}{|W_n|} = \frac{|B|}{2^n}.$$

下面的计票问题的解法是反射原理的应用,它由 Whitworth(1878) 和 Bertrand (1887)提出.

例 3.1.1 在一次投票中,候选人 P, Q 的得票分别为 m, n 且 $m > n$, 那么在整个投票过程中, P 的票数一直领先于(多于) Q 的票数的概率为 $\frac{m-n}{m+n}$.

记在第 n 个人投票后 P, Q 的票数差额为 s_n, 那么投票过程是一条 $(0, 0)$ 到 $(m+n, m-n)$ 的格点轨道 $(s_0, s_1, \cdots, s_{m+n})$, 这样的轨道总数为 $N_{m+n, m-n}$. 所有投票过程是等概率的,是一个古典概率问题: $(0, 0)$ 到 $(m+n, m-n)$ 的格点轨道除起点外不遇到 x-轴的概率. 这个事件等同于 $(1, 1)$ 到 $(m+n, m-n)$ 的轨道不遇到 x-轴. 其中的轨道总数等于 $N_{m+n-1, m-n-1}$ 减去 $(1, 1)$ 到 $(m+n, m-n)$ 遇到 x 一轴的轨道总数,应用反射原理,后者是 $N_{m+n-1, m-n+1}$. 因此概率为

$$\frac{N_{m+n-1, m-n-1} - N_{m+n-1, m-n+1}}{N_{m+n, m-n}} = \frac{m-n}{m+n}.$$

怎么计算 P 的票数一直不少于 Q 的票数的概率呢? 那要计算 $(0, 0)$ 出发到 $(m+n, m-n)$ 不跑到 x-轴下面去的轨道总数,往上平移 1,这等于 $(0, 1)$ 到 $(m+n, m-n+1)$ 不遇到 x-轴的轨道总数. 由反射原理,这等于 $N_{m+n, m-n} - N_{m+n, m-n+2}$, 因此概率为

$$\frac{N_{m+n,\,m-n}-N_{m+n,\,m-n+2}}{N_{m+n,\,m-n}}=\frac{m+1-n}{m+1}. \qquad \blacksquare$$

§3.1.2 对称简单随机游动

现在介绍最简单的随机游动,或者说一维对称简单随机游动. 固定概率空间 $(\Omega, \mathscr{F}, \mathbb{P})$ 及其上独立同分布随机变量序列 $\{X_n: n\geqslant 1\}$, 其中

$$\mathbb{P}(X_n=1)=\mathbb{P}(X_n=-1)=\frac{1}{2}.$$

令

$$S_0=0,\ S_n:=\sum_{k=1}^{n}X_k,\ n\geqslant 1,$$

则称 $\{S_n, n\geqslant 0\}$ 为从 0 出发的 1 维对称的简单随机游动. 对 $\omega\in\Omega$,

$$(S_0(\omega),\ S_1(\omega),\ \cdots,\ S_n(\omega),\ \cdots)$$

称为 ω 的样本轨道,它对应一条 $(0, 0)$ 出发的格点轨道.

注意到,由分布对称性的假设,对于任意一条指定的格点 $(s_0, \cdots, s_n)\in W_n$, 我们有

$$\mathbb{P}(S_i=s_i;\ 0\leqslant i\leqslant n)=\frac{1}{2^n},$$

因此,对于任意 $B\subset W_n$,

$$\mathbb{P}((S_0,\ \cdots,\ S_n)\in B)=\mathbb{P}_n(B)=|B|/2^n.$$

换句话说,考虑 $\{S_n\}$ 行为(有限长度)的事件的概率和考虑前面所建立的格点轨道的概率是一致的. 因此,对称的简单随机游动的概率空间上的问题等价于格点轨道构成的概率空间上的问题,可以用数格点轨道的方法计算.

下面我们计算随机游动的一些有趣的量的分布. 在上一章中,例 2.2.3 用一个初等方法证明过程在有限的时间内返回零点,下面我们从概率的角度详细讨论这个问题.

仍然用符号 $u_n:=\mathbb{P}(S_{2n}=0)$, $n\geqslant 0$ 表示随机游动在 $2n$ 时刻处于原点的绝对分布. 显然 $u_0=1$,

$$u_n=\frac{N_{2n,\,0}}{2^{2n}}=\frac{1}{2^{2n}}\mathrm{C}_{2n}^{n}.$$

由此还有关于 u_n 的一个递推公式

$$u_n = \frac{2n-1}{2n} u_{n-1}.$$

引理 3.1.1 对任意 $n \geqslant 1$,

$$\mathbb{P}(S_1 > 0, S_2 > 0, \cdots, S_{2n-1} > 0, S_{2n} > 0) = \frac{1}{2} u_n,$$

$$\mathbb{P}(S_1 \geqslant 0, S_2 \geqslant 0, \cdots, S_{2n-1} \geqslant 0, S_{2n} \geqslant 0) = u_n.$$

证明 首先注意到

$$\begin{aligned}&\mathbb{P}(S_1 > 0, S_2 > 0, \cdots, S_{2n-1} > 0, S_{2n} > 0)\\ =& \sum_{k=1}^{n} \mathbb{P}(S_1 > 0, S_2 > 0, \cdots, S_{2n-1} > 0, S_{2n} = 2k).\end{aligned}$$

由反射原理,满足 $S_1 > 0, S_2 > 0, \cdots, S_{2n-1} > 0, S_{2n} = 2k$ 的格点轨道总数是

$$N_{2n-1,\, 2k-1} - N_{2n-1,\, 2k+1},$$

所以

$$\begin{aligned}&\mathbb{P}(S_1 > 0, S_2 > 0, \cdots, S_{2n-1} > 0, S_{2n} > 0)\\ =& \frac{1}{2^{2n}} \sum_{k=1}^{n} (N_{2n-1,\, 2k-1} - N_{2n-1,\, 2k+1})\\ =& \frac{N_{2n-1,\, 1}}{2^{2n}} = \frac{1}{2} u_n.\end{aligned}$$

对任意 $k \geqslant 0$,满足 $S_1 \geqslant 0, S_2 \geqslant 0, \cdots, S_{2n-1} \geqslant 0, S_{2n} = 2k$ 的格点轨道就是 $(0, 0)$ 到 $(2n, 2k)$ 与直线 $y = -1$ 不交的格点轨道,再由反射原理,总数等于 $N_{2n,\, 2k} - N_{2n,\, 2k+2}$. 因此

$$\mathbb{P}(S_1 \geqslant 0, S_2 \geqslant 0, \cdots, S_{2n} \geqslant 0) = \frac{1}{2^{2n}} \sum_{k=0}^{n} (N_{2n,\, 2k} - N_{2n,\, 2k+2}) = \frac{N_{2n,\, 0}}{2^{2n}}.$$

引理得证. □

用 T 表示首次返回零点的时间,即

$$T := \inf\{n > 0: S_n = 0\}.$$

注意 T 取值是“时间”,是轨道上的函数,也就是随机变量,而且我们无法排除它取无穷为

值,因为我们不知道轨道是否一定会再回到零点.另外,如果 T 有限,则一定是偶数.后面我们经常遇到这样的随机变量,简称为零点的首中时.

定理 3.1.2 对任何 $n \geqslant 1$,

(1) $\mathbb{P}(T=2n)=u_{n-1}-u_n=\frac{1}{2n-1}u_n,\ n\geqslant 1$;

(2) $u_n=\sum_{r=1}^{n}\mathbb{P}(T=2r)\cdot u_{n-r}$.

证明 (1) 由引理 3.1.1 得知,

$$\mathbb{P}(S_1\neq 0,\ S_2\neq 0,\ \cdots,\ S_{2n}\neq 0)=\mathbb{P}(S_{2n}=0).$$

故随机游动在 $2n$ 时刻首次返回零点的概率为

$$\begin{aligned}\mathbb{P}(T=2n)&=\mathbb{P}(S_1\neq 0,\ \cdots,\ S_{2n-1}\neq 0,\ S_{2n}=0)\\&=\mathbb{P}(S_1\neq 0,\ \cdots,\ S_{2n-2}\neq 0)-\mathbb{P}(S_1\neq 0,\ \cdots,\ S_{2n-1}\neq 0,\ S_{2n}\neq 0)\\&=\mathbb{P}(S_{2n-2}=0)-\mathbb{P}(S_{2n}=0).\end{aligned}$$

公式(2)由全概率公式推出. □

由定理可以看出 $\mathbb{P}(T<\infty)=1$,这说明随机游动以概率 1 在有限的时间内返回零点.由 Stirling 公式,当 n 充分大时,

$$u_n=\frac{1}{2^{2n}}C_{2n}^{n}\sim\frac{1}{\sqrt{n\pi}}\to 0,$$

因此,$\mathbb{E}[T]=\infty$,也就是说原点的平均返回时间是无限的.

下面再讨论极大游程和首次通过时间的分布.令

$$\begin{aligned}A_n&:=\max\{S_0,\ S_1,\ \cdots,\ S_n\},\\T_x&:=\inf\{n\geqslant 0:\ S_n=x\},\end{aligned}$$

分别称为 $\{S_n\}$ 的极大游程与首次通过 x 的时间(x 的首中时).显然,如果 $x\geqslant 0$,则 $A_n\geqslant x$ 当且仅当 $T_x\leqslant n$.设 $x>0$,$k\leqslant x$,由反射原理,从 $(0,0)$ 到 (n,k) 的遇到直线 $X=x$ 的格点轨道总数等于从 $(0,0)$ 到 $(n,2x-k)$ 的格点轨道总数.因此

$$\mathbb{P}(S_n=k,\ A_n\geqslant x)=\mathbb{P}(S_n=2x-k),$$

后面 Brown 运动的反射原理可以参考上面这个公式.那么

$$\begin{aligned}\mathbb{P}(S_n=k,\ A_n=x)&=\mathbb{P}(S_n=k,\ A_n\geqslant x)-\mathbb{P}(S_n=k,\ A_n\geqslant x+1)\\&=\mathbb{P}(S_n=2x-k)-\mathbb{P}(S_n=2x+2-k).\end{aligned}$$

极大游程的分布律

$$\mathbb{P}(A_n = x) = \sum_{k\leqslant x} \mathbb{P}(S_n = k, A_n = x)$$
$$= \mathbb{P}(S_n = x) + \mathbb{P}(S_n = x+1).$$

显然 $\mathbb{P}(S_n = x)$ 与 $\mathbb{P}(S_n = x+1)$ 只有一个非零. 然后计算首次通过时的分布律

$$\{T_x = n\} = \{S_1 < x, \cdots, S_{n-1} < x, S_n = x\}.$$

只需要计算 $(0, 0)$ 到 $(n-1, x-1)$ 的不遇到直线 $X = x$ 的格点轨道总数，由反射原理，它等于

$$N_{n-1,\, x-1} - N_{n-1,\, x+1}.$$

因此，$\mathbb{P}(T_x = n) = \dfrac{N_{n-1,\, x-1} - N_{n-1,\, x+1}}{2^n}$.

最后讨论末离时和集合的滞留时的分布. 用 L_{2n} 表示长度为 $2n$ 的格点轨道最后遇到 0 的时间，即

$$L_{2n} := \sup\{k \leqslant 2n: S_k = 0\},$$

被称为 0 点的(在时刻 $2n$ 前的)末离时，它必是偶数.

定理 3.1.3 $\mathbb{P}(L_{2n} = 2k) = u_k \cdot u_{n-k}$, $0 \leqslant k \leqslant n$.

证明 令 $S'_j := \sum_{i=1}^{j} X_{2k+i}$. 显然

$$\{L_{2n} = 2k\} = \{S_{2k} = 0, S_{2k+1} \neq 0, S_{2k+2} \neq 0, \cdots, S_{2n} \neq 0\}$$
$$= \{S_{2k} = 0, S'_1 \neq 0, S'_2 \neq 0, \cdots, S'_{2n-2k} \neq 0\},$$

因此，由独立性和引理 3.1.1，

$$\mathbb{P}(L_{2n} = 2k) = \mathbb{P}(S_{2k} = 0)\,\mathbb{P}(S'_1 \neq 0, S'_2 \neq 0, \cdots, S'_{2n-2k} \neq 0) = u_k \cdot u_{n-k}.$$

完成证明. □

显然对任何 $n \geqslant 0$，或者 S_{n-1} 与 S_n 都是非负的，我们说第 n 个时段是正的；或者 S_{n-1} 与 S_n 都是非正的，说第 n 个时段是负的. 令 σ_{2n} 是 0 到 $2n$ 时段正的时段数，即

$$\sigma_{2n} := \sum_{k=1}^{2n} 1_{\{S_{k-1} \geqslant 0,\, S_k \geqslant 0\}},$$

称为随机游动在正集上的逗留时，自然 σ_{2n} 必是偶数.

定理 3.1.4　$\mathbb{P}(\sigma_{2n}=2k)=u_k\cdot u_{n-k}$，$0\leqslant k\leqslant n$.

证明　对 n 用归纳法. 当 $n=1$ 时，显然 $\mathbb{P}(\sigma_2=0)=\mathbb{P}(\sigma_2=2)=1/2$，结论成立. 另外，由引理 3.2.1 知，$\mathbb{P}(\sigma_{2n}=0)=\mathbb{P}(\sigma_{2n}=2n)=u_n$，结论成立，故只需对 $0<k<n$ 证明即可. 现在设 $\mathbb{P}(\sigma_{2m}=2k)=u_k\cdot u_{m-k}$ 对任何 $m<n$ 和 $0<k<m$ 成立. 那么当 $0<k<n$ 时，由零点首中时 T 的取值利用全概率公式和归纳假设，

$$
\begin{aligned}
\mathbb{P}(\sigma_{2n}=2k)&=\sum_{r=1}^{n}\mathbb{P}(\sigma_{2n}=2k\mid T=2r)\,\mathbb{P}(T=2r)\\
&=\sum_{r=1}^{n}\frac{1}{2}(\mathbb{P}(\sigma_{2n-2r}=2k-2r)+\mathbb{P}(\sigma_{2n-2r}=2k))\,\mathbb{P}(T=2r)\\
&=\frac{1}{2}\sum_{r=1}^{n}(u_{k-r}u_{n-k}+u_ku_{n-r-k})\,\mathbb{P}(T=2r)\\
&=\frac{1}{2}(u_ku_{n-k}+u_ku_{n-k}),
\end{aligned}
$$

由此推出结论，而最后一个等号由定理 3.1.2(2)得到. □

令

$$
f(x)=\frac{1}{\pi\sqrt{x(1-x)}},\ x\in(0,1),
$$

那么由 Stirling 公式 $u_k\cdot u_{n-k}\sim\frac{1}{n}f(k/n)$，即有

$$
\begin{aligned}
\mathbb{P}(\sigma_{2n}/2n<x)&=\sum_{k<xn}u_k\cdot u_{n-k}\sim\sum_{k/n<x}\frac{1}{n}f\left(\frac{k}{n}\right)\\
&\to\int_0^x f(y)\,\mathrm{d}y=\frac{2}{\pi}\arcsin\sqrt{x},
\end{aligned}
$$

由此推出著名的反正弦律，也就是说 $L_{2n}/2n$ 和 $\sigma_{2n}/2n$ 的分布函数渐近地是上面的反正弦函数. 注意到密度函数 f 的形状，我们发现 L_{2n} 与 σ_{2n} 分布都较集中在两端. 令人惊奇的是，反正弦律在随机过程理论有不可思议的普遍性.

在后面的章节离散时间鞅论，我们将继续讨论随机游动模型的应用.

§3.2　马氏链的基本定义

上一节考虑的随机游动，是本节介绍的马氏链的特例. 取至多可列集 E.

定义 3.2.1 设 $X=\{X_n,\ n\geqslant 0\}$ 为以 E 为状态空间的离散时间过程. 若对任意 $n\geqslant 1,\ i_0,\ i_1,\ \cdots,\ i_{n-1},\ i,\ j\in E$,

$$\begin{aligned}&\mathbb{P}(X_{n+1}=j\mid X_n=i,\ X_{n-1}=i_{n-1},\ \cdots,\ X_1=i_1,\ X_0=i_0)\\&\quad=\mathbb{P}(X_{n+1}=j\mid X_n=i).\end{aligned}$$

则说 $\{X_n,\ n\geqslant 0\}$ 具有马氏性. 对任意 $i,\ j\in E,\ n\geqslant 0$, 称

$$P_{ij}(n):=\mathbb{P}(X_{n+1}=j\mid X_n=i)$$

为过程在 n 时刻的转移概率. 若 $P_{ij}(n)=P_{ij}$ 与 n 无关,则称相应过程为时齐马氏链. 记 $\boldsymbol{P}=(P_{ij})$, 称之为 X 的一步转移概率矩阵,简称转移矩阵. 它的阶数由 E 中元素个数 $|E|$ 决定.

例 3.2.1 独立重复 Bernoulli 试验(结果 A 发生的概率是 p, $0<p<1$),以 X_n 表示试验 n 次为止事件 A 发生的次数,则 $\{X_n,\ n\geqslant 1\}$ 是一个平稳独立增量过程,亦称二项过程. 令增量

$$Y_n:=X_n-X_{n-1},\ n=1,\ 2,\ \cdots,$$

显然 Y_n 是第 n 次试验中事件 A 发生的次数,

$$\mathbb{P}(Y_n=0)=1-p.\ \mathbb{P}(Y_n=1)=p$$

且

$$X_{n+m}-X_n\sim B(m,\ p),\ n,\ m\geqslant 1,$$

即 $\{X_n,\ n\geqslant 1\}$ 是一个时齐马氏链.

如果 $\{Y_n,\ n\geqslant 1\}$ 是一个独立的随机序列,则也是一个马氏过程,它在 n 时刻的一步转移概率为

$$P_{ij}(n)=\mathbb{P}(Y_{n+1}=j\mid Y_n=i)=\mathbb{P}(Y_{n+1}=j).$$

若对某 $i_0\in E$, $\mathbb{P}(Y_0=i_0)=1$, 令

$$X_n=\sum_{k=0}^{n}Y_k,\ n=0,\ 1,\ 2,\ \cdots,$$

则 $\{X_n,\ n\geqslant 0\}$ 是一个独立增量过程,也是一个马氏过程. 如果 Y_n 的状态空间 E 是至多可列集,则 $\{X_n,\ n\geqslant 0\}$ 是一个马氏链. 注意,这里我们没有强调马氏过程的时间齐性. ▌

在本书中,我们总是考虑时齐的马氏链. 定义中的马氏性等价于(留做习题)

$$\mathbb{P}(X_{n+1}=j\mid X_n,\ \cdots,\ X_1)=\mathbb{P}(X_{n+1}=j\mid X_n).$$

例 3.2.2 考虑随机游动.

(1) 设 $\{X_n, n \geqslant 0\}$ 是独立同分布的整数值随机变量序列且 $a_j := P(X_n = j)$, $j \in \mathbf{Z}$, $a_j \geqslant 0$, $\sum_{j\in\mathbf{Z}} a_j = 1$. 令

$$S_0 \equiv 0,\ S_n := \sum_{i=1}^{n} X_i (n \geqslant 1),$$

则 $\{S_n, n \geqslant 0\}$ 是一条马氏链,通常称为随机游动. 相应的转移矩阵为

$$P_{ij} = a_{j-i},\ i, j \in E = \{0, \pm 1, \pm 2, \cdots\}.$$

显然 $\{X_n, n \geqslant 0\}$ 本身也是一个马氏链.

(2) 无限制的随机游动: 设一个质点在数轴上随机游动,每隔一单位时间移动一次,或左或右或原地不动. 设每次移动都相互独立, X_n 表示经 n 次移动后的位置,则 $\{X_n, n \geqslant 0\}$ 是一条马氏链. 其转移概率为

$$P_{i, i+1} = p,\ P_{i, i-1} = q,\ P_{i, i} = r(p + q + r = 1).$$

(3) 带吸收壁的随机游动: 设(2)中的随机游动限制在 $\{0, 1, 2, \cdots, N\}$ 内,当质点移动到状态 0 或 N 后就永远停留在该位置,即 $p_{00} = 1 = p_{NN}$, 其余的 $p_{ij}(1 \leqslant i, j \leqslant N-1)$ 同(1). 此时序列 $\{X_n, n \geqslant 0\}$ 称为带两个吸收壁 0 和 N 的随机游动,是一个有限状态的马氏链. ∎

注意,转移矩阵的元素满足非负性 ($\forall i, j \in E$, $\mathbb{P}_{ij} \geqslant 0$) 和规范性 ($\forall i \in E$, $\sum_{j\in E} P_{ij} = 1$). 一般称满足这两条的矩阵为**随机矩阵**.

后面会用到如下两个条件概率公式,请读者自行验证:

引理 3.2.1 设 A, B, C 为三个随机事件,则

$$\mathbb{P}(BC \mid A) = \mathbb{P}(B \mid A)\,\mathbb{P}(C \mid AB).$$

引理 3.2.2 设 A, B, C 为三个随机事件,则

$$\mathbb{P}(C \mid AB) = \mathbb{P}(C \mid B) \Leftrightarrow \mathbb{P}(AC \mid B) = \mathbb{P}(A \mid B)\,\mathbb{P}(C \mid B).$$

此时,称 A, C 关于 B 有条件独立性.

称 $\mathbb{P}(X_{n+m} = j \mid X_m = i)$ 为时刻 m 从 i 出发、经 n 步转移到 j 的转移概率. 对于 $n \geqslant 1$, $m \geqslant 0$, $i, j \in E$, $\mathbb{P}(X_{n+m} = j \mid X_m = i)$ 与 m 无关,称之为时齐马氏链的 n 步转移概率,记为 $P_{ij}^{(n)}$. 相应矩阵记为 $\boldsymbol{P}^{(n)} = (P_{ij}^{(n)})_{E\times E}$. 实际上, n 步转移矩阵就是一步转移矩阵的 n 次幂:

$$\boldsymbol{P}^{(n)} = \boldsymbol{P}^n,$$

即

$$P_{ij}^{(n)} = \sum_{k\in E} P_{jk}^{(n-1)} P_{kj}.$$

上式也称为 Chapman-Kolmogorov 方程. 显然 n 步转移矩阵也是一个随机矩阵.

注意对于简单随机游动,每移动一步相当于做一次有两个结果的试验,那么 n 步相当于 n 重 Bernoulli 试验. 从 i 经 n 步到 j,需向右 $\frac{n+j-i}{2}$ 次,向左 $\frac{n-j+i}{2}$ 次,且 $n+j-i$ 为偶数. 从而

$$P_{ij}^{(n)} = \begin{cases} C_n^{\frac{n+j-i}{2}} p^{\frac{n+j-i}{2}} q^{\frac{n-j+i}{2}}, & n+j-i \text{ 为偶数}, \\ 0, & n+j-i \text{ 为奇数}. \end{cases}$$

显然,

$$P_{ij}^{(1)} = P_{ij}, \quad P_{ij}^{(0)} \equiv \delta_{ij} = \begin{cases} 1, & i=j, \\ 0, & i \neq j. \end{cases}$$

前者是一步转移概率矩阵,后者是单位矩阵.

定理 3.2.1 称初始状态的分布 $p_i := \mathbb{P}(X_0 = i)(i \in E)$ 为 X 的**初始分布**. 马氏链的有限维分布为

$$\mathbb{P}(X_0 = i_0, X_1 = i_1, \cdots, X_n = i_n) = p_{i_0} P_{i_0 i_1} P_{i_1 i_2} \cdots P_{i_{n-1} i_n},$$

由初始分布和转移概率完全确定.

证明 由乘法公式及马氏性即可证明. □

一个随机矩阵与初始分布决定一个马氏链,所以从数学上看,可视一随机矩阵为一个马氏链. 对于马氏链,主要研究其状态如何随时间的推移而转移,即研究状态转移的概率规律.

例 3.2.3 设 $\{X_n, n \geqslant 0\}$ 的状态空间是 $E = \{0, 1, 2\}$,一步转移概率矩阵为

$$\boldsymbol{P} = \begin{pmatrix} \frac{3}{4} & \frac{1}{4} & 0 \\ \frac{1}{4} & \frac{1}{2} & \frac{1}{4} \\ 0 & \frac{3}{4} & \frac{1}{4} \end{pmatrix}.$$

初始分布为 $X_0 \sim \begin{pmatrix} 0 & 1 & 2 \\ \frac{1}{3} & \frac{1}{3} & \frac{1}{3} \end{pmatrix}$,试求:

(1) $\mathbb{P}(X_0=0,\ X_1=1,\ X_4=1)$；

(2) $\mathbb{P}(X_2=1,\ X_4=1,\ X_5=0 \mid X_0=0)$；

(3) $\mathbb{P}(X_2=1,\ X_4=1,\ X_5=0)$.

首先分别计算两步和三步转移概率矩阵，可得 $P_{01}^{(2)}=\dfrac{5}{16}$，$P_{11}^{(2)}=\dfrac{1}{2}$，$P_{21}^{(2)}=\dfrac{9}{16}$，$P_{11}^{(3)}=\dfrac{15}{32}$，那么

(1)

$$
\begin{aligned}
&\mathbb{P}(X_0=0,\ X_2=1,\ X_4=1)\\
&=\mathbb{P}(X_0=0)\,\mathbb{P}(X_1=1 \mid X_0=0)\,\mathbb{P}(X_4=1 \mid X_0=0,\ X_1=1)\\
&=\mathbb{P}(X_0=0)\,\mathbb{P}(X_1=1 \mid X_0=0)\,\mathbb{P}(X_4=1 \mid X_1=1)\\
&=\mathbb{P}(X_0=0)P_{01}^{(1)}P_{11}^{(3)}\\
&=\frac{1}{3}\times\frac{1}{4}\times\frac{15}{32}=\frac{5}{128}.
\end{aligned}
$$

(2)

$$
\begin{aligned}
&\mathbb{P}(X_2=1,\ X_4=1,\ X_5=0 \mid X_0=0)\\
&=\frac{\mathbb{P}(X_2=1,\ X_4=1,\ X_5=0,\ X_0=0)}{\mathbb{P}(X_0=0)}\\
&=\frac{\mathbb{P}(X_0=0)\,\mathbb{P}(X_2=1 \mid X_0=0)\,\mathbb{P}(X_4=1 \mid X_2=1)\,\mathbb{P}(X_5=0 \mid X_4=1)}{\mathbb{P}(X_0=0)}\\
&=P_{01}^{(2)}P_{11}^{(2)}P_{10}^{(1)}\\
&=\frac{5}{16}\times\frac{1}{2}\times\frac{1}{4}=\frac{5}{128}.
\end{aligned}
$$

(3)

$$
\begin{aligned}
&\mathbb{P}(X_2=1,\ X_4=1,\ X_5=0)\\
&=\mathbb{P}(X_2=1)\,\mathbb{P}(X_4=1 \mid X_2=1)\,\mathbb{P}(X_5=0 \mid X_4=1)\\
&=[\mathbb{P}(X_0=0)\,\mathbb{P}(X_2=1 \mid X_0=0)+\mathbb{P}(X_0=1)\,\mathbb{P}(X_2=1 \mid X_0=1)\\
&\quad+\mathbb{P}(X_0=2)\,\mathbb{P}(X_2=1 \mid X_0=2)]P_{11}^{(2)}P_{10}^{(1)}\\
&=[\mathbb{P}(X_0=0)P_{01}^{(2)}+\mathbb{P}(X_0=1)P_{11}^{(2)}+\mathbb{P}(X_0=2)P_{21}^{(2)}]P_{11}^{(2)}p_{10}^{(1)}\\
&=\left(\frac{1}{3}\times\frac{5}{16}+\frac{1}{3}\times\frac{1}{2}+\frac{1}{3}\times\frac{9}{16}\right)\times\frac{1}{2}\times\frac{1}{4}=\frac{11}{192}.
\end{aligned}
$$

∎

例 3.2.4 设 $\{S_n, n \geqslant 0\}$ 是一个从零出发的马氏链. 相应的转移矩阵满足

$$P_{i, i+1} = p, P_{i, i-1} = q, i \in \mathbf{Z}.$$

从原点出发的简单随机游动在各个时刻与原点的绝对距离 $\{|S_n|, n \geqslant 0\}$ 也是马氏链,且对任意 $i, i_1, i_2, \cdots, i_{n-1} \in \mathbf{Z}, n > 0$,

$$\mathbb{P}(S_n = i \mid |S_n| = i, |S_{n-1}| = i_{n-1}, \cdots, |S_1| = i_1) = \frac{p^i}{p^i + q^i}.$$

事实上,令 $S_0 = 0, i_0 = 0, j := \max\{0 \leqslant k < n: i_k = 0\}$, 则

$$\begin{aligned}
\text{左式} &= \mathbb{P}(S_n = i \mid |S_n| = i, |S_{n-1}| = i_{n-1}, \cdots, |S_{j+1}| = i_{j+1}, S_j = 0) \\
&= \frac{\mathbb{P}(S_n = i, |S_{n-1}| = i_{n-1}, \cdots, |S_{j+1}| = i_{j+1}, S_j = 0)}{\mathbb{P}(S_n = \pm i, |S_{n-1}| = i_{n-1}, \cdots, |S_{j+1}| = i_{j+1}, S_j = 0)} \\
&= \frac{p^{\frac{n-j}{2}+\frac{i}{2}} q^{\frac{n-j}{2}-\frac{i}{2}}}{p^{\frac{n-j}{2}+\frac{i}{2}} q^{\frac{n-j}{2}-\frac{i}{2}} + p^{\frac{n-j}{2}-\frac{i}{2}} q^{\frac{n-j}{2}+\frac{i}{2}}} \\
&= \text{右式},
\end{aligned}$$

第一个等号利用的是条件概率的乘法公式和过程的独立增量性.

由上述结果,对任意 $i > 0$,

$$\begin{aligned}
&\mathbb{P}(|S_{n+1}| = i+1 \mid |S_n| = i, |S_{n-1}|, \cdots, |S_1|) \\
&= [\mathbb{P}(|S_{n+1}| = i+1, S_n = i; A) + \mathbb{P}(|S_{n+1}| = i+1, S_n = -i; A)] / \mathbb{P}(A) \\
&= [\mathbb{P}(X_{n+1} = 1, S_n = i; A) + \mathbb{P}(X_{n+1} = -1, S_n = -i; A)] / \mathbb{P}(A) \\
&= \mathbb{P}(X_{n+1} = 1)\mathbb{P}(S_n = i \mid A) + \mathbb{P}(X_{n+1} = -1)\mathbb{P}(S_n = -i \mid A) \\
&= \frac{p^{i+1} + q^{i+1}}{p^i + q^i},
\end{aligned}$$

其中 $A = \{|S_n| = i, |S_{n-1}|, \cdots, |S_1|\}$, 倒数第二个等号是根据 $X = \{X_n, n \geqslant 1\}$ 的独立性. 所以, $\{|S_n|, n \geqslant 1\}$ 是一条马氏链,相应的转移概率为

$$\begin{cases}
P_{i, i+1} = \dfrac{p^{i+1} + q^{i+1}}{p^i + q^i} = 1 - P_{i, i-1}, \quad i \geqslant 1, \\
P_{0, 1} = 1.
\end{cases}$$

∎

注释 3.2.1 如果 $\{S_n, n \geqslant 0\}$ 不是从原点出发,则 $\{|S_n|, n \geqslant 1\}$ 不一定是马氏链.

下面的定理提供了一个非常有用的获得马氏链的模式.

定理 3.2.2　设 $\{\xi_n, n\geqslant 1\}$ 是独立同分布的随机序列且 X_0 与 $\{\xi_n, n\geqslant 1\}$ 独立. 给定一个二元函数 f, 定义 $X_n = f(X_{n-1}, \xi_n)$, $n\geqslant 1$. 那么 $\{X_n, n\geqslant 0\}$ 是马氏链,其转移概率为 $P_{ij} = \mathbb{P}(f(i, \xi_1) = j)$.

证明　我们只需证 $\mathbb{P}(X_{n+1} = i_{n+1} \mid X_n = i_n, \cdots, X_0 = i_0) = \mathbb{P}(X_{n+1} = j \mid X_n = i)$ 且与 n 无关,其中 $i_{n+1} = j$, $i_n = i$. 事实上,注意到 ξ_{n+1} 与 X_0, X_1, $\cdots$, X_n 相互独立,

$$\begin{aligned}
&\mathbb{P}(X_{n+1} = i_{n+1} \mid X_n = i_n, \cdots, X_0 = i_0)\\
=&\mathbb{P}(f(X_n, \xi_{n+1}) = i_{n+1} \mid X_n = i_n, \cdots, X_0 = i_0)\\
=&\mathbb{P}(f(i_n, \xi_{n+1}) = i_{n+1} \mid X_n = i_n, \cdots, X_0 = i_0) = \mathbb{P}(f(i_n, \xi_{n+1}) = i_{n+1}),
\end{aligned}$$

同样的,

$$\mathbb{P}(X_{n+1} = i_{n+1} \mid X_n = i_n) = \mathbb{P}(f(i_n, \xi_{n+1}) = i_{n+1}) = \mathbb{P}(f(i_n, \xi_{n+1}) = i_{n+1}).$$

□

书后的存储问题(习题 7,8)可用该定理的结果证明.

例 3.2.5　(1) ($M/G/1$ 排队系统) $X(t)$ 是 $(0, t)$ 内以参数为 λ 的 Poisson 过程来到的人数, Z_1, Z_2, $\cdots$ 为依次来到的顾客接受服务的时间,是独立同分布随机变量序列,公共分布函数为 G. 设 $X(t)$ 与 $\{Z_n\}$ 独立.

设 $X_0 = 0$, X_n 为第 n 个顾客走后留下的人数 $(n\geqslant 1)$, Y_n 为第 $n+1$ 个顾客接受服务期间来到的人数,则

$$X_{n+1} = \begin{cases} X_n - 1 + Y_n, & X_n > 0,\\ Y_n, & X_n = 0. \end{cases}$$

对于 $j = 0, 1, \cdots$,

$$\begin{aligned}
\mathbb{P}(Y_n = j) &= \int_0^\infty \mathbb{P}(Y_n = j \mid Z_{n+1} = x)\,\mathbb{P}(Z_{n+1} = x)\mathrm{d}x\\
&=\int_0^\infty \mathrm{e}^{-\lambda x}\,\frac{(-\lambda x)^j}{j!}\mathrm{d}G(x),
\end{aligned}$$

所以

$$\begin{aligned}
P_{0j} &:= \mathbb{P}(X_2 = j \mid X_1 = 0) = \mathbb{P}(Y_1 = j)\\
&=\int_0^\infty \mathrm{e}^{-\lambda x}\,\frac{(-\lambda x)^j}{j!}\mathrm{d}G(x), \quad j = 0, 1, \cdots;\\
P_{ij} &:= \mathbb{P}(X_{n+1} = j \mid X_n = i) = \mathbb{P}(Y_n = j - (i-1))\\
&=\int_0^\infty \mathrm{e}^{-\lambda x}\,\frac{(-\lambda x)^{j-i+1}}{(j-i+1)!}\mathrm{d}G(x), \quad j\geqslant i-1, i\geqslant 1.
\end{aligned}$$

即，$\{X_n, n \geqslant 1\}$ 的转移矩阵为 $(P_{ij})_{i\geqslant 0, j\geqslant 1}$.

(2) ($G/M/1$ 排队系统)设顾客到达的时间间隔是独立同分布随机变量序列，其公共分布函数为 G，各服务时间为独立同分布于参数为 μ 的指数分布随机变量序列，二者相互独立. 设 T_n 为第 n 个顾客到达的时刻，X_n 为第 n 个顾客到达时系统内人数(包括此人)，用 Y_n 表示 $(T_{n-1}, T_n]$ 内服务完的人数，则

$$X_{n+1} = X_n + 1 - Y_{n+1}, \ 1 \leqslant Y_{n+1} \leqslant X_n,$$

注意到，$X_0 = 0$, $X_n = X_{n-1} + 1 - Y_n$.

$$\begin{aligned}
P_{i, i+1-j} &:= \mathbb{P}(X_{n+1} = i+1-j \mid X_n = i) \\
&= \int_0^\infty \mathbb{P}(X_{n+1} = i+1-j \mid X_n = i, T_{n+1} - T_n = t) \mathrm{d}G(t) \\
&= \int_0^\infty \mathrm{e}^{-\mu t} \frac{(-\mu t)^j}{j!} \mathrm{d}G(t) \quad (1 \leqslant j \leqslant i, i \geqslant 0),
\end{aligned}$$

$$\begin{aligned}
P_{i, 0} &:= \mathbb{P}(\text{服务台空闲} \mid X_n = i) = \sum_{k \geqslant i+1} \mathbb{P}(X_{n+1} = k \mid X_n = i) \\
&= \sum_{k \geqslant i+1} \int_0^\infty \mathbb{P}(X_{n+1} = k \mid X_n = i T_{n+1} - T_n = t) \mathrm{d}G(t) \\
&= \int_0^\infty \sum_{k \geqslant i+1} \mathrm{e}^{-\mu t} \frac{(-\mu t)^k}{k!} \mathrm{d}G(t).
\end{aligned}$$

所以 $\{X_n, n \geqslant 1\}$ 是转移概率为 $(P_{i, i+1-j})_{i\geqslant 0, 1\leqslant j\leqslant i+1}$ 的马氏链. ▌

§3.3 Chapman-Kolmogorov 方程与状态的分类

§3.3.1 Chapman-Kolmogorov 方程

定理 3.3.1 对任意 $n, m \geqslant 0$, $i, j \in E$,

$$P_{ij}^{(n+m)} = \sum_k P_{ik}^{(n)} P_{kj}^{(m)},$$

或矩阵形式 $\boldsymbol{P}^{(n+m)} = \boldsymbol{P}^{(n)} \cdot \boldsymbol{P}^{(m)}$.

证明 由引理 3.2.1 与 n 时刻的马氏性，

$$\begin{aligned}\mathbb{P}(X_{n+m}=j \mid X_0=i) &= \sum_{k\in E}\mathbb{P}(X_{n+m}=j,\ X_n=k \mid X_0=i)\\ &= \sum_{k\in E}\mathbb{P}(X_{n+m}=j \mid X_n=k,\ X_0=i)\,\mathbb{P}(X_n=k \mid X_0=i)\\ &= \sum_{k\in E}P_{kj}^{(m)}P_{ik}^{(n)}.\end{aligned}$$

□

该 Chapman-Kolmogorov 方程的直观意义在于,从 i 出发经 $n+m$ 步到达 j,可分两个阶段走:先从 i 出发经 n 步到 k,再从 k 经 m 步到达 j. 由于经过 n 步所经状态 k 不受任何限制,所以应对全部 k 求和. 该方程的证明是研究马氏链的典型模式,基本思想如下:按某种方式将事件做分解(在此是按 n 时刻的状态做的分解),相继利用条件概率的乘法公式、马氏性、时间齐性.

例 3.3.1(迷津中的老鼠)　方形迷津中,老鼠指定在 1 号格子,假设猫耐心地等在 7 号格子,9 号格子中有一块奶酪(见图 3.1),不管老鼠在哪个格子,它下一步总是等可能地选取一个出口进入相邻格子.

图 3.1

再假设一旦找到奶酪或碰到猫就永远待在那里,X_n 表示老鼠换了 n 个格子后所在位置. 则 $\{X_n,\ n\geqslant 0\}$ 是马氏链,$E=\{1,\ 2,\ \cdots,\ 9\}$. 相应转移矩阵为

$$\begin{pmatrix} 0 & 1/2 & 0 & 1/2 & 0 & 0 & 0 & 0 & 0\\ 1/3 & 0 & 1/3 & 0 & 1/3 & 0 & 0 & 0 & 0\\ 0 & 1/2 & 0 & 0 & 0 & 1/2 & 0 & 0 & 0\\ 1/3 & 0 & 0 & 0 & 1/3 & 0 & 1/3 & 0 & 0\\ 0 & 1/4 & 0 & 1/4 & 0 & 1/4 & 0 & 1/4 & 0\\ 0 & 0 & 1/3 & 0 & 1/3 & 0 & 0 & 0 & 1/3\\ 0 & 0 & 0 & 0 & 0 & 0 & 1 & 0 & 0\\ 0 & 0 & 0 & 0 & 1/3 & 0 & 1/3 & 0 & 1/3\\ 0 & 0 & 0 & 0 & 0 & 0 & 0 & 0 & 1 \end{pmatrix}$$

注意到,若 n 为齐数,则 $P_{1,7}^{(n)}=0=P_{1,9}^{(n)}$.

$$P_{1,7}^{(2)}=\frac{1}{2}\cdot\frac{1}{3}=\frac{1}{6},$$

$$P_{1,7}^{(4)}=\frac{1}{2}\cdot\frac{1}{3}\cdot\frac{1}{2}\cdot\frac{1}{3}+\frac{1}{2}\cdot\frac{1}{3}\cdot\frac{1}{4}\cdot\frac{1}{3}+\frac{1}{2}\cdot\frac{1}{3}\cdot\frac{1}{4}\cdot\frac{1}{3}$$
$$+\frac{1}{2}\cdot\frac{1}{3}\cdot\frac{1}{2}\cdot\frac{1}{3}+\frac{1}{2}\cdot\frac{1}{3}\cdot\frac{1}{4}\cdot\frac{1}{3}+\frac{1}{2}\cdot\frac{1}{3}\cdot\frac{1}{4}\cdot\frac{1}{3}=\frac{1}{9},$$

……

电脑模拟结果:当 $n\to\infty$ 时,$P_{1,7}^{(n)}\to 0.6$,$P_{1,9}^{(n)}\to 0.4$. ∎

为更深入地研究马氏链,需对状态进行分类,这将涉及一连串的定义. 重要的是把握它们的概率含义,并通过实例加深对概念的理解.

§3.3.2 状态之间的关系

考虑马氏链 $\{X_n,\ n\geqslant 0\}$.

定义 3.3.1 若存在 $n\geqslant 0$,使得 $P_{ij}^{(n)}>0$,则称 i 到 j 可达,记作 $i\to j$. 反之,若对任意 $n\geqslant 0$,有 $P_{ij}^{(n)}=0$,则称 i 到 j 不可达,记作 $i\not\to j$. 若 $i\to j$ 且 $j\to i$,则称 i 与 j 相通,记作 $i\leftrightarrow j$.

下面的命题说明可达是传递的.

命题 3.3.1 若 $i\to j$ 且 $j\to k$,则 $i\to k$.

证明 由假设,存在 $n,\ m\geqslant 0$,使得

$$P_{ij}^{(n)}>0,\ P_{jk}^{(m)}>0.$$

由 C-K 方程,有

$$P_{ik}^{(n+m)}=\sum_l P_{il}^{(n)}P_{lk}^{(m)}\geqslant P_{ij}^{(n)}P_{jk}^{(m)}>0.$$ □

下面的命题说明相通是传递的也是对称的. 相通性是等价关系.

命题 3.3.2

(1) (自反性) $i\leftrightarrow i$;

(2) (对称性)若 $i\leftrightarrow j$,则 $j\leftrightarrow i$;

(3) (传递性)若 $i\leftrightarrow j$ 且 $j\leftrightarrow k$,则 $i\leftrightarrow k$.

§3.3.3 状态的分类

利用相通关系,可将相通的状态归为一类,从而马氏链的状态空间可分成若干个类.

由上述命题可知,任意两个类要么相交要么相同. 也就是说,每个状态属于且只属于一个类. 记

$$C(i):=\{i\}\cup\{j\neq i:\ i\leftrightarrow j\}$$

为包含状态 i 的类. 若 i 不与其他任何状态相通,则它自成一类:

$$C(i)=\{i\}.$$

若某类中的任何状态均不可达其他类中任一状态,则称此类是闭的.

定义 3.3.2 若马氏链的状态空间只存在一个类,即一切状态彼此相通,则称该马氏链是不可约的.

例 3.3.2 考虑状态空间 $E=\{0,1,\cdots,N\}$,转移矩阵为

$$P=\begin{pmatrix}1 & & & & & & \\ q & 0 & p & & & & \\ & q & 0 & p & & & \\ & & & \cdots & & & \\ & & & & q & 0 & p \\ & & & & & & 1\end{pmatrix}$$

的马氏链,其中 $p,q>0$, $p+q=1$. 此链可分成 3 类:

$$\{0\},\ \{N\},\ \{1,2,\cdots,N-1\}.$$ ▌

那么,每个类的性质是怎样的呢?

1. 周期性

定义 3.3.3 若集合 $\{n\geqslant 1:\ P_{ii}^{(n)}>0\}$ 非空,则称该集合的最大公约数

$$d(i):=GCD\{n\geqslant 1:\ P_{ii}^{(n)}>0\}$$

为 i 的周期. 若 $d(i)>1$, 则称 i 是周期的;若 $d(i)=1$, 则称 i 是非周期的.

例 3.3.3 (无限制随机游动)质点在数轴上做随机游动,每单位时间移动一次,或左或右或原地不动. 设每次移动都相互独立, X_n 表示经 n 次移动后的位置,则 $\{X_n,n\geqslant 0\}$ 是一条马氏链. 其转移概率为 $P_{i,i+1}=p$, $P_{i,i-1}=q$, $P_{i,i}=r$, $p+q+r=1$.

当 $r=0$, $0<p<1$ 时, $\{n\geqslant 1:\ P_{0,0}^{(n)}>0\}=\{2,4,6,\cdots\}$, 所以 $d(0)=2$, 即从 0 需经过偶数次游动才能回到 0,也就是说,0 是周期的.

当 $p,q,r>0$ 时, $\{n\geqslant 1:\ P_{0,0}^{(n)}>0\}=\{1,2,3,\cdots\}$, 所以 $d(0)=1$, 即此时 0 是

非周期的. ∎

周期性是个类性质.

命题 3.3.3 若 $i\leftrightarrow j$, 则 $d(i)=d(j)$.

证明 令 $l, n\geqslant 0$ 满足 $P_{ij}^{(n)}>0$, $P_{ji}^{(l)}>0$, 则

$$P_{ii}^{(l+n)}\geqslant P_{ij}^{(n)}P_{ji}^{(l)}>0,\ P_{jj}^{(l+n)}\geqslant P_{ji}^{(l)}P_{ij}^{(n)}>0,$$

也就是说, $l+n$ 可同时被 $d(i)$, $d(j)$ 整除. 若 $P_{ii}^{m}>0$, 则

$$P_{jj}^{(l+m+n)}\geqslant P_{ji}^{(l)}P_{ii}^{(m)}P_{ij}^{(n)}>0,$$

即 $l+m+n$ 也被 $d(j)$ 整除, 所以 m 要被 $d(j)$ 整除推出 $d(j)$ 整除 $d(i)$. 同理推出 $d(i)$ 整除 $d(j)$. □

2. 常返性

设 $T_j:=\inf\{n\geqslant 1: X_n=j\}$, 注意 $\inf\emptyset=+\infty$. T_{ij} 是 $X_0=i$ 的条件下的 T_j. 为了以下讨论的方便, 引入一个重要的概率 $f_{ij}^{(n)}$: i 发经 n 步首次到达 j 的概率(首达分布), 即

$$\begin{aligned} f_{ij}^{(0)} &\equiv 0, \\ f_{ij}^{(n)} &:= \mathbb{P}(X_n=j, X_k\neq j, k=1, 2, \cdots, n-1 \mid X_0=i) \\ &= \mathbb{P}(T_{ij}=n). \end{aligned}$$

记

$$f_{ij}:=\sum_{n=1}^{\infty} f_{ij}^{(n)}=\mathbb{P}(T_{ij}<\infty)$$

为 i 发经有限步最终到达 j 的概率. 注意, 当 $i\neq j$ 时, $i\to j$ 当且仅当 $f_{ij}>0$ (证明).

定义 3.3.4 任取状态 $i\in E$, 若 $f_{ii}=1$, 则称 i 为常返的状态; 若 $f_{ii}<1$, 则称 i 为非常返/暂留的状态.

例 3.3.4 设系统有三种可能状态 $E=\{1, 2, 3\}$, 分别表示系统运行良好、系统正常和系统失效. 以 X_n 表示系统在时刻 n 的状态, 并设 $\{X_n, n\geqslant 0\}$ 是一个马氏链. 在没有维修和更换的条件下, 其转移概率矩阵

$$\boldsymbol{P}=\begin{pmatrix} 17/20 & 2/20 & 1/20 \\ 0 & 9/10 & 1/10 \\ 0 & 0 & 1 \end{pmatrix}.$$

状态转移图如图 3.2 所示.

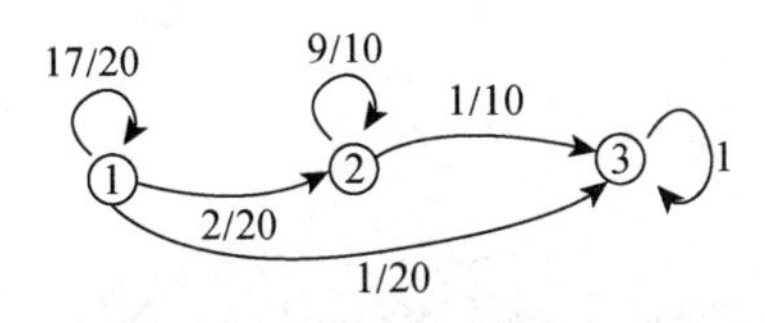

图 3.2

$T_{1,3}$ 表示系统的工作寿命，因此

$$f_{1,3}^{(1)} = \mathbb{P}(T_{1,3} = 1 \mid X_0 = 1) = P_{1,3} = \frac{1}{20}.$$

类似的，

$$f_{1,3}^{(2)} = P_{1,1}P_{1,3} + P_{1,2}P_{2,3} = \frac{21}{400}, \cdots.$$

注意到，$\mathbb{P}(T_{1,3} \geqslant n)$ 表示系统在 $[0, n]$ 内运行的可靠性，可见研究 $f_{ij}^{(n)}$ 及 T_{ij} 的特性是颇有意义的.

显然该系统至多经有限步总会被吸收态吸收，因此由概率背景可直观地得到

$$\lim_{n\to\infty} \boldsymbol{P}^n = \begin{pmatrix} 0 & 0 & 1 \\ 0 & 0 & 1 \\ 0 & 0 & 1 \end{pmatrix}. \quad \blacksquare$$

定理 3.3.2 （判定定理）状态 i 常返的充要条件是

$$\sum_{n=0}^{\infty} P_{ii}^{(n)} = \infty.$$

等价地，i 暂留的充要条件是

$$\sum_{n=0}^{\infty} P_{ii}^{(n)} = 1/(1 - f_{ii}) < \infty.$$

证明 先考虑暂留态 i，则 $f_{ii} < 1$. 由马氏性，一旦回到 i 过程又从头开始，其发展只依赖于当前. 记 K_i 为过程返回 i 的次数，即

$$K_i := \sum_{n \geqslant 0} I_n,\ I_n := \begin{cases} 1, & X_n = i, \\ 0, & X_n \neq i, \end{cases}$$

则

$$\mathbb{P}(K_i \geqslant k \mid X_0 = i) = (f_{ii})^{k-1} (k = 1, 2, \cdots),$$

即参数为 $1 - f_{ii}$ 的几何分布. 所以,

$$\mathbb{E}[K_i \mid X_0 = i] = \sum_{k \geqslant 1} \mathbb{P}(K_i \geqslant k \mid X_0 = i) = \sum_{k \geqslant 1} (f_{ii})^{k-1} = \frac{1}{1 - f_{ii}} < \infty.$$

另一方面,

$$\sum_{n \geqslant 0} P_{ii}^{(n)} = \sum_{n \geqslant 0} \mathbb{E}[I_n \mid X_0 = i] = \mathbb{E}[K_i \mid X_0 = i] < \infty.$$

反过来,如果 $\sum_{n \geqslant 0} P_{ii}^{(n)} < \infty$, 假设 i 常返,则 $f_{ii} = 1$. 由马氏性,过程不断无穷多次地返回 i, 所以 $\mathbb{E}[K_i \mid X_0 = i] = \infty$, 这与级数 $\sum_{n \geqslant 0} P_{ii}^{(n)}$ 收敛矛盾,所以 i 暂留. □

注释 3.3.1 为了方便,后面记概率测度 $\mathbb{P}^i$ 为

$$\mathbb{P}^i(A) := \mathbb{P}(A \mid X_0 = i), A \in \mathscr{F}, i \in E,$$

$\mathbb{E}^i$ 为相应期望.

定理 3.3.2 中两个条件的直观意义如下:

$$f_{ii} = 1 \Leftrightarrow \sum_{n=0}^{\infty} P_{ii}^{(n)} = \infty \Leftrightarrow \{X_n\} \text{ 无穷多次回到 } i \text{ 的概率为 } 1,$$

$$f_{ii} < 1 \Leftrightarrow \sum_{n=0}^{\infty} P_{ii}^{(n)} < \infty \Leftrightarrow \{X_n\} \text{ 无穷多次回到 } i \text{ 的概率为 } 0.$$

表达式 $\sum_{n=0}^{\infty} P_{ii}^{(n)} = \mathbb{E}^i[K_i]$ 表示系统从 i 发回到 i 的平均次数,若 i 常返,则平均次数为无限次,否则平均次数至多有限次,即 $1/(1 - f_{ii})$.

推论 3.3.1 若 i 常返且 $i \to j$, 则 j 常返且 $f_{ji} = 1$.

证明 (1) 注意到存在 k, 使得

$$0 < P_{ij}^{(k)} = \mathbb{P}^i(X_k = j) = \mathbb{P}^i(X_k = j, \bigcup_{n > k} \{X_n = i\}),$$

而上边右式中的任意可列并可以写成不交可列并,

$$\begin{aligned} \bigcup_{n > k} \{X_n = i\} &= \{X_{k+1} = i\} \cup \{X_{k+1} \neq i, X_{k+2} = i\} \cup \cdots \\ &\cup \{X_{k+1} \neq i, X_{k+2} \neq i, \cdots, X_{k+n-1} \neq i, X_{k+n} = i\} \cup \cdots \\ &= \bigcup_{n \geqslant 1} \{X_{k+1} \neq i, X_{k+2} \neq i, \cdots, X_{k+n-1} \neq i, X_{k+n} = i\}. \end{aligned}$$

从而

$$
\begin{aligned}
P_{ij}^{(k)} &= \mathbb{P}^i(X_k = j, \bigcup_{n\geqslant 1}\{X_{k+1}\neq i, X_{k+2}\neq i, \cdots, X_{k+n-1}\neq i, X_{k+n}=i\}) \\
&= \sum_{n\geqslant 1}\mathbb{P}^i(X_k = j, X_{k+1}\neq i, X_{k+2}\neq i, \cdots, X_{k+n-1}\neq i, X_{k+n}=i) \\
&= \sum_{n\geqslant 1}\mathbb{P}^i(X_{k+1}\neq i, X_{k+2}\neq i, \cdots, X_{k+n-1}\neq i, X_{k+n}=i \mid X_k = j)\,\mathbb{P}^i(X_k = j) \\
&= \sum_{n\geqslant 1}\mathbb{P}^j(X_1\neq i, X_2\neq i, \cdots, X_{n-1}\neq i, X_n = i)\,\mathbb{P}^i(X_k = j) \\
&= \sum_{n\geqslant 1} f_{ji}^{(n)}\cdot P_{ij}^{(k)} = f_{ji}\cdot P_{ij}^{(k)},
\end{aligned}
$$

推出 $j\to i$ 且 $f_{ji}=1$. 上面倒数第二个等号的依据是马氏链的时间齐性.

(2) 由 $i\leftrightarrow j$ 可知，存在 m, n, 使得 $P_{ji}^{(m)}>0$, $\mathbb{P}_{ij}^{(n)}>0$, 从而对任意 $s>0$, $P_{jj}^{(m+n+s)}\geqslant P_{ji}^{(m)}P_{ii}^{(s)}P_{ij}^{(n)}$. 所以

$$
\sum_{s\geqslant 1}P_{jj}^{(m+n+s)}\geqslant\sum_{s\geqslant 1}P_{ji}^{(m)}P_{ii}^{(s)}P_{ij}^{(n)}=P_{ji}^{(m)}P_{ij}^{(n)}\sum_{s\geqslant 1}P_{ii}^{(s)}=\infty,
$$

可知 $\sum_{k\geqslant 1}P_{jj}^{(k)}=\infty$, j 常返. 得证. □

注意到，当

$$
f_{ii}=\mathbb{P}(T_{ii}<\infty)=1,
$$

也就是 i 为常返态时，$\{f_{ii}^{(n)}, n\geqslant 1\}$ 是状态 i 首次返回时间的概率分布. 这时记

$$
\mu_{ii}:=\mathbb{E}^i[T_i]=\sum_{n=1}^{\infty}nf_{ii}^{(n)},
$$

表示从 i 发再首次回到 i 的平均回转时间.

定义 3.3.5　对任意常返的状态 $i\in E$,

(1) 若 $\mu_{ii}<\infty$, 则称 i 为正(positive)常返；

(2) 若 $\mu_{ii}=\infty$, 则称 i 为零(null)常返.

注意到，正常返态返回的速度快于零常返态返回的速度.

例 3.3.5　设马氏链的状态空间 $E=\{1, 2, 3, 4\}$, 转移矩阵

$$
\boldsymbol{P}=\begin{pmatrix}1/2 & 1/2 & 0 & 0\\ 1 & 0 & 0 & 0\\ 0 & 1/3 & 2/3 & 0\\ 1/2 & 0 & 1/2 & 0\end{pmatrix}.
$$

状态转移图如图 3.3 所示.

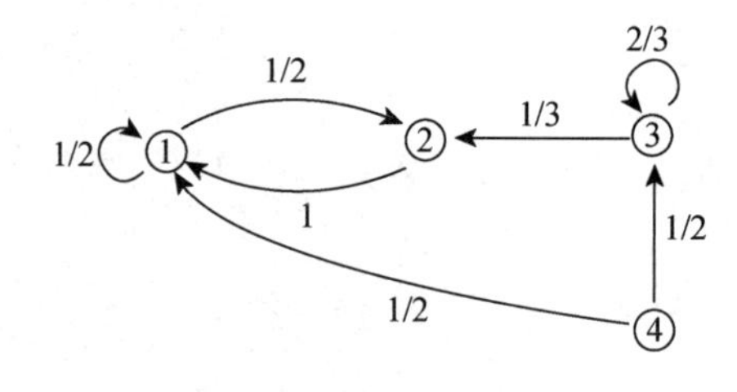

图 3.3

因为

$$f_{4,4}^{(n)}=0,\ n\geqslant 1,\quad f_{4,4}=0<1,$$

$$f_{3,3}^{(1)}=\frac{2}{3},\quad f_{3,3}^{(n)}=0,\ n\geqslant 2,\quad f_{3,3}=\frac{2}{3}<1,$$

所以状态 4 和 3 是非常返的;再由

$$f_{1,1}=f_{1,1}^{(1)}+f_{1,1}^{(2)}=1,$$

$$f_{2,2}=\sum_{n\geqslant 1}f_{2,2}^{(n)}=0+\frac{1}{2}+\frac{1}{4}+\frac{1}{8}+\cdots=1,$$

$$\mu_{1,1}=\sum_{n\geqslant 1}nf_{1,1}^{(n)}=1\times\frac{1}{2}+2\times\frac{1}{2}=\frac{3}{2}<\infty,$$

$$\mu_{2,2}=\sum_{n\geqslant 1}nf_{2,2}^{(n)}=1\times 0+2\times\frac{1}{2}+\cdots+n\times\frac{1}{2^{n-1}}+\cdots=3<\infty,$$

所以状态 1 和 2 都是正常返的,并且均为非周期. ▌

马氏链的状态分类有巨大的应用价值. 注意到,对于仅有有限多个状态的马氏链,μ_{ii} 总是有限的. 只能有非常返态与正常返态,且不可能所有的状态都是非常返的. 当状态数目不大时,直接的计算分析就可以把状态分类弄清楚,当状态数目很大时,则需借助计算机. 比如,有学者研究了利用图论的算法对马氏链进行分类. 只有在有无穷可列多个状态时才可能出现零常返态.

定理 3.3.3 (Polya) $d\geqslant 3$ 维空间与 $d=1, 2$ 维空间中的对称随机游动在常返性上截然不同,前者非常返,后者是常返的.

证明 (1) 考虑 $E=\mathbf{Z}$, 转移概率

$$P_{i,i+1}=p=1-P_{i,i-1}=1-q,\quad i=0,\pm 1,\cdots;\ 0<p<1.$$

因为一切状态显然都相通,则由上述推论,它们要么全是滑过要么全是常返.

$$P_{ij}^{(n)}=\begin{cases}C_n^{\frac{n+j-i}{2}}p^{\frac{n+j-i}{2}}q^{\frac{n-j+i}{2}}, & n+j-i\text{ 为偶数},\\ 0, & n+j-i\text{ 为齐数},\end{cases}$$

这是周期为 2 的不可约链. 而且

$$\begin{cases}\text{当 } p\neq\dfrac{1}{2}\text{ 时为非常返},\\ \text{当 } p=\dfrac{1}{2}\text{ 时为常返}.\end{cases}$$

事实上,由 Stirling 公式 $n!\approx\sqrt{2\pi n}\left(\dfrac{n}{e}\right)^n$,有

$$P_{ii}^{(2n)}=\frac{(2n)!}{(n!)^2}(pq)^n\approx\frac{(4pq)^n}{\sqrt{\pi n}}.$$

所以,当 $p\neq\dfrac{1}{2}$ 时,$4pq<1\Rightarrow\sum\limits_{n\geqslant1}P_{ii}^{(2n)}<\infty$,即 i 非常返;当 $p=\dfrac{1}{2}$ 时,$4pq=1\Rightarrow\sum\limits_{n\geqslant1}P_{ii}^{(2n)}=\infty$,即 i 常返.

(2) 考虑平面上的对称随机游动.

质点的位置是平面上的整数格点,每个位置有 4 个相邻位置,质点各以 1/4 的概率转移到相邻每个位置. 这样的对称随机游动也是周期为 2 的不可约链.

由于从 i 经 $2n$ 步到 i 可分解为:与横坐标平行右移 k 步,左移 k 步,与纵坐标平行上移 l 步,下移 l 步,且 $k+l=n$,则

$$\begin{aligned}P_{ii}^{(2n)}&=\frac{1}{4^{2n}}\sum_{k=0}^{n}\frac{(2n)!}{(k!(n-k)!)^2}\\&=\frac{1}{4^{2n}}C_{2n}^{n}\sum_{k=0}^{n}(C_n^k)^2\\&=\frac{1}{4^{2n}}(C_{2n}^{n})^2\approx\frac{1}{\pi n}.\end{aligned}$$

由于 $\sum\limits_{n}\dfrac{1}{n}=\infty$,所以平面上对称随机游动是常返的.

(3) 考虑空间上的对称随机游动.

质点各以 1/6 的概率转移到相邻每个位置. 这样的对称随机游动也是周期为 2 的不可约链.

$$P_{ii}^{(2n)} = \frac{1}{6^{2n}} \sum_{j,\ k \geqslant 0,\ j+k \leqslant n} \frac{(2n)!}{(j!k!(n-j-k)!)^2}$$
$$= \frac{1}{2^{2n}} C_{2n}^{n} \sum_{j,\ k \geqslant 0,\ j+k \leqslant n} \left(\frac{1}{3^n} \cdot \frac{n!}{j!k!(n-j-k)!} \right)^2$$
$$\leqslant \frac{1}{2^{2n}} C_{2n}^{n} \max_{j,\ k \geqslant 0,\ j+k \leqslant n} \left(\frac{1}{3^n} \cdot \frac{n!}{j!k!(n-j-k)!} \right),$$

由三项式定理，

$$\sum_{j,\ k \geqslant 0,\ j+k \leqslant n} \left(\frac{1}{3^n} \cdot \frac{n!}{j!k!(n-j-k)!} \right) = 1$$

且三项分布的最大项在 j 与 k 最接近 $n/3$ 时达到. 由 Stirling 公式，此最大项与 $1/n$ 同阶，所以 $P_{ii}^{(2n)}$ 的阶数小于等于 $n^{-3/2}$. 由 $\sum_n n^{-3/2} < \infty \Rightarrow \sum_n P_{ii}^{(2n)} < \infty$，所以非常返性.

(4) $d \geqslant 3$ 维空间中的对称随机游动也是周期维 2 的不可约链，且由 $P_{ii}^{(2n)}$ 的阶数小于等于 $n^{-d/2}$ 及 $\sum_n n^{-d/2} < \infty$，可得非常返. □

下列定理说明各概率分布之间的转换关系，在讨论各状态的若干性质时是很有用的.

定理 3.3.4 对任意 $i,\ j \in E,\ n \geqslant 1$，

(1) $P_{ij}^{(n)} = \sum_{l=1}^{n} f_{ij}^{(l)} P_{jj}^{(n-l)}$；

(2) $f_{ij}^{(n)} = \sum_{k \neq j} P_{ik} f_{kj}^{(n-1)} \cdot I_{\{n>1\}} + P_{ij} \cdot I_{\{n=1\}}$，即

$$\begin{cases} f_{ij}^{(1)} = P_{ij}, \\ f_{ij}^{(n)} = \sum_{k \neq j} P_{ik} f_{kj}^{(n-1)}, \quad n = 2,\ 3,\ \cdots; \end{cases}$$

(3) $i \to j \Leftrightarrow f_{ij} > 0$；$i \leftrightarrow j \Leftrightarrow f_{ij} > 0$ 且 $f_{ji} > 0$.

证明 注意到，$0 \leqslant f_{ij}^{(n)} \leqslant P_{ij}^{(n)} \leqslant f_{ij} \leqslant 1$.

(1) 注意到，当 $X_n = j$ 时，$T_{ij} \leqslant n$. 由马氏性，

$$P_{ij}^{(n)} = \mathbb{P}^i(X_n = j) = \sum_{k=1}^{n} \mathbb{P}^i(T_{ij} = k,\ X_n = j)$$
$$= \sum_{k=1}^{n} \mathbb{P}^i(X_k = j,\ X_v \neq j,\ 0 < v < k,\ X_n = j)$$
$$= \sum_{k=1}^{n} \mathbb{P}^i(X_k = j,\ X_v \neq j,\ 0 < v < k)\, \mathbb{P}(X_n = j \mid X_k = j)$$
$$= \sum_{k=1}^{n} f_{ij}^{(k)} P_{jj}^{(n-k)}.$$

(2) 考虑 $n>1$ 的情形. 由于

$$\{T_{ij}=n,\ X_0=i\}=\bigcup_{k\neq j}\{X_0=i,\ X_1=k,\ X_l\neq j,\ 2\leqslant l\leqslant n-1,\ X_n=j\},$$

有

$$\begin{aligned}
&\mathbb{P}(T_{ij}=n,\ X_0=i)\\
=&\sum_{k\neq j}\mathbb{P}(X_0=i,\ X_1=k,\ X_l\neq j,\ 2\leqslant l\leqslant n-1,\ X_n=j)\\
=&\sum_{k\neq j}\mathbb{P}(X_1=k\mid X_0=i)\,\mathbb{P}(X_n=j,\ X_l\neq j,\ 2\leqslant l\leqslant n-1\mid X_0=i,\ X_1=k).
\end{aligned}$$

由马氏性,得证.

(3) 当 $i\rightarrow j$ 时,存在 $n>0$, 使得 $P_{ij}^{(n)}>0$. 取 $n'=\min\{n:\ P_{ij}^{(n)}>0\}$, 则

$$f_{ij}^{(n')}=\mathbb{P}(T_{ij}=n'\mid X_0=i)=P_{ij}^{(n')}>0,$$

从而

$$f_{ij}=\sum_{n\geqslant 1}f_{ij}^{(n)}\geqslant f_{ij}^{(n')}>0.$$

当 $f_{ij}>0$ 时,存在 $n'>0$, 使得 $f_{ij}^{(n')}>0$. 从而 $P_{ij}^{(n')}>0\Rightarrow i\rightarrow j$. □

推论 3.3.2　若 j 非常返,则 $\sum_{n=1}^{\infty}P_{ij}^{(n)}<\infty$, $\lim_{n\to\infty}P_{ij}^{(n)}=0$.

证明　(1)

$$\begin{aligned}
\sum_{n=1}^{N}P_{ij}^{(n)}&=\sum_{n=1}^{N}\sum_{k=1}^{n}f_{ij}^{(k)}P_{jj}^{(n-k)}=\sum_{k=1}^{N}\sum_{n=k}^{N}f_{ij}^{(k)}P_{jj}^{(n-k)}\\
&=\sum_{k=1}^{N}f_{ij}^{(k)}\sum_{m=0}^{N-k}P_{jj}^{(m)}\\
&\leqslant\sum_{k=1}^{N}f_{ij}^{(k)}\sum_{m=0}^{N}P_{jj}^{(m)},
\end{aligned}$$

令 $N\rightarrow\infty$, 则由于 j 非常返,

$$\sum_{n=1}^{\infty}P_{ij}^{(n)}\leqslant\sum_{k=1}^{\infty}f_{ij}^{(k)}\Big(1+\sum_{n=1}^{\infty}P_{jj}^{(n)}\Big)\leqslant 1+\sum_{n=1}^{\infty}P_{jj}^{(n)}<\infty.$$

(2) 一个级数收敛则其通项趋于 0. □

定义 3.3.6　对任意状态 $i\in E$, 若 i 是非周期正常返的,则称 i 是遍历的;若不可约链 $\{X_n,\ n\geqslant 0\}$ 是非周期正常返的,则称之为遍历链.

例 3.3.6 考虑下面几个马氏链的例子：

(1)

$$E=\{1,2,3\},\quad \boldsymbol{P}=\begin{pmatrix}1/2 & 1/4 & 1/4\\ 1/4 & 0 & 3/4\\ 0 & 2/3 & 1/3\end{pmatrix};$$

(2)

$$E=\{1,2,3,4,5\},\quad \boldsymbol{P}=\begin{pmatrix}1/2 & 1/2 & 0 & 0 & 0\\ 1/4 & 3/4 & 0 & 0 & 0\\ 0 & 0 & 0 & 1 & 0\\ 0 & 0 & 1/2 & 0 & 1/2\\ 0 & 0 & 0 & 1 & 0\end{pmatrix};$$

(3)

$$E=\{1,2,3,4,5\},\quad \boldsymbol{P}=\begin{pmatrix}0.6 & 0.1 & 0 & 0.3 & 0\\ 0.2 & 0.5 & 0.1 & 0.2 & 0\\ 0.2 & 0.2 & 0.4 & 0.1 & 0.1\\ 0 & 0 & 0 & 1 & 0\\ 0 & 0 & 0 & 0 & 1\end{pmatrix}.$$

可利用状态转移图判断状态的分类：

(1) 因为所有的状态相通，所以是不可约链，见图 3.4.

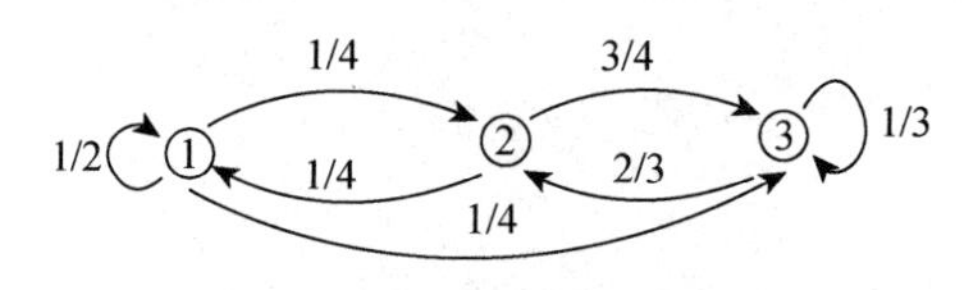

图 3.4

(2) 此链可分为 $\{1,2\}$ 和 $\{3,4,5\}$ 两个类，见图 3.5.

图 3.5

(3) 此链可分为 $\{1,2,3\}$，$\{4\}$ 及 $\{5\}$ 三个类，并且由 $\{1,2,3\}$ 可以进入 $\{4\}$ 或

$\{5\}$，反之不行，见图 3.6.

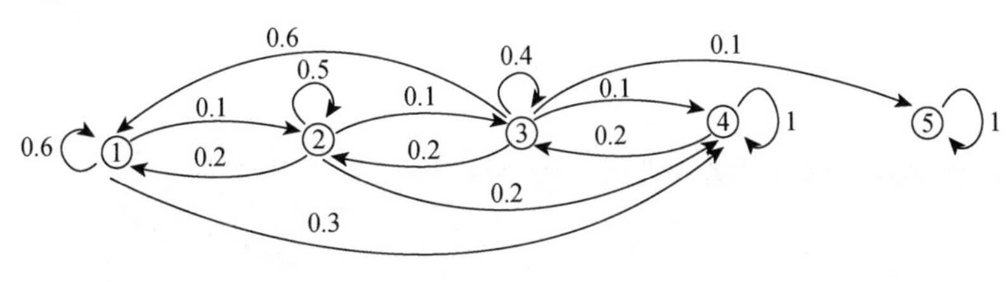

图 3.6

∎

对于相通的状态，因为是同类型的，故只需选出其中之一较易于判断的状态即可.

例 3.3.7 设马氏链的状态空间 $E=\{1, 2, 3, \cdots\}$，转移矩阵为

$$P_{1,1}=1/2,\ P_{i,i+1}=1/2,\ P_{i,1}=1/2,\ i\in E.$$

首先分析状态 1，由状态转移图 3.7，易知

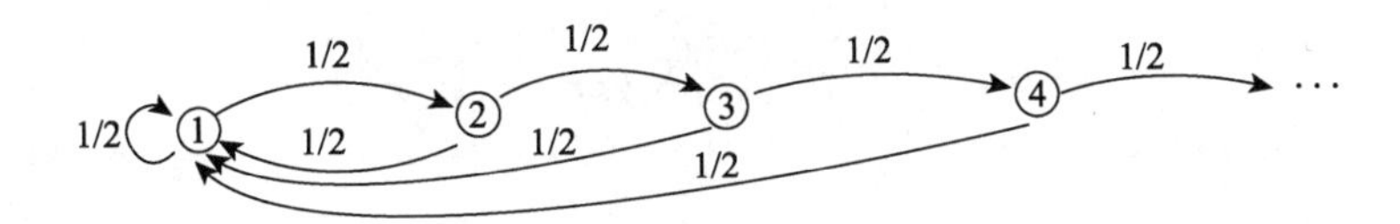

图 3.7

$$f_{1,1}^{(1)}=\frac{1}{2},\ f_{1,1}^{(2)}=\left(\frac{1}{2}\right)^2,\ f_{1,1}^{(3)}=\left(\frac{1}{2}\right)^3,\ \cdots,\ f_{1,1}^{(n)}=\left(\frac{1}{2}\right)^n,\ \cdots$$

故 $f_{1,1}=\sum\limits_{n\geqslant 1}(1/2)^n=1$，1 是常返态，而 $\mu_{1,1}=\sum\limits_{n\geqslant 1}n(1/2)^n<\infty$，所以是正常返的. 再由 $P_{1,1}=1/2$ 可知 1 是非周期的，从而是遍历的，对于其他不等于 1 的状态，因为与 1 相通，所以也都是遍历态. ∎

§ 3.4 P^n 的极限性质与平稳分布

在实际应用中，常常关心下列两个问题：

(1) 当 $n\to\infty$ 时，$\mathbb{P}^i(X_n=j)$ 的极限是否存在？若存在，是否与 i 有关？

(2) 在什么条件下，一个马氏链是平稳的序列？

§ 3.4.1 基本极限定理

这里的基本极限定理就是马氏链的遍历定理. μ_{ii} 为平均回转时间.

定理 3.4.1 (1) i 为非常返或零常返态当且仅当

$$\lim_{n\to\infty} P_{ii}^{(n)} = 0.$$

(2) 若 i 为周期为 d 常返态，则有

$$\lim_{n\to\infty} P_{ii}^{(nd)} = \frac{d}{\mu_{ii}}.$$

其中当 $\mu_{ii} = \infty$ 时，右式设为 0.

(3) 若 i 为非周期正常返态(亦称遍历态)，则有

$$\lim_{n\to\infty} P_{ii}^{(n)} = \frac{1}{\mu_{ii}}.$$

证明 仅证(3)，稍加修改即可证明(1)，(2). 对任意 $t<0$，记矩母函数

$$P_i(t) := \sum_{n\geqslant 0} e^{tn} P_{ii}^{(n)}, \quad F_i(t) := \sum_{n\geqslant 0} e^{tn} f_{ii}^{(n)}.$$

由定理 4.4.3，$P_{ii}^{(n)} = \sum_{k=1}^{n} f_{ii}^{(k)} P_{ii}^{(n-k)}$，从而

$$\begin{aligned} P_i(t) &= P_{ii}^{(0)} + \sum_{n\geqslant 1} e^{tn} P_{ii}^{(n)} = 1 + \sum_{n\geqslant 1} e^{tn} \sum_{k=1}^{n} f_{ii}^{(k)} P_{ii}^{(n-k)} \\ &= 1 + \sum_{k\geqslant 1} f_{ii}^{(k)} \sum_{n\geqslant k} e^{tn} P_{ii}^{(n-k)}. \end{aligned}$$

所以，

$$P_i(t) = 1 + \sum_{k\geqslant 1} e^{tk} f_{ii}^{(k)} \sum_{n\geqslant k} e^{t(n-k)} P_{ii}^{(n-k)} = 1 + P_i(t) F_i(t),$$

其中，$t<0$ 与正常返性保证级数绝对收敛和号交换合法. 从而 $P_i(t) = 1/(1-F_i(t))$，

$$(1-e^t) P_i(t) = \frac{1-e^t}{1-F_i(t)}.$$

由实分析的结果，

$$\lim_{t\uparrow 0-} (1-e^t) P_i(t) = \lim_{k\to\infty} P_{ii}^{(k)}.$$

而

$$\lim_{t\uparrow 0-}\frac{1-e^t}{1-F_i(t)}=\lim_{t\uparrow 0-}\frac{-e^t}{-\sum_{n\geq 0}ne^{tn}f_{ii}^{(n)}}=1/\sum_{n\geq 0}nf_{ii}^{(n)}=1/\mu_{ii}.$$

得证. □

注意,由(3)可知遍历态 i 满足 $\lim_{n\to\infty}P_{ii}^{(n)}=\frac{1}{\mu_{ii}}$. 有限马氏链没有零常返态. 不可约的有限马氏链的状态都是正常返的. 如果马氏链有一个零常返态,则必有无穷多个零常返态. 例如,我们后面会证明,对称简单随机游动是零常返的.

然而,直接求 $\boldsymbol{P}^n$ 的每一个元素 $P_{ij}^{(n)}$ 的极限并非易事,而求条件期望 $\mathbb{E}[T_{ii}]$ 也不太方便,它涉及求一系列的条件概率 $f_{ii}^{(n)}$,所以人们寻求更简捷的方法来处理极限分布.

§3.4.2　平稳分布

不可约常返链中,若有一个零常返态,则所有状态都是零常返,此时称为不可约零常返链;否则称为不可约正常返链.

定义 3.4.1　设 P_{ij} 为马氏链 $X=\{X_n,\ n\geq 0\}$ 的转移概率. 若非负数列 $\{\pi_j\}$ 满足

(1) $\sum_{j\in E}\pi_j=1$;

(2) $\pi_j=\sum_{i\in E}\pi_i P_{ij},\ \forall j\in E$,

则称 $\{\pi_j\}$ 为 X 的平稳分布. 有时亦称满足(2)的分布 $\pi\equiv\{\pi_j,\ j\in E\}$ 为 P 的不变概率.

注意到,如果马氏链 $\{X_n,\ n\geq 0\}$ 的初始分布是个平稳分布,则该过程为平稳过程. 事实上,设 $\mathbb{P}(X_0=j)=:\pi_j$,则

$$\mathbb{P}(X_1=j)=\sum_{i\in E}\mathbb{P}(X_1=j\mid X_0=i)\,\mathbb{P}(X_0=i)=\sum_{i\in E}\pi_i P_{ij}=\pi_j,$$

由数学归纳法可得

$$\mathbb{P}(X_n=j)=\sum_{i\in E}\mathbb{P}(X_n=j\mid X_{n-1}=i)\,\mathbb{P}(X_{n-1}=i)=\sum_{i\in E}\pi_i P_{ij}=\pi_j,$$

所以对任意 $n\geq 0$, X_n 同分布. 由马氏性,对任意 $k\geq 0$, $(X_n,\ X_{n+1},\ \cdots,\ X_{n+k})$ 的分布与 n 无关. 平稳分布由此得名. 另外,

$$\pi_j=\sum_{i\in E}\pi_i P_{ij}^{(n)},\ \forall n\geq 1,\ j\in E.$$

另一方面,如果马氏链是不可约的, j 是非周期的,则

$$\lim_{n\to\infty}P_{ij}^{(n)}=\frac{1}{\mu_{jj}}>0,$$

称 $\left\{\frac{1}{\mu_{jj}}\right\}$ 为极限分布.

定理 3.4.2 非周期不可约链是正常返的充要条件是该链存在平稳分布.此平稳分布就是它的极限分布.

证明 先考虑充分性.令 $\pi=\{\pi_j, j\in E\}$ 为平稳分布,则 $\pi_j=\sum_{i\in E}\pi_i P_{ij}^{(n)}$ 且 $\pi_i\geqslant 0$, $\sum_{i\in E}\pi_i=1$. 由控制收敛原理,

$$\pi_j=\lim_{n\to\infty}\sum_{i\in E}\pi_i P_{ij}^{(n)}=\sum_{i\in E}\pi_i(\lim_{n\to\infty}P_{ij}^{(n)})=(\sum_{i\in E}\pi_i)\frac{1}{\mu_{jj}}=\frac{1}{\mu_{jj}}.$$

由 $\sum_{j\in E}\pi_j=\sum_{j\in E}\frac{1}{\mu_{jj}}$, 存在 $\pi_l=\frac{1}{\mu_{ll}}>0$, 使得 $\lim_{n\to\infty}P_{ll}^{(n)}=\frac{1}{\mu_{ll}}>0$, 可知 $\mu_{ll}<\infty$, 即 l 常返.从而由不可约性,整个链正常返, $\pi_j=1/\mu_{jj}>0$.

下面证明必要性.不妨设 $E=\mathbf{Z}^+$, 由于链是正常返的, $\lim_{n\to\infty}P_{ij}^{(n)}=1/\mu_{jj}>0$. 又由 C-K 方程

$$P_{ij}^{(n+m)}=\sum_{k\geqslant 0}P_{ik}^{(m)}P_{kj}^{(n)}\geqslant\sum_{k=0}^{K}P_{ik}^{(m)}P_{kj}^{(n)}, \ \forall K\in\mathbf{N},$$

令 $m\to\infty$, 有

$$\frac{1}{\mu_{jj}}\geqslant\sum_{k=0}^{K}\frac{1}{\mu_{kk}}P_{kj}^{(n)}.$$

再令 $K\to\infty$, 可知

$$\frac{1}{\mu_{jj}}\geqslant\sum_{k=0}^{\infty}\frac{1}{\mu_{kk}}P_{kj}^{(n)}$$

只有等号才能成立.事实上,如果存在 $j_0\geqslant 0$, 使得上不等号严格成立,则对 $j\in E$ 求和,有

$$1\geqslant\sum_{j\geqslant 0}\frac{1}{\mu_{jj}}>\sum_{j\geqslant 0}\left(\sum_{k=0}^{\infty}\frac{1}{\mu_{kk}}P_{kj}^{(n)}\right)=\sum_{k=0}^{\infty}\left(\frac{1}{\mu_{kk}}\sum_{j\geqslant 0}P_{kj}^{(n)}\right)=\sum_{k\geqslant 0}\frac{1}{\mu_{kk}},$$

即 $\sum_{j\geqslant 0}\frac{1}{\mu_{jj}}>\sum_{k\geqslant 0}\frac{1}{\mu_{kk}}$, 矛盾.令 $n\to\infty$, 由控制收敛定理

$$\frac{1}{\mu_{jj}} = \sum_{k \in E} \frac{1}{\mu_{kk}} (\lim P_{kj}^{(n)}) = \frac{1}{\mu_{jj}} \sum_{k \in E} \frac{1}{\mu_{kk}},$$

所以

$$\sum_{k \in E} \frac{1}{\mu_{kk}} = 1,$$

即 $\left\{\frac{1}{\mu_{jj}}, j \in E\right\}$ 是平稳分布. □

例 3.4.1　设

$$E = \{1, 2\}, \quad \boldsymbol{P} = \begin{pmatrix} 3/4 & 1/4 \\ 5/8 & 3/8 \end{pmatrix},$$

试求相应平稳分布以及 $\lim\limits_{n \to \infty} \boldsymbol{P}^n$.

状态转移图如图 3.8 所示.

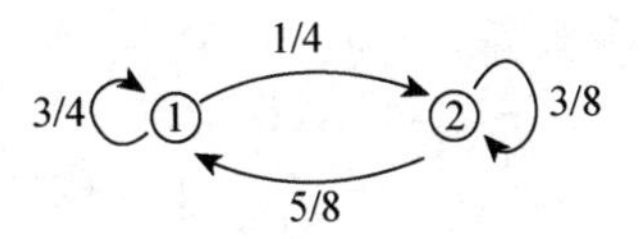

图 3.8

由 $\pi = \pi \boldsymbol{P}$ 可得

$$\begin{cases} \pi_1 = \frac{3}{4}\pi_1 + \frac{5}{8}\pi_2, \\ \pi_1 + \pi_2 = 1, \end{cases}$$

解得 $\pi_1 = 5/7$, $\pi_2 = 2/7$, 由

$$\lim_{n \to \infty} P_{ij}^{(n)} = \pi_j = \frac{1}{\mu_{jj}}, \ \forall_{i, j}$$

可得

$$\mu_{1,1} = \frac{7}{5}, \quad \mu_{2,2} = \frac{7}{2},$$

再因为该马氏链是不可约非周期的,

$$\lim_{n\to\infty}\boldsymbol{P}^n = \lim_{n\to\infty}\begin{pmatrix}3/4 & 1/4\\ 5/8 & 3/8\end{pmatrix}^n = \begin{pmatrix}5/7 & 2/7\\ 5/7 & 2/7\end{pmatrix}.$$ ∎

例 3.4.2 ($M/G/1$ 系统)设顾客的来到时间为独立同分布于指数分布 $\text{Exp}(\lambda)$ 的随机变量序列,即在 $(0, t]$ 中来到的顾客总数是参数为 λ 的 Poisson 过程. 每个顾客接受服务的时间的分布函数为 G.

记 X_n 为第 n 个顾客服务完离开时系统中的顾客人数(亦称队伍的长度),初始时刻取 $X_0 = 1$, 则 $\{X_n, n \geqslant 0\}$ 是马氏链. 事实上,令 Y_n 为第 n 个顾客在接受服务期间来到的顾客数,则

$$X_n = \max(X_{n-1} - 1, 0) + Y_n \quad (n \geqslant 1),$$

且 $\{Y_n, n \geqslant 1\}$ 为独立同分布的随机变量序列,其公共分布律

$$\mathbb{P}(Y_n = k) \equiv a_k = \int_0^\infty \frac{(\lambda t)^k}{k!} e^{-\lambda t} dG(t) \quad (k = 0, 1, 2\cdots),$$

事实上,令 T_n 为第 n 个顾客接受服务的时间,则 $Y_n = N_{T_n}$, 从而

$$\mathbb{P}(Y_n = k) = \mathbb{P}(N_{T_n} = k) = \int_0^\infty \frac{(\lambda t)^k}{k!} e^{-\lambda t} dG(t).$$

注意到 Poisson 过程在任一长度为 t 的区间上的增量服从参数为 λt 的 Poisson 分布,且不交区间上的增量独立. $\{X_n, n \geqslant 0\}$ 的转移矩阵为

$$\boldsymbol{P} = \begin{pmatrix} a_0 & a_1 & a_2 & a_3 & \cdots \\ a_0 & a_1 & a_2 & a_3 & \cdots \\ 0 & a_0 & a_1 & a_2 & \cdots \\ 0 & 0 & a_0 & a_1 & \cdots \\ & \cdots & & \cdots & \end{pmatrix},$$

其中 $a_0 > 0$, $a_0 + a_1 < 1$. 状态转移图见图 3.9. 此时,链是非周期不可约的.

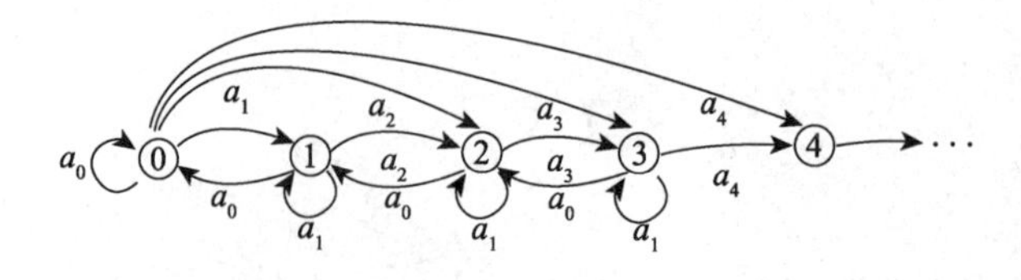

图 3.9

记 $\rho := \sum_{k=1}^{\infty} k a_k$（：一个顾客的服务期内来到的平均顾客人数），取条件于该周期的长度可得 $\rho = \lambda \mathbb{E}[S]$，其中 S 是以 G 为分布函数的服务时间，则

(1) $\rho > 1$ 时，链是非常返的. 此时队伍越来越长，链是不会常返的.

(2) $\rho = 1$ 时，链是零常返的.

(3) $\rho < 1$ 时，链是正常返的. 此时，队伍自然不会越来越长，从而队伍近似地有一个平稳的分布.

事实上，先解方程

$$\pi_j = \sum_{i=0}^{\infty} \pi_i P_{ij}, \text{ i. e. }, \pi_j = \pi_0 a_j + \sum_{i=1}^{j+1} \pi_i a_{j-i+1} \quad (j \geqslant 0).$$

为此引进母函数

$$\pi(s) = \sum_{j=0}^{\infty} \pi_j s^j, \; A(s) = \sum_{j=0}^{\infty} a_j s^j,$$

以 s^j 乘上式两边再对 j 求和，得

$$\pi(s) = \pi_0 A(s) + \sum_{j=0}^{\infty} \sum_{i=1}^{j+1} \pi_i a_{j-i+1} s^j = \pi_0 A(s) + (\pi(s) - \pi_0) A(s)/s,$$

即
$$\pi(s) = \frac{(s-1)\pi_0 A(s)}{s - A(s)}.$$

令 $s \to 1$，由 L'hospital 法则，有

$$\lim_{s \to 1} \pi(s) = \frac{\pi_0}{1-\rho},$$

等价地，有

$$\pi(s) = \frac{(1 - \lambda \mathbb{E}[S])(s-1)A(s)}{s - A(s)}.$$ ∎

在实际应用中，平稳分布 $\{\pi_j\}$ 有两种解释：

(1) 作为 $P_{ij}^{(n)}$ 的极限分布，告诉我们在过程的长期运行中不论初始状态是什么，经过一段时间后它处于 j 的概率是 π_j.

(2) 代表就长期而言过程访问 j 的次数在总时间中的平均份额或比例：设 $I_n = 1_{\{X_n = j\}}$，则 m 步转移中访问 j 的次数所占的比例为 $\frac{1}{m} \sum_{n=0}^{m-1} I_n$. 若 $X_0 = i$，则

$$\mathbb{E}\left[\frac{1}{m}\sum_{n=0}^{m-1} I_n \middle| X_0 = i\right] = \frac{1}{m}\sum_{n=0}^{m-1}\mathbb{P}(X_n = j \mid X_0 = i) = \frac{1}{m}\sum_{n=0}^{m-1} P_{ij}^{(n)}.$$

当 $m \to \infty$ 时,由 Stolz 定理,

$$\lim_{m\to\infty}\frac{1}{m}\sum_{n=0}^{m-1} P_{ij}^{(n)} = \lim_{m\to\infty} P_{ij}^{(m)} = \pi_j.$$

例 3.4.3 考虑状态空间 $E = \{1, 2, 3, 4, 5, 6, 7\}$,转移矩阵为

$$\begin{pmatrix} 0.1 & 0.1 & 0.2 & 0.2 & 0.4 & 0 & 0 \\ 0 & 0 & 0.5 & 0.5 & 0 & 0 & 0 \\ 0 & 0 & 0 & 1 & 0 & 0 & 0 \\ 0 & 1 & 0 & 0 & 0 & 0 & 0 \\ 0 & 0 & 0 & 0 & 0.5 & 0.5 & 0 \\ 0 & 0 & 0 & 0 & 0.5 & 0 & 0.5 \\ 0 & 0 & 0 & 0 & 0 & 0.5 & 0.5 \end{pmatrix}$$

的马氏链,求每个不可约闭集的平稳分布.

注意到状态转移图如图 3.10 所示,状态空间可分解为

$$E = N \cup C_1 \cup C_2 = \{1\} \cup \{2, 3, 4\} \cup \{5, 6, 7\}.$$

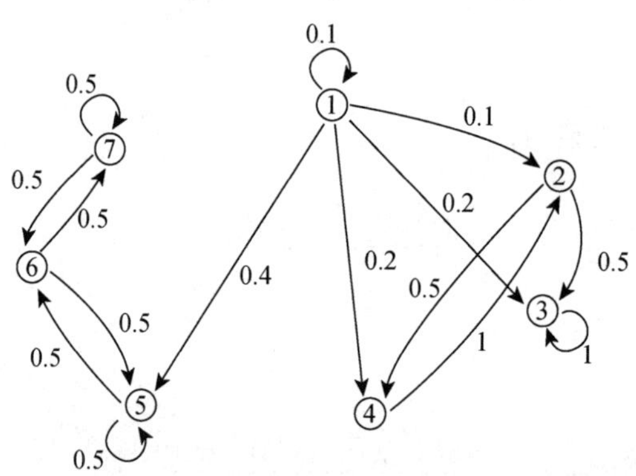

图 3.10

其中 N 是暂留类,C_1, C_2 是不可约常返非周期类. 故分别考虑闭集 C_1, C_2 上子马氏链的转移矩阵

$$\boldsymbol{P}_1 = \begin{pmatrix} 0 & 0.5 & 0.5 \\ 0 & 0 & 1 \\ 1 & 0 & 0 \end{pmatrix}, \quad \boldsymbol{P}_2 = \begin{pmatrix} 0.5 & 0.5 & 0 \\ 0.5 & 0 & 0.5 \\ 0 & 0.5 & 0.5 \end{pmatrix},$$

由方程 $\pi_i = \pi_i \boldsymbol{P}_i$，$i = 1, 2$，分别解得各自对应的平稳分布是

$$\pi_1 = (2/5, 1/5, 2/5), \quad \pi_2 = (1/3, 1/3, 1/3). \qquad \blacksquare$$

例 3.4.4 设马氏链的状态空间 $E = \{0, 1, 2, \cdots\}$，转移矩阵 $\boldsymbol{P} = (P_{ij})$：

$$P_{ij} = \begin{cases} p_i, & j = i+1, \\ r_i, & j = i, \\ q_i, & j = i-1, \\ 0, & \text{其他}, \end{cases} \qquad i, j \in E,$$

其中 $p_i + r_i + q_i = 1$. 这种链称为生灭链，是不可约的. 记

$$a_0 = 1, \ a_j = \frac{p_0 p_1 \cdots p_{j-1}}{q_1 q_2 \cdots q_j}, \quad j \geqslant 1.$$

试证此链存在平稳分布的充要条件是

$$\sum_{j=0}^{\infty} a_j < \infty.$$

事实上，如果 $\boldsymbol{P}$ 存在平稳分布，则应有

$$\begin{cases} \pi_0 = \pi_0 r_0 + \pi_1 q_1, \\ \pi_j = \pi_{j-1} p_{j-1} + \pi_j r_j + \pi_{j+1} q_{j+1}, \ j \geqslant 1, \\ p_j + r_j + q_j = 1, \end{cases}$$

解得递推关系如下：

$$\begin{cases} q_1 \pi_1 - p_0 \pi_0 = 0, \\ q_{j+1} \pi_{j+1} - p_j \pi_j = q_j \pi_j - p_{j-1} \pi_{j-1}, \ j \geqslant 1, \end{cases}$$

即

$$\pi_j = \frac{p_{j-1} \pi_{j-1}}{q_j}, \ j \geqslant 1.$$

所以

$$\pi_j = \frac{p_{j-1} \pi_{j-1}}{q_j} = \cdots = \frac{p_0 p_1 \cdots p_{j-1}}{q_1 q_2 \cdots q_j} \pi_0 = a_j \pi_0,$$

上式两边关于 j 求和，得

$$1=\pi_0\sum_{j\geqslant 0}a_j,\quad 即\ \pi_0=1\Big/\sum_{j\geqslant 0}a_j.$$

于是平稳分布为 $\pi_j=a_j\Big/\sum_{j\geqslant 0}a_j,\ j\geqslant 0$，从而得证. ▌

在周期的马氏链及可约马氏链的情况下，有关的极限分布的计算更为复杂，在此不做详细讨论.

§3.5 Galton-Watson 分支过程

分支过程的思想在 1874 年由 F. Galton 首先提出，当时他研究的是家族姓氏的消失问题. 这种数学模型是一类特殊的马氏链，它在生物遗传、原子核的连锁反应中都有应用. 如果不加限制，生物种群的增长是指数式的，一个指数增长的最简单的随机模型就是 Galton-Watson 分支过程. 虽然简单，但有着重要的理论价值.

Galton-Watson 分支过程简称为分支过程，其描述是直观的. 用非负整数值随机变量 X 代表某种生物群种个体繁殖后代数目. 设 X 的分布律为

$$p_n=\mathbb{P}(X=n),\ n\geqslant 0:\ \sum_n p_n=1.$$

用 f 表示 X 的母函数，即

$$f(s)=\mathbb{E}[s^X]=\sum_{n\geqslant 0}p_n s^n,\ s\in[0,1].$$

母函数是研究分支过程最重要的工具. 当 X 是退化分布时，称为平凡的情形，因为此时的增长模式是确定的. 下面总是假设非平凡的情形.

考虑某一个群体，假设种群的每个个体都以同样的模式且独立于其他个体来繁衍后代. 用数学语言，设 $(\Omega,\mathbb{P},\mathscr{F})$ 是一个概率空间，$\{X_n^{(k)},n,k\geqslant 1\}$ 是其上独立同分布随机变量序列，都与 X 有相同分布. 实际上，$X_n^{(k)}$ 简单视为第 k 代中第 n 个个体繁殖的后代数目. 对于非负整数 j，记

$$Z_0^{(j)}=j,\ \mathbf{Z}_{n+1}^{(j)}=\sum_{i=1}^{Z_n^{(j)}}X_i^{(n+1)},\ n\geqslant 0,$$

即 $Z_n^{(j)}$ 表示一个起始个体数为 j 的种群的第 n 代后代的数目，记 $Z_n=Z_n^{(1)}$，实际上，

$\{Z_n^{(j)}\}$ 是 $\{Z_n\}$ 的 j 个独立复制的和.

定理 3.5.1　$Z=\{Z_n,\ n\geqslant 0\}$ 是一个从 1 出发的马氏链,实际上对任意 j, $Z^{(j)}=\{Z_n^{(j)},\ n\geqslant 0\}$ 是马氏链.

证明　首先对任意 $n\geqslant 1$ 及非负整数 $k,\ j,\ j_{n-1},\ \cdots,\ j_1$,

$$\mathbb{P}(Z_{n+1}=k \mid Z_n=j)=\mathbb{P}(\sum_{i=1}^{j}X_i^{(n+1)}=k),$$

因为 $X_i^{(n+1)}$ 与 $Z_n,\ \cdots,\ Z_1$ 独立,

$$\begin{aligned}&\mathbb{P}(Z_{n+1}=k,\ Z_n=j,\ Z_{n-1}=j_{n-1},\ \cdots,\ Z_1=j_1)\\=&\mathbb{P}(\sum_{i=1}^{j}X_i^{(n+1)}=k)\,\mathbb{P}(Z_n=j,\ Z_{n-1}=j_{n-1},\ \cdots,\ Z_1=j_1),\end{aligned}$$

从而

$$\begin{aligned}&\mathbb{P}(Z_{n+1}=k \mid Z_n=j,\ Z_{n-1}=j_{n-1},\ \cdots,\ Z_1=j_1)\\=&\mathbb{P}(\sum_{i=1}^{j}X_i^{(n+1)}=k)=\mathbb{P}(Z_{n+1}=k \mid Z_n=j).\end{aligned}$$

时间齐性是显然的,事实上

$$\mathbb{P}(Z_n+1=k \mid Z_n=j)=\mathbb{P}(\sum_{i=1}^{j}X_i^{(n+1)}=k)=p_k^{*j},$$

其中 $p^{*j}=\{p_k^{*j},\ k\geqslant 0\}$ 是 $\{p_k,\ k\geqslant 0\}$ 的 j－重卷积,它是 X 的 j 个独立复制的和的分布律, p^{*0} 就是 0 点的单点测度. 因此 $\{Z_n\}$ 是从 1 出发的(对应地, $\{Z_n^{(j)},\ n\geqslant 0\}$ 是从 j 出发的)以 $P_{jk}:=p_k^{*j},\ j,\ k\geqslant 0$ 为转移函数的(时齐)马氏链. □

现在我们计算 Z_n 的母函数,记为 $f_{(n)}$,再记 f 的 n－重复合函数为 $f_n(\cdot)=f(f(f\cdots(\cdot)))$, f_0 是恒等映射. 这样

$$\begin{aligned}f_{(n+1)}(s)&=\mathbb{E}[s^{Z_{n+1}}]=\mathbb{E}[s^{\sum_{i=1}^{Z_n}X_i^{(n+1)}}]\\&=\sum_{j\geqslant 0}\mathbb{E}[s^{\sum_{i=1}^{j}X_i^{(n+1)}}]\cdot\mathbb{P}(Z_n=j)\\&=\sum_{j\geqslant 0}(f(s))^j\cdot\mathbb{P}(Z_n=j)=\mathbb{E}[f(s)^{Z_n}]=f_{(n)}(f(s)).\end{aligned}$$

从而 $f_{(n)}=f_n$,即 Z_n 的母函数就是 X 的母函数的 n－重复合.

用 $m,\ \sigma^2$ 分别表示 X 的数学期望与方差,那么

$$m = f'(1), \quad \sigma^2 = f''(1) + f'(1) - f'(1)^2.$$

命题 3.5.1

$$\mathbb{E}[Z_n] = m^n, \quad D(Z_n) = \sigma^2 m^{n-1} \sum_{i=0}^{n-1} m^i.$$

证明 事实上,不妨取 $X_0 = 1$, 由于 X_1 与 Z 同分布,根据 Wald 等式,有

$$\mathbb{E} X_n = \mathbb{E}[\sum_{x=1}^{X_{n-1}} Z_x] = \mathbb{E}[X_{n-1}] \mathbb{E} Z_1 = \mu \mathbb{E} X_{n-1}.$$

由迭代法可得

$$\begin{aligned}
&\mathbb{E} Z_n = \mathbb{E}[Z_{n-1}] \cdot \mathbb{E} X = \cdots = m^n, \\
&D(Z_n) = \mathbb{E}[Z_{n-1}] \cdot D(X) + D(Z_{n-1}) \cdot (\mathbb{E} X)^2 \\
&\qquad = m^{n-1}\sigma^2 + m^2 D(Z_{n-1}) = \cdots \\
&\qquad = \sigma^2 m^n (1 + m + \cdots + m^n) = \begin{cases} \sigma^2 m^{n-1} \dfrac{1-m^n}{1-m}, & m \neq 1, \\ n\sigma^2, & m = 1. \end{cases}
\end{aligned}$$

□

注意 X 是非平凡的,我们可以证明如下性质:

(1) f 在 $[0, 1]$ 上是递增且凸的;

(2) $f(0) = p_0$, $f(1) = 1$;

(3) 若 $m \leqslant 1$, 则对任意 $s \in [0, 1)$ 有 $f(s) > s$;

(4) 若 $m > 1$, 则 $f(s) = s$ 在 $[0, 1)$ 上有唯一的根.

也就是说,方程 $f(s) = s$ 在 $[0, 1]$ 上包括 1 在内最多有两个根,记小的那个为 q.

引理 3.5.1

(1) 若 $m \leqslant 1$, 则 $q = 1$. 若 $m > 1$, 则 $q < 1$;

(2) 若 $s \in [0, q)$, 则 $f_n(s) \uparrow q$;

(3) 若 $s \in (q, 1]$, 则 $f_n(s) \downarrow q$.

证明 (1) 显然成立.

(2) 由递增性和凸性,当 $s \in [0, q)$ 时,

$$q = f(q) > f(s) > s.$$

由归纳法推出

$$s < f(s) < f_2(s) < \cdots < f_n(s) < q,$$

即 $f_n(s)$ 递增，其极限记为 x，则由 f 的连续性得 $x = \lim_n f_n(s) = f(x)$. 因为 $x \leqslant q$，故由最小性，$x = q$.

(3) 的证明类似. □

下面讨论“灭种”问题. 综上所述，m 的大小对整个群体和家族的繁衍存亡至关重要：

(1) 当 $m < 1$ 且 n 充分大时，$\mathbb{E}[Z_n]$, $D(Z_n)$ 均趋于 0，由 Chebyshev 不等式可知 $\mathbb{P}(Z_n \to 0) = 1$，也就是说群体终将灭亡.

(2) 当 $m \geqslant 1$ 时，群体灭亡的概率较为复杂，但也是分支过程令人感兴趣的量.

令 $\pi_0 := \mathbb{P}$(从单个个体开始群体迟早灭绝)，则对初始个体的后代数取条件，得

$$\pi_0 = \sum_{j=0}^{\infty} \mathbb{P}(\text{群体灭绝} \mid Z_1 = j) p_j.$$

定理 3.5.2 设 $p_0 > 0$, $p_0 + p_1 < 1$，则

(1) π_0 是满足 $\pi_0 = \sum_{j=0}^{\infty} \pi_0^j p_j \cdots (*)$ 的最小正数；

(2) $\pi_0 = 1$ 的充要条件是 $m \leqslant 1$.

证明 (1) 注意如下两个事件：

$$A_1 := \{\text{群体灭绝} \mid X_1 = j\},$$
$$A_2 := \{\text{以第一代成员为始祖的 } j \text{ 个家族最终灭绝}\}.$$

前者的概率是 π_0，由独立性，$\mathbb{P}(A_2) = \pi_0^j$，即 π_0 是 $(*)$ 的解.

设 $\pi \geqslant 0$ 满足 $(*)$ 式，由归纳法可得 $\pi \geqslant \mathbb{P}(X_n = 0)(\forall n)$. 事实上，

$$\pi = \sum_{j \geqslant 0} \pi^j p_j \geqslant \pi^0 p_0 = p_0 \equiv \mathbb{P}(X_1 = 0);$$

令 $\pi \geqslant \mathbb{P}(X_n = 0)$，则

$$\begin{aligned} \mathbb{P}(X_{n+1} = 0) &= \sum_{j \geqslant 0} \mathbb{P}(X_{n+1} = 0 \mid X_1 = j) \mathbb{P}(X_1 = j) \\ &= \sum_{j \geqslant 0} (\mathbb{P}(X_n = 0))^j p_j \leqslant \sum_{j \geqslant 0} \pi^j p_j = \pi. \end{aligned}$$

令 $n \to \infty$，则

$$\pi \geqslant \lim_{n \to \infty} \mathbb{P}(X_n = 0) = \mathbb{P}(\text{群体灭绝}) = \pi_0.$$

(2) 定义随机变量 Z 的母函数 $\phi(s) := \sum_{j \geqslant 0} s^j p_j$，因为 $p_0 + p_1 < 1$，

$$\phi''(s)=\sum_{j\geqslant 0}j(j-1)s^{j-2}p_j>0,\quad \forall s\in(0,1),$$

所以，$\phi(s)$ 在 $(0, 1)$ 上严格凸，而 $\phi(\pi_0)=\pi_0$，从而

$$\pi_0=1\Leftrightarrow\phi'(1)\leqslant 1.$$

上述充要条件出自数学分析的结论：若 $\phi(s)$ 为 $[0, 1]$ 上一个凸函数，则 1 是方程 $\phi(s)=s$ 的最小正解当且仅当 $\phi'(1)\leqslant 1$. 故由 $\phi'(1)=\sum_{j\geqslant 1}jp_j=m$，得证. □

例 3.5.1 考虑每个个体衍生的下一代个体数为 Poisson(λ) 分布的某生物群体. Poisson 变量的母函数为

$$\phi(s)=\sum_{j\geqslant 0}s^jP_j=\mathrm{e}^{\lambda(s-1)}$$

与直线在 $(0, 1)$ 区间仅一个交点，这个交点即为

$$\mathbb{P}(\text{群体消亡})=:\pi,$$

定理 3.5.2 中的(2)告诉我们，当 $\lambda>1$ 时，群体有正概率 $1-\pi$ 增长到无穷；当 $\lambda\leqslant 1$ 时，由于 $\pi=1$，群体必然消亡. ▌

习 题

1. 设 $b>a>0$，证明：$(0, 0)$ 到 (n, a) 不遇到 $y=b$ 的格点轨道数为

$$N_{n,a}-N_{n,2b-a}.$$

2. 对从 0 出发的对称随机游动：

(a) 回到 0 的平均时间是多少？

(b) 以 N_n 记到时刻 n 为止返回的次数，证明：

$$\mathbb{E}[N_{2n}]=(2n+1)C_{2k}^{k}\left(\frac{1}{2}\right)^{2n}-1.$$

(c) 用(b)及 Stirling 近似公式证明：对很大的 n，$\mathbb{E}[N_n]$ 与 $\sqrt{n}$ 成正比例.

3. 设 $\{X_n, n\geqslant 0\}$ 的状态空间是 $E=\{a, b, c\}$，一步转移概率矩阵为

$$P=\begin{pmatrix}\frac{1}{2} & \frac{1}{4} & \frac{1}{4}\\ \frac{2}{3} & 0 & \frac{1}{3}\\ \frac{3}{5} & \frac{2}{5} & 0\end{pmatrix}.$$

试求：

(1) $\mathbb{P}(X_1=b,\ X_2=c,\ X_3=a,\ X_4=c,\ X_5=a,\ X_6=c,\ X_7=b\mid X_0=c)$；

(2) $\mathbb{P}(X_{n+2}=c\mid X_n=b)$.

4. 设 $\{X_n,\ n\geqslant 0\}$ 是以 $E=\{0,\ 1,\ 2\}$ 为状态空间的时齐马氏链，一步转移矩阵为

$$P=\begin{pmatrix}0 & 1 & 0\\ \frac{1}{2} & 0 & \frac{1}{2}\\ 0 & \frac{3}{4} & \frac{1}{4}\end{pmatrix}.$$

初始分布为 $\mathbb{P}(X_0=0)=\mathbb{P}(X_0=1)=1/2$，求：

(1) $\mathbb{P}(X_0=0,\ X_1=1,\ X_3=1)$；

(2) $\mathbb{P}(X_3=1,\ X_1=1\mid X_0=0)$；

(3) $\mathbb{P}(X_3=1)$；

(4) $\mathbb{P}(X_0=0\mid X_3=1)$.

5. 甲乙两人进行某种比赛，设每局比赛中甲胜的概率为 p，乙胜的概率为 q，平局的概率为 r，其中 $p,\ q,\ r\geqslant 0$ 且 $p+q+r=1$. 设每局比赛之后胜者得一分，负者减一分，平局不计分. 当两个人中有一人得到两分时比赛结束. 以 X_n 表示比赛至第 n 局时甲获得的分数，则 $\{X_n,\ n\geqslant 1\}$ 是一个时齐的马氏链.

(1) 写出状态空间以及一步转移概率矩阵；

(2) 求在甲获得一分的条件下再赛两局甲胜的概率.

6. 对一个马氏链 $\{X_n,\ n\geqslant 0\}$，证明：

$$\mathbb{P}(X_n=j\mid X_{n_1}=i_1,\ \cdots,\ X_{n_k}=i_k)=\mathbb{P}(X_n=j\mid X_{n_k}=i_k),$$

当 $n_1<n_2<\cdots<n_k<n$ 时皆成立.

7. 设一家电视机商店最多可存放 S 台电视机，开始时商店进足 S 台电视机. 若在第 n 个月中顾客预购的电视机台数(需求量)为 ξ_n，第 n 个月底盘点时所剩的电视机台数记为

X_n，盘点后决定是否进货，决策方法如下：若 $X_n \leqslant s$，就立即进货至 S 台；若 $X_n > s$，则不进货. 假设 $\{\xi_n, n \geqslant 1\}$ 是独立同分布的随机变量序列，其共同分布为 $\{q_k, k \geqslant 0\}$，试证 $\{X_n, n \geqslant 0\}$ 是马氏链.

8. 一家商店使用如下的 (s, S) 订货策略贮备某种商品：如果在一天的开始其供应量是 x，则它订购

$$\begin{cases} 0; & 若\ x \geqslant s, \\ S-x; & 若\ x < s, \end{cases}$$

订货立即被满足，每天的需求量是独立的，且以概率 α_j 取值 j，不能立即满足的一切需求皆消失. 令 X_n 表示在第 n 天结束时的存货水平，论证 $\{X_n, n \geqslant 1\}$ 是一个马氏链，且计算其转移概率.

9. 设 $\{Y_k, k \geqslant 1\}$ 为独立同分布随机变量序列且 $\mathbb{P}(Y_k = i) = a_i (i \geqslant 0)$，令

$$X_n := \Big(\sum_{k=1}^{n} Y_k\Big)^2, \ n \geqslant 1.$$

(1) 证明 $\{X_n, n \geqslant 0\}$ 为马氏链；

(2) 求相应的 $\boldsymbol{P}$.

10. 设有一电脉冲，脉冲的幅度是随机的，其幅度的变域为 $\{1, 2, 3, \cdots, n\}$，且在其上服从均匀分布. 现用一电表测量其幅度，每隔一单位时间测量一次，从第一次测量算起记录其最大值 X_n，$n \geqslant 1$.

(1) 试说明 $\{X_n, n \geqslant 1\}$ 是一个时齐马氏链；

(2) 写出其一步转移矩阵；

(3) 仪器记录到最大值 n 的期望时间是多少？

11. 证明：如果状态的个数是 n，且如果状态 j 可从状态 i 到达，则它可用 n 步或更少的步数到达.

12. 如果 $f_{ii} < 1$ 及 $f_{jj} < 1$，证明：

(a) $\sum\limits_{n=1}^{\infty} P_{ij}^{(n)} < \infty$；

(b) $f_{ij} = \dfrac{\sum\limits_{n=1}^{\infty} P_{ij}^{(n)}}{1 + \sum\limits_{n=1}^{\infty} P_{jj}^{(n)}}$.

13. 证明：正常返与零常返是类性质.

14. 设马氏链的状态空间 $E = \{1, 2, 3, 4\}$，转移矩阵

$$P=\begin{pmatrix}1/2 & 1/2 & 0 & 0\\ 1 & 0 & 0 & 0\\ 0 & 1/3 & 2/3 & 0\\ 1/2 & 0 & 1/2 & 0\end{pmatrix}.$$

试讨论各状态的常返性和周期性,并回答哪几个状态是遍历态.

15. 设系统有三种可能状态 $E=\{1, 2, 3\}$,分别表示系统运行良好、系统正常和系统失效. 以 X_n 表示系统在时刻 n 的状态,并设 $\{X_n, n\geqslant 0\}$ 是一个马氏链. 在没有维修和更换的条件下,其转移概率矩阵

$$P=\begin{pmatrix}17/20 & 2/20 & 1/20\\ 0 & 9/10 & 1/10\\ 0 & 0 & 1\end{pmatrix}.$$

求系统的工作寿命.

16. 设时齐马氏链 $\{X_n, n\geqslant 0\}$ 的状态空间 $E=\{0, 1, 2, \cdots, 6\}$,一步转移矩阵

$$P=\begin{pmatrix}0 & 0 & 0 & 0 & 1 & 0 & 0\\ 0 & 0 & 1/3 & 1/3 & 0 & 0 & 1/3\\ 0 & 0 & 1/2 & 0 & 0 & 1/2 & 0\\ 0 & 0 & 0 & 1 & 0 & 0 & 0\\ 1/2 & 0 & 0 & 0 & 1/2 & 0 & 0\\ 0 & 0 & 3/4 & 0 & 0 & 1/4 & 0\\ 0 & 1/2 & 0 & 0 & 1/2 & 0 & 0\end{pmatrix}.$$

试求 f_{ii} 和 μ_{ii}, $i\in E$.

17. 考虑状态空间 $E=\{1, 2, 3\}$,转移矩阵为

$$P=\begin{pmatrix}0.7 & 0.1 & 0.2\\ 0.1 & 0.8 & 0.1\\ 0.05 & 0.05 & 0.9\end{pmatrix},$$

求各状态的平稳分布及平均返回时间.

18. 一个人有 r 把伞用于上下班,如果一天的开头(结束)他是在家(办公室)中而且天下雨,只要有伞可以取到,他就拿一把带到办公室(家)中. 如果天不下雨,那么他绝不带伞. 假定一天的开始(结束)下雨的概率为 p,与过去的情况独立.

(a) 定义一个有 $r+1$ 个状态的马氏链,有助于我们确定此人被淋湿的次数的比率. 注

意：如果天下雨而全部的伞在另一处，那么他要被淋湿.

(b) 计算极限概率.

(c) 占多少比率的次数此人要被淋湿.

19. 连续掷硬币 1 024 次，至少发生一次连续出现 10 次正面的概率是多少？连续出现 10 次正面的次数的期望是多少？

20. 设时齐马氏链 $\{X_n, n \geqslant 0\}$ 的状态空间 $E = \{1, 2, \cdots, 7\}$，一步转移矩阵

$$P = \begin{pmatrix} 0 & 0 & 0 & 1/2 & 0 & 1/2 & 0 \\ 1/3 & 1/3 & 1/3 & 0 & 0 & 0 & 0 \\ 0 & 0 & 1 & 0 & 0 & 0 & 0 \\ 1/3 & 0 & 0 & 0 & 0 & 0 & 2/3 \\ 0 & 1 & 0 & 0 & 0 & 0 & 0 \\ 1/2 & 0 & 0 & 0 & 0 & 0 & 1/2 \\ 0 & 0 & 0 & 3/4 & 0 & 1/4 & 0 \end{pmatrix}.$$

(1) 试对状态空间进行分解；

(2) 试对周期的正常返状态闭集进行再分解；

(3) 试求平稳分布.

21. 某厂的商品销售状态按月计可分为三个状态：滞销(记为 1)，正常(记为 2)，畅销(记为 3). 若经过对历史资料的整理分析，其销售状态的变化(从这月到下月)与初始时刻无关，且其状态 i 到 j 的转移概率为 P_{ij}，相应矩阵为

$$P = (P_{ij}) = \begin{pmatrix} 1/2 & 1/2 & 0 \\ 1/3 & 1/9 & 5/9 \\ 1/6 & 2/3 & 1/6 \end{pmatrix}.$$

试对经过长时间后的销售状况进行分析.

22. 考虑一个具有状态 0, 1, 2, ⋯ 的马氏链，其转移概率为：

$$P_{i,i+1} = p_i = 1 - P_{i,i-1},$$

其中 $p_0 = 1$. 找出为使链正常返诸 p_i 满足的充要条件，且就这种情况计算其极限概率分布.

23. 在赌徒输光问题中，从 i 元开始直到 0 或 N 元为止，计算赌局的平均次数.

24. 设马氏链 $\{X_n, n \geqslant 0\}$ 的状态空间 $E = \{1, 2, 3, 4\}$，一步转移矩阵

$$\boldsymbol{P}=\begin{pmatrix}0 & 0 & 1 & 0\\ 1 & 0 & 0 & 0\\ 0.3 & 0.7 & 0 & 0\\ 0.6 & 0.2 & 0.2 & 0\end{pmatrix}.$$

试讨论各状态的周期和常返性,并计算正常返态的平均回转时间.

25. 假设 $\{X_n, n\geqslant 0\}$ 是一个时齐马氏链,其状态空间 $E=\{a, b, c\}$,一步转移矩阵

$$\boldsymbol{P}=\begin{pmatrix}\frac{1}{2} & \frac{1}{4} & \frac{1}{4}\\ \frac{2}{3} & 0 & \frac{1}{3}\\ \frac{3}{5} & \frac{2}{5} & 0\end{pmatrix},$$

试求:

(1) $\mathbb{P}(X_1=b, X_2=c, X_3=a, X_4=c, X_5=a, X_6=c, X_7=b \mid X_0=c)$;

(2) $\mathbb{P}(X_{n+2}=c \mid X_n=b)$.

26. 甲乙两人进行某种比赛,设每局比赛中甲胜的概率是 p,乙胜的概率是 q,平局的概率是 r,其中 $p, q, r\geqslant 0$, $p+q+r=1$. 设每局比赛后胜者得 1 分,负者得 -1 分,平局不记分,当两人中有一个人得到 2 分时比赛结束,以 X_n 表示比赛至第 n 局时甲获得的分数,则 $\{X_n, n\geqslant 0\}$ 是一个时齐马氏链.

(1) 写出状态空间及一步转移概率矩阵;

(2) 求在甲获得 1 分的情况下再赛 2 局甲胜的概率.

27. 假设明天是否下雨只依赖于前两天的天气情况. 具体来说,假设昨天和今天下雨了,那么明天下雨的概率是 0.8;若昨天下雨了,而今天没下雨,则明天下雨的概率是 0.3;若今天下雨了,而昨天没下雨,则明天下雨的概率是 0.4;若昨天和今天都没下雨,则明天下雨的概率是 0.2,求下雨天数的比例.

28. 某人每天早晨去跑步,当离开家去跑步时,他走前门和走后门是等可能的;类似地,当跑完步回家时,他走前门和走后门也是等可能的. 此人有 5 双跑鞋,他回来时把鞋脱在随意的门. 如果他离开家去跑步时正好走的那个门没有鞋,他就光脚跑步.

(a) 把这个过程做成马氏链,给出状态和转移概率;

(b) 求此人光脚跑步的次数比例.

29. Z 的非零状态互达当且仅当 $p_0>0$, $p_1>0$, $p_0+p_1<1$.

30. 证明命题 3.5.1 下面的性质(1)—(4).

31. 在一分支过程中每个个体的后代个数具有二项分布，其参数是 2，p. 从一个个体开始，计算：

(a) 灭绝的概率；

(b) 到第三代群体首次灭绝的概率；

(c) 假设开始时不是一个个体，初始的群体总数 Z_0 是一随机变量，服从均值为 λ 的 Poisson 分布. 证明：此时，对 $p > 1/2$，灭绝概率为 $\exp\{\lambda(1-2p)/p^2\}$.

第四章

Poisson 过程

众所周知，许多偶然现象可用 Poisson 分布来描述，实际上大量自然界的物理过程可用 Poisson 过程来刻画. Poisson 分布是随机建模的重要基石，也是学习随机过程理论的重要直观背景. 例如，电话总机所接受到的传呼次数、交通流中的交通事故数、地震记录、细胞中染色体的交换等，这类变化过程可粗略地假定为有相同的变化类型. 我们所关心的是随机事件的数目，而每个变化可用时间或空间上的一个点表示. 这类过程有两个性质：在时间或空间上的均匀性，未来的变化与过去的变化无关. 基于这些性质推导出 Poisson 过程的模型.

§4.1 预备知识

首先我们需要关注离散型随机序列的独立性.

引理 4.1.1 设 $X_1, X_2, \cdots, X_n$ 是离散随机变量序列，若

$$\mathbb{P}(X_1 = x_1, \cdots, X_n = x_n) = p_1(x_1)\cdots p_n(x_n), \ \forall x_1, \cdots, x_n,$$

其中 $p_i(x), i \geqslant 1$ 满足 $p_i(x) \geqslant 0, \sum\limits_x p_i(x) = 1$，那么 $X_i \sim p_i(x)$ 且 $X_1, \cdots, X_n$ 相互独立.

证明 对任意 $x_1 \in \mathbf{R}$，

$$\mathbb{P}(X_1 = x_1) = \sum_{x_2, \cdots, x_n} p_1(x_1)p_2(x_2)\cdots p_n(x_n) = p_1(x_1),$$

从而 $X_1 \sim p_1(x)$. 同理,对任意 i,$X_i \sim p_i(x)$. □

由此可以证明 Poisson 分布的可分性,该概念可以说是 Poisson 分布可加性的推广.

定理 4.1.1 设 $N \sim P(\lambda)$, N 个事件 独立地(也独立于个数 N) 以概率 p_i 为第 i 个类型,$i = 1, 2, \cdots, n$,其中 $p_1 + p_2 + \cdots + p_n = 1$. 记 N_i 为第 i 类事件发生的次数,则 $N_i \sim P(\lambda p_i)$, 且 $N_1, N_2, \cdots, N_n$ 相互独立.

证明 对任意非负整数 $i_1, \cdots, i_n$,令 $k = i_1 + \cdots + i_n$, 则

$$\begin{aligned}\mathbb{P}(N_1 = i_1, \cdots, N_n = i_n) &= \mathbb{P}(N_1 = i_1, \cdots, N_n = i_n \mid N = k)\,\mathbb{P}(N = k) \\ &= \frac{k!}{i_1!\cdots i_n!} p_1^{i_1}\cdots p_n^{i_n} \cdot \mathrm{e}^{-\lambda}\frac{\lambda^k}{k!} \\ &= \mathrm{e}^{-\lambda p_1}\frac{(\lambda p_1)^{i_1}}{i_1!}\cdots \mathrm{e}^{-\lambda p_n}\frac{(\lambda p_n)^{i_n}}{i_n!}.\end{aligned}$$

得证. □

例 4.1.1 考虑随机点在时间 $(0, t]$ 内发生的次数,记为 $\{N(t), t \geqslant 0\}$, $N(0) = 0$. 设在 $(t_0, t_0 + t]$ 内有 k 个随机点发生的概率与 t_0 无关,且

$$N(t_0 + t) - N(t_0) = N(t) \sim P(\lambda t).$$

定义过程 $\{X(t), t \geqslant 0\}$

$$X(t) = \begin{cases} 1, & \text{若随机点在}(0, t]\text{内发生偶数次}, \\ -1, & \text{若随机点在}(0, t]\text{内发生齐数次}, \end{cases}$$

求 $\{X(t), t \geqslant 0\}$ 的均值函数与自相关函数.

记 A 表示事件“随机点在 $(0, t]$ 内发生偶数次”,则

$$\begin{aligned}\mathbb{P}(A) &= \mathbb{P}(N(t) = 0) + \mathbb{P}(N(t) = 2) + \mathbb{P}(N(t) = 4) + \cdots \\ &= \mathrm{e}^{-\lambda t}\left(1 + \frac{(\lambda t)^2}{2!} + \frac{(\lambda t)^4}{4!} + \cdots\right) \\ &= \mathrm{e}^{-\lambda t}\frac{\mathrm{e}^{\lambda t} + \mathrm{e}^{-\lambda t}}{2},\end{aligned}$$

于是

$$\mathbb{P}(X(t) = 1) = \mathrm{e}^{-\lambda t}\frac{\mathrm{e}^{\lambda t} + \mathrm{e}^{-\lambda t}}{2},$$

$$\mathbb{P}(X(t) = -1) = \mathrm{e}^{-\lambda t}\frac{\mathrm{e}^{\lambda t} - \mathrm{e}^{-\lambda t}}{2},$$

从而

$$\mathbb{E}[X(t)] = \mathrm{e}^{-2\lambda t}.$$

类似计算可得,对于 $0 < t_1 < t_2$,

$$\mathbb{P}(X(t_1)X(t_2) = 1) = \frac{1 + \mathrm{e}^{-2\lambda(t_2 - t_1)}}{2},$$

$$\mathbb{P}(X(t_1)X(t_2) = -1) = \frac{1 - \mathrm{e}^{-2\lambda(t_2 - t_1)}}{2},$$

自相关函数

$$\mathbb{E}[X(t_1)X(t_2)] = \mathrm{e}^{-2\lambda(t_2 - t_1)}.$$

同理可得 $0 < t_2 < t_1$ 的情况,故

$$\mathbb{E}[X(t_1)X(t_2)] = \mathrm{e}^{-2\lambda|t_2 - t_1|},\ t_1,\ t_2 > 0.$$ ▌

§4.2 Poisson 过程的定义

首先定义计数过程.

定义 4.2.1 称随机过程 $\{N(t),\ t \geqslant 0\}$ 为计数过程或点过程,若其样本函数为以概率 1,只取非负整数值的右连续单调增函数.

通俗地说,$N(t)$ 就是到时间 t 为止已发生的事件的总数. 计数过程的样本函数是从 0 开始的跃度为正整数的阶梯函数.

例 4.2.1 (计数过程名称的由来)设 $N(t)$ 为某电话交换台在时间区间 $(0,\ t]$ 中接到呼叫的累计次数,则 $\{N(t),\ t \geqslant 0\}$ 是(对电话呼叫次数连续累计的)计数过程.

对于 $0 \leqslant s < t$,$N(t) - N(s)$ 为 $(s,\ t]$ 中发生的电话呼叫次数. $\Delta N(t) := N(t) - N(t-)$ 表示该随机事件在时刻 t 发生的次数. ▌

计数对象也可以是到某商店的顾客数,降落在某机场的飞机数,某放散性物质在放射性蜕变中发射出的 α 粒子数,一次比赛中的进球数,某医院出生的婴儿数,等等. 对某随机事件的来到进行计数均可得到一个计数过程. 而同一时刻只能发生一个来到,即对任意的 $t > 0$,$\Delta N(t) \leqslant 1$ 就是简单计数过程.

定义 4.2.2 称计数过程 $\{N(t),\ t \geqslant 0\}$ 为具参数 λ 的时齐 Poisson 过程,若

(1) $N(0) = 0$ a. s. ,

(2) 它是独立增量过程，

(3) 它在任何一个长度为 t 的时间区间上的增量服从均值为 λt 的 Poisson 分布：对任意 $t, s \geqslant 0$，

$$\mathbb{P}(N(t+s)-N(s)=k)=\frac{(\lambda t)^k}{k!}\mathrm{e}^{-\lambda t}, \quad k=0, 1, 2, \cdots.$$

注意到，(1)表示随机事件从 0 时刻开始计数，(2)中 $N(t+s)-N(s)$ 表示时间区间 $(s, s+t]$ 中发生的事件数. 后两条充分刻画了模型所要求的性质，即前后的独立性与时间上的均匀性. 另一方面，$\mathbb{E}[N(t)]=DN(t)=\lambda t$. λ 是单位时间内发生的事件的平均个数，称 λ 为过程的速率或强度. 描绘随机事件发生的频繁程度.

稀有事件的概率常常是 Poisson 分布，这是因为当试验次数很多而每次试验成功的概率很小时，二项分布逼近 Poisson 分布. 这一想法很自然地可以推广到随机过程的情况.

取时间区间为 $[0, \infty)$，$N(b)-N(a)$ 表示 $(a, b]$ 上发生的事件数. 假定：

(1) 在不相交区间上事件发生的数目相互独立(从而从逼近的观点来看，试验是独立的)；

(2) 对任意 t, h，$N(t+h)-N(t)$ 的分布只与 h 有关；

(3) 存在 $\lambda>0$，当 $h \to 0$ 时，

$$\mathbb{P}(N(t+h)-N(t)=1)=\lambda h+o(h);$$

(4) 当 $h \to 0$ 时，$\mathbb{P}(N(t+h)-N(t) \geqslant 2)=o(h)$.

从直观的意义来看，(1)表示前后的独立性，(2)表示时间上的齐次性(均匀性)，(3)表示事件是稀有事件，(4)表示事件是一件一件发生的，在同一瞬间同时发生多个事件的可能性很小.

命题 4.2.1 满足{(1)—(4)}的随机过程 $N(t)$ 是参数为 λ 的 Poisson 过程.

证明 由(1)，(2)可知 $N(s+t)-N(s)$ 与 $N(t)$ 同分布，下面只需求 $N(t)$ 的分布. 令 $P_m(t):=\mathbb{P}(N(t)=m)$，$p(h):=\mathbb{P}(N(h) \geqslant 1)=1-P_0(h)$，$p(h)$ 表示在 $(0, h]$ 上发生 1 个以上的事件的概率. 先考虑 $m=0$ 的场合. 由独立性，

$$P_0(t+h)=P_0(t)P_0(h)=P_0(t)(1-\lambda h+o(h)),$$

令 $h \downarrow 0$，可得 $P_0'(t)=-\lambda P_0(t)$. 由初始条件 $P_0(0)=1$，解得 $P_0(t)=\mathrm{e}^{-\lambda t}$.

下面考虑 $m \geqslant 1$ 的场合. 由

$$P_1(t+h)=P_1(t)P_0(h)+P_0(t)P_1(h),$$

令 $h \downarrow 0$，可得 $P_1'(t) = -\lambda P_1(t) + \lambda P_0(t)$. 类似地，采用无穷小分析法，有

$$P_m'(t) = -\lambda P_m(t) + \lambda P_{m-1}(t) \ (m \geqslant 1).$$

由初始条件 $P_m(0) = 0$，可得

$$P_m(t) = \frac{(\lambda t)^m}{m!} e^{-\lambda t}.$$

再由平稳增量性，可得

$$\mathbb{P}(N(t+s) - N(s) = m) = \mathbb{P}(N(t) = m) = \frac{(\lambda t)^m}{m!} e^{-\lambda t}. \qquad \square$$

该命题的四个假设在实际问题中常常可近似得以满足，从而建立起 Poisson 过程的随机模型.

例 4.2.2 顾客依速率为 4 人/小时的 Poisson 分布到达某商店，已知商店上午 9 点钟开门. 求到 9:30 时仅到一位顾客而到 11:30 时已到 5 位顾客的概率.

事实上，以上午九点作为 0 时刻，1 小时作为单位时间，用 $N(t)$ 表示 $(0, t]$ 内来到的顾客数，则 $\{N(t)\}$ 是 $\lambda = 4$ 的 Poisson 过程. 所求概率为

$$\begin{aligned}\mathbb{P}(N(0.5) = 1, N(2.5) = 5) &= \mathbb{P}(N(0.5) = 1) \cdot \mathbb{P}(N(2.5) - N(0.5) = 4) \\ &= 2e^{-2} \cdot \frac{e^{-8} 8^4}{4!} = 0.0155.\end{aligned}$$

§4.3 来到间隔与等待时间的分布

下面讨论几个与 Poisson 过程相联系的分布.

设 $\{N(t), t \geqslant 0\}$ 为参数为 λ 的 Poisson 过程. 记 X_1 为第一个事件的来到时刻，X_n 为第 $n-1$ 个到第 n 个事件之间的时间（$n \geqslant 2$），S_n 为第 n 个事件来到的时间（或等待时间）：

$$S_n := \inf\{t: t > S_{n-1}, N(t) = n\}, \quad n \geqslant 1, S_0 \equiv 0,$$

则

$$X_n = S_n - S_{n-1} (n \geqslant 1), \quad S_n = \sum_{i=1}^{n} X_i (n \geqslant 1).$$

称 $\{X_n, n \geqslant 1\}$ 为来到时间间隔序列，$\{S_n, n \geqslant 1\}$ 为等待时间序列，见图 4.1. 从直观的角度可以注意到如下关系：

对任意 $n \geqslant 0$, $t \geqslant 0$,

$$\{N(t) = 0\} = \{X_1 > t\} = \{S_1 > t\},$$
$$\{N(t) \geqslant n\} = \{S_n \leqslant t\},\ n \geqslant 0,\ t \geqslant 0,$$
$$\{N(t) = n\} = \{S_n \leqslant t < S_{n+1}\} = \{S_n \leqslant t\} \backslash \{S_{n+1} \leqslant t\}.$$

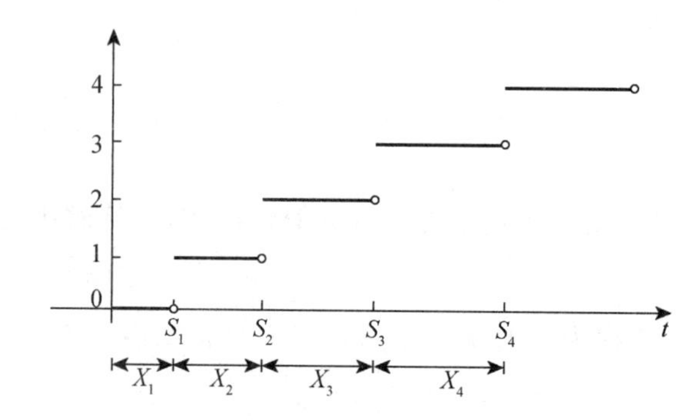

图 4.1 来到时间间隔与等待时间序列

下面我们来求两个随机序列 $\{X_n\}$ 与 $\{S_n\}$ 的分布.

命题 4.3.1 （来到时间间隔的分布）$X_n(n = 1, 2, \cdots)$ 是独立同分布于均值为 $1/\lambda$ 的指数分布随机变量序列.

证明 事实上，平稳独立增量导致过程的无记忆性，从而时间间隔服从指数分布. 针对 $n = 2$ 的场合，

$$\{X_1 > t\} = \{N(t) = 0\} \Rightarrow \mathbb{P}(X_1 > t) = e^{-\lambda t},$$

而

$$\begin{aligned}\mathbb{P}(X_2 > t \mid X_1 = s) &= \mathbb{P}(N(t+s) - N(s) = 0 \mid X_1 = s) \\ &= \mathbb{P}(N(t+s) - N(s) = 0) = e^{-\lambda t}.\end{aligned}$$

这推出 X_2 与 X_1 独立且同分布. □

因为 $S_n = X_1 + X_2 + \cdots + X_n$ 是 n 个独立同分布的指数分布随机变量的和，所以 S_n 服从 Gamma 分布.

命题 4.3.2 （等待时间的分布）$S_n \sim \Gamma(n, \lambda)$，即其密度函数为

$$t \mapsto \lambda\, e^{-\lambda t} \frac{(\lambda t)^{n-1}}{(n-1)!}, \quad t \geqslant 0.$$

注意到，Poisson 过程样本函数有如下性质：

$N(t)$ 关于 t 单调不减；$N(t)$ 是跳跃函数，且相邻两次跳跃的时间间隔是 $\{X_n, n \geqslant 1\}$，如图 4.1 所示.

下面简单讨论上述两个分布的应用. 首先，计数过程 $\{N(t), t \geqslant 0\}$ 是 Poisson 过程的充要条件是 $\{X_n, n \geqslant 1\}$ 为 i. i. d. 的指数分布随机变量序列，所以等待时间序列可用来构造 Poisson 过程：从一列 i. i. d.，均值为 $1/\lambda$ 的指数分布随机变量序列 $\{X_n, n \geqslant 1\}$ 出发，令 $S_n = X_1 + \cdots + X_n$ 为第 n 个事件发生的时刻，对于 $t \geqslant 0$，定义

$$N(t) = \begin{cases} 0, & t < S_1, \\ n, & S_n \leqslant t < S_{n+1}, \ n \geqslant 1, \end{cases}$$

则 $\{N(t), t \geqslant 0\}$ 是参数为 λ 的 Poisson 过程.

例 4.3.1 继续讨论例 4.2.2. 求

(1) 求第 2 位顾客在 10 点前到达的概率；

(2) 求第 1 位顾客在 9:30 前到达且第 2 位顾客在 10 点前到达的概率.

考虑参数 $\lambda = 4$ 的 Poisson 过程 $\{N(t), t \geqslant 0\}$.

(1) 所求概率为

$$\begin{aligned} \mathbb{P}(S_2 \leqslant 1) &= \mathbb{P}(N(1) \geqslant 2) \\ &= 1 - \mathrm{e}^{-4} - 4\mathrm{e}^{-4} = 1 - 5\mathrm{e}^{-4}; \end{aligned}$$

(2) 所求概率为

$$\begin{aligned} \mathbb{P}(S_1 \leqslant 0.5, S_2 \leqslant 1) &= \mathbb{P}(N(0.5) \geqslant 1, N(1) \geqslant 2) \\ &= \mathbb{P}(N(0.5) = 1, N(1) - N(0.5) \geqslant 1) + \mathbb{P}(N(0.5) \geqslant 2) \\ &= 0.5\lambda\mathrm{e}^{-0.5\lambda}(1 - \mathrm{e}^{-0.5\lambda}) + 1 - \mathrm{e}^{-0.5\lambda} - 0.5\lambda\mathrm{e}^{-0.5\lambda} \\ &= 1 - \mathrm{e}^{-2} - 2\mathrm{e}^{-4}. \end{aligned}$$

∎

例 4.3.2 某班学生要去 A 教室上数学课，现有两个入口 B 和 C 可以进入 A 教室. 设在时刻 $t(>0)$ 从 B 口进入 A 教室的学生人数为 $N_1(t)$，从 C 口进入 A 教室的学生人数为 $N_2(t)$，$N_1(0) = N_2(0) = 0$. 假设 $N_1 = \{N_1(t), t \geqslant 0\}$，$N_2 = \{N_2(t), t \geqslant 0\}$ 是两个强度分别为 0.5 和 1.5 的独立的 Poisson 过程. 试问：

(1) 在一个固定的三分钟内没有学生进入 A 教室的概率是多少？

(2) 学生到达 A 教室的时间间隔的均值是多少？

(3) 已知一个学生进入了 A 教室，那么他(她)是从 C 口进入的概率是多少？

假设 t 时刻进入 A 教室的学生人数为 $N(t)$，那么对任意 $t \geqslant 0$，$N(t) = N_1(t) + N_2(t)$，$N = \{N(t), t \geqslant 0\}$ 是参数为 2 的 Poisson 过程. 设 $0 = S_0 < S_1 < \cdots < S_n < \cdots$ 是 N 的

到达时间序列,则 $S_1 \sim \mathrm{Exp}(2)$, (1)的答案是

$$\mathbb{P}(S_1 > 3) = \mathrm{e}^{-6}.$$

学生到达的时间间隔 $X_n = S_n - S_{n-1}$, $n = 1, 2, \cdots$ 是独立同分布于指数分布 $\mathrm{Exp}(2)$ 的随机序列,所以(2)的答案是

$$\mathbb{E}[X_n] = 0.5.$$

假设 $X_n^{(1)}$, $X_n^{(2)}$ 分别是 N_1, N_2 的到达时间间隔,因为 N_1, N_2 相互独立,所以 $\{X_n^{(1)}, n \geqslant 1\}$, $\{X_n^{(2)}, n \geqslant 1\}$ 也相互独立. (3)的答案是

$$\mathbb{P}(X_1^{(1)} > X_1^{(2)}) = \frac{1}{2} \cdot \frac{3}{2} \iint\limits_{x_2 < x_1} \mathrm{e}^{-\frac{3}{2}x_2 - \frac{1}{2}x_1} \mathrm{d}x_1 \mathrm{d}x_2 = \frac{1.5}{1.5 + 0.5} = \frac{3}{4}. \quad \blacksquare$$

§4.4 来到时间的条件分布

上节内容对 Poisson 过程的刻画可以用来对过程进行计算机模拟. 从均匀分布 $U(0, 1)$ 中随机抽样的方法是熟知的,将其作变换后就可以模拟参数为 λ 的指数随机变量. 而独立同分布指数随机变量的和 $\sum\limits_k X_k$ 依命题 2.2.2 就是 S_n (: Poisson 过程第 n 次事件到达的时刻). 这样就可以模拟参数为 λ 的 Poisson 过程 $\{N(t), t \geqslant 0\}$, λ 越大表明事件的平均来到间隔时间越短,事件的发生就越频繁,强度也就越大.

我们先算一个简单的引例.

例 4.4.1 在 $[0, t)$ 中有一个事件发生的条件下,这个事件发生的时间 X_1 是个均匀分布的随机变量. 事实上,对 $s \leqslant t$,

$$\mathbb{P}(X_1 < s \mid N(t) = 1) = \frac{\mathbb{P}(X_1 < s, N(t) = 1)}{\mathbb{P}(N(t) = 1)}$$

$$= \frac{\mathbb{P}(\text{在}[0, s)\text{ 中有一个事件发生,在}[s, t)\text{ 中没有事件发生})}{\mathbb{P}(N(t) = 1)}$$

$$= \frac{\mathbb{P}(\text{在}[0, s)\text{ 中有一个事件发生})\,\mathbb{P}(\text{在}[s, t)\text{ 中没有事件发生})}{\mathbb{P}(N(t) = 1)}$$

$$= \frac{\lambda s \mathrm{e}^{-\lambda s} \mathrm{e}^{-\lambda(t-s)}}{\lambda t \mathrm{e}^{-\lambda t}} = \frac{s}{t}. \quad \blacksquare$$

引理 4.4.1 设 $Y_1, \cdots, Y_n$ 为独立同分布的非负随机变量序列,其公共密度函数为 f, 则顺序统计量 $(Y_{(1)}, \cdots, Y_{(n)})$ 的联合密度函数为

$$f(y_1, \cdots, y_n)=\begin{cases} n!\prod_{i=1}^{n} f(y_i), & 0<y_1<\cdots<y_n, \\ 0, & \text{其他}. \end{cases}$$

特别地，若 $Y_1, \cdots, Y_n$ 同分布于 $U(0, t)$，则有

$$f(y_1, \cdots, y_n)=\begin{cases} \dfrac{n!}{t^n}, & 0<y_1<\cdots<y_n<t, \\ 0, & \text{其他}. \end{cases}$$

下面的定理解释 Poisson 过程的完全随机性.

定理 4.4.1 在已知 $N(t)=n$ 的条件下，n 个顾客的来到时刻 $S_1, \cdots, S_n$ 与 n 个 $[0, t]$ 上均匀分布的独立随机变量的顺序统计量有相同分布，即 $(S_1, \cdots, S_n)$ 关于 $N(t)=n$ 的条件密度为

$$f_{S_1, \cdots, S_n \mid N(t)=n}(s_1, \cdots, s_n \mid n)=\frac{n!}{t^n}, \ 0<s_1<\cdots<s_n \leqslant t.$$

证明 将 $[0, t]$ 分成 $n+1$ 个区间：$0 \leqslant t_1<t_2<\cdots<t_n<t_{n+1}=t$，令 h_i 充分小并满足 $t_1<t_1+h_1<t_2<t_2+h_2<\cdots<t_n+h_n<t$，则

$$\begin{aligned}
& \mathbb{P}(S_i \in [t_i, t_i+h_i], i=1, \cdots, n \mid N(t)=n) \\
= & \frac{\mathbb{P}(\text{在}[t_i, t_i+h_i]\text{中恰有一个事件发生}(i=1, \cdots, n), [0, t]\text{中再无其他事件发生})}{\mathbb{P}(N(t)=n)} \\
= & \frac{\lambda h_1 \mathrm{e}^{-\lambda h_1} \cdots \lambda h_n \mathrm{e}^{-\lambda h_n} \cdot \mathrm{e}^{-\lambda(t-h_1-\cdots-h_n)}}{\dfrac{(\lambda t)^n}{n!} \mathrm{e}^{-\lambda h}} \\
= & h_1 \cdots h_n \frac{n!}{t^n}.
\end{aligned}$$

□

直观地说，对 Poisson 过程 N，若已知 $N(t)=n$，则可以认为这 n 个跳跃时刻在 $[0, t]$ 上的分布等同于 $[0, t]$ 上的均匀分布的容量为 n 的样本的分布. 换言之，顾客的到达是随机的. 正因为如此，在实际问题中，很多随机现象可用 Poisson 过程刻画.

例 4.4.2 假设乘客按速率 λ 的 Poisson 过程到达一个火车站. 若火车在 t 时刻离开，求 $(0, t)$ 中到达的乘客总的等待时间的和的平均

$$\mathbb{E}\left[\sum_{i=1}^{N(t)}(t-S_i)\right].$$

对任意 n，

$$\mathbb{E}\left[\sum_{i=1}^{N(t)}(t-S_i)\mid N(t)=n\right]=\mathbb{E}\left[\sum_{i=1}^{n}(t-S_i)\mid N(t)=n\right]$$

$$=nt-\mathbb{E}\left[\sum_{i=1}^{n}(t-S_i)\mid N(t)=n\right]$$

$$=nt-\mathbb{E}\left[\sum_{i=1}^{n}U_{(i)}\right](:U_{(1)},U_{(2)},\cdots,U_{(n)}\text{ 是}(0,t)\text{ 上均匀分布的顺序统计量})$$

$$=nt-\mathbb{E}\left[\sum_{i=1}^{n}U_i\right]=\frac{nt}{2},$$

从而

$$\mathbb{E}\left[\sum_{i=1}^{N(t)}(t-S_i)\right]=\frac{t}{2}\mathbb{E}[N(t)]=\frac{\lambda t^2}{2}.$$ ∎

在实际中，我们常会遇到这样的随机现象：来到某店门口的顾客数是一个计数过程，到店门口有的进门，有的不进门；通过某十字路口的车辆数是一个计数过程，过路口后有的车辆拐弯，有的车辆不拐弯. 我们称类似进门的顾客、拐弯的车辆构成的计数过程为被稀疏的过程，它们也是 Poisson 过程.

命题 4.4.1 设顾客按强度 λ 的 Poisson 过程到达. $N_i(t)$ 为 $[0,t]$ 中到达的第 i 类顾客数($i=$ Ⅰ，Ⅱ). 假定时刻 s 的到达者与其他的到达独立. 令

$$p(s):=\mathbb{P}(s\text{ 时刻到达者为 Ⅰ 类}),$$
$$1-p(s):=\mathbb{P}(s\text{ 时刻到达者为 Ⅱ 类}),$$

则 $N_1(t)$，$N_2(t)$ 为独立的随机变量且分别服从参数为 λtp，$\lambda t(1-p)$ 的 Poisson 分布. 其中，

$$p=\frac{1}{t}\int_0^t p(s)\mathrm{d}s.$$

证明 考虑 $[0,t]$ 内到达的某位顾客. 若在 s 时刻到达，则是 Ⅰ 类的概率为 $p(s)$，而该到达时间服从 $U(0,t)$（由命题 4.4.1），所以

$$\mathbb{P}(\text{该顾客是 Ⅰ 类})=\frac{1}{t}\int_0^t p(s)\mathrm{d}s=p.$$

从而

$$\mathbb{P}(N_1(t)=n,N_2(t)=m)$$
$$=\sum_{k\geqslant 0}\mathbb{P}(N_1(t)=n,N_2(t)=m\mid N(t)=k)\,\mathbb{P}(N(t)=k)$$
$$=\mathbb{P}(N_1(t)=n,N_2(t)=m\mid N(t)=n+m)\,\mathbb{P}(N(t)=n+m)$$
$$=\mathrm{C}_{n+m}^{n}p^n(1-p)^m\frac{(\lambda t)^{n+m}}{(n+m)!}\mathrm{e}^{-\lambda t}=\mathrm{e}^{-\lambda tp}\frac{(\lambda tp)^n}{n!}\mathrm{e}^{-\lambda t(1-p)}\frac{(\lambda t(1-p))^m}{m!}$$
$$=\mathbb{P}(N_1(t)=n)\,\mathbb{P}(N_2(t)=m)$$ □

例 4.4.3 （$M/G/\infty$ 排队问题）假设顾客按速率为 λ 的 Poisson 过程到达一个有无穷多条服务线的服务站，到达之后立刻被独立地提供服务，服务时间具有共同的分布函数 G. 现关注在 t 时刻服务完毕的顾客数和仍在接受服务的顾客数的联合分布.

实际上我们可以将 $[0, t]$ 中进入系统的顾客分成两种类型：（Ⅰ型）到 t 时刻已经服务完毕（总数记为 $N_1(t)$）；（Ⅱ型）到 t 时刻还未服务完毕（总数记为 $N_2(t)$）. 则 $s(\leqslant t)$ 时刻进入系统的顾客是Ⅰ型的概率

$$p(s) = G(t-s),\ s \leqslant t.$$

从而由上述命题，$\{N_1(t),\ t \geqslant 0\}$ 是均值为

$$\mathbb{E}[N_1(t)] = \lambda \int_0^t G(t-s)\mathrm{d}s = \lambda \int_0^t G(s)\mathrm{d}s$$

的 Poisson 分布随机变量. 类似的，$N_2(t)$ 是均值为

$$\mathbb{E}[N_2(t)] = \lambda \int_0^t \bar{G}(s)\mathrm{d}s$$

的 Poisson 分布随机变量. 并且 $N_1(t)$ 与 $N_2(t)$ 是独立的. ▍

例 4.4.4 假设一部仪器承受冲击，冲击遵循参数为 λ 的 Poisson 过程来到，第 i 次冲击造成损失 D_i. 假定 D_i，$i \geqslant 1$ 独立同分布且与 $\{N(t),\ t \geqslant 0\}$ 独立，$N(t)$ 表示 $[0, t]$ 内的冲击次数. 假定冲击引起的损伤随时间呈指数式衰减，即若一次冲击造成的初始损伤为 D，时间 t 之后造成的损伤则为 $D\mathrm{e}^{-\alpha t}$，$\alpha > 0$.

再假定损伤是可加的，则在 t 时刻的损伤 $D(t)$ 可表示为

$$D(t) := \sum_{i=1}^{N(t)} D_i \mathrm{e}^{-\alpha(t-S_i)},$$

其中 S_i 表示第 i 次冲击来到的时刻. 那么可以求得

$$\mathbb{E}\,D(t) = \mathbb{E}[\mathbb{E}[D(t) \mid N(t)]] = \frac{\lambda\,\mathbb{E}[D]}{\alpha}(1-\mathrm{e}^{-\alpha t}).$$ ▍

关于到达时间，我们还有如下有用的定理：

定理 4.4.2 设 $\{N(t),\ t \geqslant 0\}$ 是参数为 λ 的 Poisson 过程，S_k，$k \geqslant 1$ 是其到达时间序列，则对任意 $[0, \infty)$ 上的可积函数 f，有

$$\mathbb{E}[\sum_{n \geqslant 1} f(S_n)] = \lambda \int_0^\infty f(t)\mathrm{d}t.$$

证明 先假设 f 是非负的，则由上式

$$\mathbb{E}[f(S_n)] = \lambda\int_0^\infty f(t)\,\frac{(\lambda t)^{n-1}}{(n-1)!}\mathrm{e}^{-\lambda}\mathrm{d}t,$$

$$\mathbb{E}[\sum_{n\geqslant 1} f(S_n)] = \lambda\int_0^\infty f(t)\sum_{n\geqslant 1}\frac{(\lambda t)^{n-1}}{(n-1)!}\mathrm{e}^{-\lambda}\mathrm{d}t = \lambda\int_0^\infty f(t)\mathrm{d}t.$$

对一般的 f，将已得结果用于 f^+ 及 f^-，从而对 $f = f^+ - f^-$ 也是成立的. □

该定理的结果可以给出前面例题的另一个解法：若取

$$f(s) = 1_{[0,\,t]}(s)\cdot \mathrm{e}^{-\alpha(t-s)},$$

则

$$D(t) = \sum_{i=1}^{N(t)} D_i \mathrm{e}^{-\alpha(t-S_i)} = \sum_{i\geqslant 1} 1_{\{S_i\leqslant t\}}\cdot D_i \mathrm{e}^{-\alpha(t-S_i)} = \sum_{i\geqslant 1} D_i f(S_i),$$

那么

$$\begin{aligned}\mathbb{E}\,D(t) &= \sum_{i\geqslant 1}\mathbb{E}[D_i f(S_i)] = \mathbb{E}[D]\,\mathbb{E}[\sum_{i\geqslant 1} f(S_i)]\\ &= \mathbb{E}[D]\lambda\int_0^\infty f(s)\mathrm{d}s = \mathbb{E}[D]\lambda\int_0^t \mathrm{e}^{-\alpha(t-s)}\mathrm{d}s = \frac{\lambda\,\mathbb{E}[D]}{\alpha}(1-\mathrm{e}^{-\alpha t}).\end{aligned}$$

本节最后再举一个用 Poisson 过程建模的实例.

例 4.4.5 假设某设备使用寿命服从参数为 $\lambda = 2\times 10^{-4}$（单位为小时）的指数分布. 如果该设备不能工作，则立即被另外一台能工作的相同设备取代，这样依次下去. 用 $N(t)$ 表示在 $[0,\,t]$ 时间段不能工作的设备数（$t>0$），显然 $N(t)$ 是一个非负整数值随机变量且 $N(0)=0$. 假设 $N=\{N(t),\,t\geqslant 0\}$ 是一个参数为 λ 的 Poisson 过程，已知设备更换一次的成本为 $a>0$ 元，货币的折现率为 $r>0$. 试求设备将来所有更换的成本的现值.

考虑 Poisson 过程的到达时间序列 $\{S_n,\,n\geqslant 1\}$，则在此例中 S_n 可视为第 n 次更新设备的时间，设备将来所有更换的时间即为 $\{S_n,\,n\geqslant 1\}$，从而设备将来所有更换的成本的现值为

$$C = \mathbb{E}[\sum_{k\geqslant 1} a\mathrm{e}^{-rS_k}].$$

注意到 $S_n \sim \Gamma(n,\,\lambda)$，可得 $C = a\lambda/r$. ∎

§4.5 *非齐次 Poisson 过程

前面讨论的只是 Poisson 过程大家庭中最简单、最基本的一种情形，是大大简化了的

随机模型. 下面,我们自然地将其做一些推广.

前面我们对 N 的假设是

$$\mathbb{P}(N(t+h)-N(t)=1)=\lambda h\mathrm{e}^{-\lambda h}=\lambda h+o(h),$$

就是说,事件在某一个小时间区间上发生的概率与区间长度的比例因子 λ 是常数. 这节考虑是关于 t 的函数的场合.

定义 4.5.1　称计数过程 $\{N(t),\ t\geqslant 0\}$ 为具**强度函数** $\{\lambda(t),\ t\geqslant 0\}$ 的**非齐次 Poisson 过程**,若

(ⅰ) $N(0)=0$;

(ⅱ) $\{N(t),t\geqslant 0\}$ 是独立增量过程;

(ⅲ) 对充分小的 $h>0$, 有

$$\mathbb{P}(N(t+h)-N(t)=1)=\lambda(t)h+o(h),$$
$$\mathbb{P}(N(t+h)-N(t)\geqslant 2)=o(h).$$

注意到,(1)非齐次 Poisson 过程不再有平稳增量,对于不同的 t 有不同的强度. 也就是说, $\mathbb{P}(N(t+s)-N(t)=n)$ 依赖于 $s,\ t$. (2)当 $\lambda(t)\leqslant\lambda$ 时,可将非齐次 Poisson 过程视作齐次 Poisson 过程的一个随机样本. 具体地说,设参数为 λ 的 Poisson 过程中有第一类顾客:在 t 时刻以概率 $p(t)=\lambda(t)/\lambda$ 到达并与其他到达无关, 则此类顾客数 $N_1(t)$ 满足(ⅰ),(ⅱ)及(ⅲ)的后半且由

$$\begin{aligned}\mathbb{P}(N_1(t+h)-N_1(t)=1)&=\mathbb{P}(N(t+h)-N(t)=1)\,\mathbb{P}(\text{Ⅰ类}\mid N(t+h)-N(t)=1)\\&=\lambda h\frac{\lambda(t)}{\lambda}+o(h)\end{aligned}$$

可知,(ⅲ)的前半也满足. 所以 $N_1(t)$ 是非齐次 Poisson 过程.

例 4.5.1　(记录值) 设 $X_1,\ X_2,\ \cdots$ 为 i. i. d. 随机变量序列,其公共分布函数和密度函数分别为 $F(t),\ f(t)$. 不妨视 X_i 为第 i 个元件的寿命,通常称

$$\lambda(t):=\frac{f(t)}{1-F(t)}$$

为失效率. 其直观意义为

$$\lambda(t)=\mathbb{P}(X_1=t\mid X_1\geqslant t),$$

即表示元件在 t 时刻仍在工作而在下一个瞬间 t 失效的条件密度.

记 $X_0\equiv 0$, 当 $X_n>X_{(n-1)}$ 时,称 X_n 为所创的记录值. 记录值比 t 小的新纪录的次数

记为 $N(t)$，也就是说，若记录值的记录次数为 $N(t)$，则第 n 此记录值在 t 之前发生. 从而，$\{N(t),\ t\geqslant 0\}$ 是非齐次 Poisson 过程，强度为 $\lambda(t)$（失效率）. 比如，

$$\begin{aligned}\mathbb{P}(N(t)=0)&=\mathbb{P}(X_1>t)=1-F(t)=\exp\{\log(1-F(t))\}\\&=\exp\left\{-\int_0^t\frac{\mathrm{d}F(u)}{1-F(u)}\right\}=\exp\left\{-\int_0^t\frac{f(u)}{1-F(u)}\mathrm{d}u\right\}\\&=\exp\left\{-\int_0^t\lambda(u)\mathrm{d}u\right\}.\end{aligned}$$

与 Poisson 过程类似，可写出非齐次 Poisson 过程的另一定义，并证明它们的等价性. 令 $m(t):=\int_0^t\lambda(s)\mathrm{d}s$，其中，$\lambda(t)>0$.

定理 4.5.1 若 $\{N(t),\ t\geqslant 0\}$ 为非齐次，强度函数为 $\lambda(t)$，$t\geqslant 0$ 的 Poisson 过程，则对任意 $s,\ t\geqslant 0$，有

$$\mathbb{P}(N(s+t)-N(s)=n)=\frac{(m(t+s)-m(s))^n}{n!}\mathrm{e}^{-(m(t+s)-m(s))},\quad n\geqslant 0.$$

证明 令 $P_n(s):=\mathbb{P}(N(s+t)-N(t)=n)$，将 $(0,\ t+s+h]$ 分成三段. 先考虑 $n=0$ 的场合. 由独立性，

$$P_0(s+h)=P_0(s)(1-\lambda(t+s)h)+o(h),$$

可得 $P_0'(s)=-\lambda(t+s)P_0(s)$.

下面考虑 $n\geqslant 1$ 的场合. 同样由

$$P_{n-1}(s)(\lambda(t+s)h+o(h))+P_n(s)(1-\lambda(t+s)h+o(h))+o(h),$$

有 $P_n'(s)=-\lambda(t+s)\ P_n(s)+\lambda\ (t+s)P_{n-1}(s)\ (m\geqslant 1)$. 采用 $N(t)$ 的母函数，即得证. □

注意到 $m(t)$ 是 $\{N(t)\}$ 的均值函数.

例 4.5.2 设 $\{N(t),\ t\geqslant 0\}$ 是非齐次 Posson 过程，强度为 $\lambda(t)=t^2$，计算：

(1) $\mathbb{E}[N(2)]$；

(2) $\mathbb{P}(N(1)=1,\ N(2)=2)$；

(3) $\mathbb{P}(N(2)=2\mid N(1)=1)$；

(4) $\mathbb{P}(N(1)=1\mid N(2)=2)$.

(1)

$$\mathbb{E}[N(2)]=\int_0^2\lambda(t)\mathrm{d}t=\int_0^2 t^2\mathrm{d}t=\frac{8}{3}.$$

(2) 因为

$$\int_0^1 \lambda(t)\,\mathrm{d}t = \int_0^1 t^2\,\mathrm{d}t = \frac{1}{3},\quad \int_1^2 \lambda(t)\,\mathrm{d}t = \frac{8}{3} - \frac{1}{3} = \frac{7}{3},$$

所以

$$\mathbb{P}(N(1)=1,\ N(2)=2) = \mathbb{P}(N(1)=1)\,\mathbb{P}(N(2)-N(1)=1)$$
$$= \frac{1}{3}\mathrm{e}^{-1/3} \cdot \frac{7}{3}\mathrm{e}^{-7/3} = \frac{7}{9}\mathrm{e}^{-8/3}.$$

(3)

$$\mathbb{P}(N(2)=2 \mid N(1)=1) = \mathbb{P}(N(2)-N(1)=1) = \frac{7}{3}\mathrm{e}^{-7/3}.$$

(4)

$$\mathbb{P}(N(1)=1 \mid N(2)=2) = \frac{\mathbb{P}(N(1)=1,\ N(2)=2)}{\mathbb{P}(N(2)=2)}$$
$$= \frac{\frac{7}{9}\mathrm{e}^{-8/3}}{\left(\frac{8}{3}\right)^2 \mathrm{e}^{-8/3}/2} = \frac{7}{32}.$$ ▌

设 $\{S_n\}$ 为强度函数为 $\lambda(t)$ 的非齐次 Poisson 过程的到达时间,则可知分布

$$\mathbb{P}(S_{n+1} - S_n > t \mid S_1,\ \cdots,\ S_n) = \mathrm{e}^{-(m(S_n+t)-m(S_n))},\ t > 0,$$

相应条件密度

$$f_{S_{n+1}-S_n}(t \mid S_1,\ \cdots,\ S_n) = \lambda(S_n + t)\mathrm{e}^{-(m(S_n+t)-m(S_n))},\ t \geqslant 0. \tag{4.5.1}$$

从而,在给定 $N(t) = n$ 的条件下,到达时间序列的条件分布为

$$f_{S_1,\cdots,S_n|N(t)=n}(s_1,\ \cdots,\ s_n \mid n) = \frac{\prod_{i=1}^{n}\lambda(s_i)\mathrm{e}^{-m(t)}}{\frac{(m(t))^n}{n!}\mathrm{e}^{-m(t)}}$$
$$= n!\prod_{i=1}^{n}\frac{\lambda(s_i)}{m(t)} \quad (s_1 < \cdots < s_n < t).$$

例 4.5.3 (生成非齐次 Poisson 过程到达时间的计算机模拟)已知样本 $S_1 = s_1,\ \cdots,\ S_n = s_n$,下面生成下一个到达时间 S_{n+1}. 令

$$\tau := S_{n+1} - S_n,$$

由(4.5.1)式，有

$$\tau \sim F_\tau(x \mid S_n = t) = 1 - \mathrm{e}^{-(m(t+x)-m(t))} \quad (x > 0),$$

即由前一个 S_n 的分布可以知道下一个样本 $S_{n+1} = s_{n+1}$ 的状况. 如此反复，即可生成一个到达时间序列. ∎

下面叙述一个简单的时间变换.

定理 4.5.2 设 $\{N(t)\}$ 是强度为 1 的 Poisson 过程，令 $\lambda(u)$ 是 $[0, \infty)$ 上非负的在任何有界区间上可积的函数，再令

$$m(t) := \int_0^t \lambda(u)\mathrm{d}u, \; M(t) := N(m(t)),$$

则 $\{M(t)\}$ 是强度为 $\lambda(t)$ 的 Poisson 过程.

例 4.5.4 顾客按速率 λ 的 Poisson 过程到达服务站，到达后马上接受服务，服务时间 T 独立同分布于分布 G. 令 $X(t)$ 为到 t 时刻为止完成服务的顾客数，$Y(t)$ 表示时刻 t 正在接受服务的顾客数. 问：$X(t)$ 和 $Y(t)$ 分别服从什么分布?

事实上，对于固定的 $t > 0$，令 $N(t)$ 表示 $(0, t]$ 内到达的顾客数，则 $N(t) \sim P(\lambda t)$. 对于在时刻 $s \leqslant t$ 到达的顾客，独立地以概率

$$p(s) = \mathbb{P}(T \leqslant t - s) = G(t - s)$$

到时刻 t 为止完成服务(称为类型 1)，以概率 $1 - p(s)$ 到时刻 t 还在接受服务(称为类型 2).

在 $N(t) = n$ 的条件下，于 $(0, t]$ 内到达的这 n 个顾客(不考虑到达先后顺序)到达时刻独立同分布于均匀分布 $U(0, t)$，所以每个事件独立地以概率

$$q = \int_0^t \mathbb{P}(\text{此顾客是类型 } 1 \mid \text{此顾客在 } s \text{ 时刻到达}) \times \frac{1}{t}\mathrm{d}s = \frac{1}{t}\int_0^t p(s)\mathrm{d}s$$

为类型 1，以概率 $1 - q$ 为类型 2. 所以 $X(t)$ 和 $Y(t)$ 相互独立且服从分别参数是

$$\lambda\int_0^t p(s)\mathrm{d}s = \int_0^t \lambda G(s)\mathrm{d}s,$$

$$\lambda\int_0^t (1 - p(s))\mathrm{d}s = \int_0^t \lambda (1 - G(s))\mathrm{d}s$$

的 Poisson 分布. ∎

§4.6 复合 Poisson 过程

这里要讨论的过程在经典的保险理论以及股票市场的价格变动分析中有着重要的应用. 假设事件的发生依从 Poisson 过程,而每一次事件还附带一个随机变量(如费用、损失等). 这时人们感兴趣的不仅仅是事件发生的次数,还要了解总的费用、总的损失. 这样就建立了复合 Poisson 过程的随机模型.

假设发生火灾的累计次数 $N=\{N(t),\ t\geqslant 0\}$ 为 Poisson 过程, Y_i 为第 i 次火灾后支付的赔偿金,则到时刻 t 累计的赔偿金总数

$$X(t)=\sum_{i=1}^{N(t)}Y_i,\ t\geqslant 0$$

是一个累计值过程. 一般地,再假设 $Y_1,\ Y_2,\ \cdots$ 为独立同分布的且与 N 独立,这样的 $X=\{X(t),\ t\geqslant 0\}$ 是所谓复合 Poisson 过程.

定义 4.6.1 称随机过程 $X=\{X(t),\ t\geqslant 0\}$ 是复合 Poisson 过程,若对任意 $t\geqslant 0$, 有

$$X(t)=\sum_{i=1}^{N(t)}Y_i,$$

其中 $Y_1,Y_2,\cdots$ 为独立同分布随机变量序列, $\{N(t),\ t\geqslant 0\}$ 是参数为 λ 的 Poisson 过程,且二者相互独立.

复合 Poisson 过程 $\{X(t),\ t\geqslant 0\}$ 有如下两条主要性质:首先其矩母函数

$$\phi_t(u)\equiv\mathbb{E}\left[\mathrm{e}^{uX(t)}\right]=\exp\{\lambda t(\phi_Y(u)-1)\}.$$

其中 $\phi_Y(u)=\mathbb{E}\left[\mathrm{e}^{uY_1}\right]$. 从而

$$\mathbb{E}\left[X(t)\right]=\phi_t'(0)=\lambda t\cdot\mathbb{E}\left[Y_1\right],$$
$$D(X(t))=\phi_t''(0)-(\phi_t'(0))^2=\lambda t\cdot\mathbb{E}\left[Y_1^2\right].$$

例 4.6.1 设飞机场的乘客以 Poisson 过程到达,到达的客机数平均每小时 5 架,客机共有 A、B、C 三种类型,能承载的乘客数分别为 180 人、145 人、80 人. 假设这三种飞机出现的概率相同,求在三小时内到达机场的最多乘客数的数学期望.

用 Y_i 表示第 i 架飞机的乘客数, $X(t)$ 表示 t 时刻为止到达机场的乘客数,则

$$X(t)=\sum_{i=1}^{N(t)}Y_i.$$

从而

$$\mathbb{E}[Y_i]=\frac{1}{3}(180+145+80)=135,\ \forall i,$$

$$\mathbb{E}[X(3)]=\lambda\cdot 3\,\mathbb{E}[Y_i]=5\times 3\times 135=2\,025.$$

定理 4.6.1 复合 Poisson 过程 X 有平稳独立增量.

证明 对任意 $t>s\geqslant 0$, $u\in\mathbf{R}$, 同样令 $\phi_Y(u):=\mathbb{E}[e^{uY_1}]$,

$$\begin{aligned}\mathbb{E}[e^{u(X(t)-X(s))}]&=\mathbb{E}[\exp\{u\sum_{k=N(s)+1}^{N(t)}Y_k\}]\\&=\mathbb{E}\Big[\mathbb{E}\Big[\exp\{u\sum_{k=N(s)+1}^{N(t)}Y_k\}\mid N(s),N(t)\Big]\Big]\\&=\mathbb{E}[\phi_Y(u)^{N(t)-N(s)}]=\mathbb{E}[\phi_Y(u)^{N(t-s)}]\end{aligned}$$

只是 $t-s$ 的函数，所以是平稳增量过程.

另外对任意 $t_n>t_{n-1}>\cdots>t_1>t_0\geqslant 0$, $u_1,\cdots,u_n\in\mathbf{R}$,

$$\begin{aligned}&\mathbb{E}\Big[\exp\Big\{\sum_{j=1}^{n}u_j(X(t_j)-X(t_{j-1}))\Big\}\Big]=\mathbb{E}\Big[\prod_{j=1}^{n}\exp\Big\{u_j\sum_{k=N(t_{j-1})+1}^{N(t_j)}Y_k\Big\}\Big]\\&=\mathbb{E}\Big[\mathbb{E}\Big[\prod_{j=1}^{n}\exp\Big\{u_j\sum_{k=N(t_{j-1})+1}^{N(t_j)}Y_k\Big\}\mid N(t_0),N(t_1),\cdots,N(t_n)\Big]\Big]\\&=\mathbb{E}\Big[\prod_{j=1}^{n}\phi_Y(u_j)^{N(t_j)-N(t_{j-1})}\Big]=\prod_{j=1}^{n}\mathbb{E}[\phi_Y(u_j)^{N(t_j)-N(t_{j-1})}]\\&=\prod_{j=1}^{n}\mathbb{E}[\exp\{u_j(X(t_j)-X(t_{j-1}))\}],\end{aligned}$$

所以 $X(t_1)-X(t_0)$, $\cdots$, $X(t_n)-X(t_{n-1})$ 相互独立，所以 $\{X(t)\}$ 是独立增量过程. □

注意到，

$$q:=\frac{D(X(t))}{\mathbb{E}[X(t)]}=\frac{\mathbb{E}[Y^2]}{\mathbb{E}[Y]}.$$

当 $q=1$ 时，即为 Poisson 过程.

例 4.6.2 某零件在运行中会受到撞击，记在 $(0,t]$ 内受到的撞击次数为 $N(t)$，设 $\{N(t)\}$ 是参数为 λ 的 Poisson 过程. 各次撞击带来的磨损量分别为 $\xi_1,\xi_2,\cdots$，假设它们是独立同服从参数为 β 的指数分布，且与 $N(t)$ 独立. 如果磨损量大于等于 $\alpha(>0)$，则更换零件. 计算零件的平均寿命.

假设此零件的寿命是 η, 令 $X(t)=\sum_{k=1}^{N(t)}\xi_k$,则 $\eta=\inf\{t>0: X(t)\geqslant\alpha\}$.

$$\mathbb{E}\,\eta=\int_0^\infty \mathbb{P}\,(\eta>t)\mathrm{d}t=\int_0^\infty \mathbb{P}\,(X(t)<\alpha)\mathrm{d}t,$$

而

$$\begin{aligned}\mathbb{P}\,(X(t)<\alpha)&=\sum_n \mathbb{P}\,(N(t)=n)\,\mathbb{P}\,(X(t)<\alpha\mid N(t)=n)\\&=\sum_n \mathbb{P}\,(N(t)=n)\,\mathbb{P}\,(\sum_{k=1}^n\xi_k<\alpha\mid N(t)=n)\\&=\sum_n \mathbb{P}\,(N(t)=n)\,\mathbb{P}\,(\sum_{k=1}^n\xi_k<\alpha)\quad(\because\quad\{\xi_k\}\text{ 与}\{N(t)\}\text{ 独立}).\end{aligned}$$

令 $M(t):=\sup\{n\geqslant 0: \sum_{k=1}^n\xi_k\leqslant t\}$, 则 $\{M(t)\}$ 是参数为 β 的 Poisson 过程,

$$\mathbb{P}\,(\sum_{k=1}^n\xi_k<\alpha)=\mathbb{P}\,(M(\alpha)\geqslant n).$$

所以

$$\begin{aligned}\mathbb{E}\eta&=\int_0^\infty \mathbb{P}\,(X(t)<\alpha)\mathrm{d}t\\&=\int_0^\infty\sum_{n=0}^\infty \mathrm{e}^{-\lambda t}\frac{(\lambda t)^n}{n!}\mathbb{P}\,(M(\alpha)\geqslant n)\mathrm{d}t\\&=\sum_{n=0}^\infty\int_0^\infty \mathrm{e}^{-\lambda t}\frac{(\lambda t)^n}{n!}\mathbb{P}\,(M(\alpha)\geqslant n)\mathrm{d}t.\end{aligned}$$

因为

$$\int_0^\infty \mathrm{e}^{-\lambda t}\frac{(\lambda t)^n}{n!}\mathrm{d}t=\frac{1}{\lambda n!}\int_0^\infty \mathrm{e}^{-u}u^n\mathrm{d}u=\frac{1}{\lambda},$$

而 $M(\alpha)$ 是非负整数值随机变量,所以

$$\mathbb{E}\,[M(\alpha)]=\sum_{n=0}^\infty \mathbb{P}\,(M(\alpha)>n)=\sum_{n=1}^\infty \mathbb{P}\,(M(\alpha)\geqslant n),$$

$$\begin{aligned}\mathbb{E}\eta&=\frac{1}{\lambda}\sum_{n=0}^\infty \mathbb{P}\,(M(\alpha)\geqslant n)=\frac{1}{\lambda}(1+\mathbb{E}\,[M(\alpha)])\\&=\frac{1}{\lambda}(1+\alpha\beta).\end{aligned}$$

∎

注释 4.6.1 例 4.6.2 中参数的函数的含义如下:

(1) λ 是平均撞击次数. λ 越大撞击次数越多,零件受损越严重,使用寿命越短.

(2) β 是每次撞击时平均磨损量的倒数. β 越大,每次撞击时平均磨损量越小,所以寿命越长.

(3) α 是设计时允许零件受损的上限. α 越大,寿命越长.

作为本章的结束,我们简要介绍一下复合 Poisson 过程在保险精算中的应用.

破产概率的研究起源于瑞典精算师 Lundberg 在 1903 年发表的博士论文,但他的工作不符合现代数学的严格标准. 以 Cramer 为首的瑞典学派将 Lundberg 的工作奠定在坚实的数学基础之上,同时发展了严格的随机过程理论.

首先介绍 Lundberg-Cramer 经典破产模型. 假设索赔额模型为复合 Poisson 过程，具体定义如下：

定义 4.6.2 (Lundberg-Cramer 经典破产模型) 假设保险公司在时刻 t 的盈余可表示为：

$$U(t) = u + ct - \sum_{k=1}^{N(t)} X_k, \quad t \geqslant 0,$$

其中 $U(0) = u$ 表示保险公司的初始盈余，c 为保险公司单位时间征收的保险费率,则到时刻 t 为止发生的索赔费为 ct (忽略利息)，$X_k (k \geqslant 1)$ 表示第 k 次索赔的金额，$N(t)$ 为到时刻 t 为止发生的索赔次数,即 $\sum_{k=1}^{N(t)} X_k$ 表示到时刻 t 为止的累积索赔金额. 假设累积索赔金额 $S(t) := \sum_{k=1}^{N(t)} X_k$ 是复合 Poisson 过程,即 $N = \{N(t),\ t \geqslant 0\}$ 是参数 $\lambda(> 0)$ 的 Poisson 过程，$\{X_k,\ k \geqslant 1\}$ 是恒为正的 i. i. d. 随机序列,且与 N 独立.

记 $X_k,\ k \geqslant 1$ 的分布函数为 $F(x)$，均值为 $\mu(< \infty)$，即

$$\mu = \mathbb{E}[X_1] = \int_0^{\infty} (1 - F(x)) \mathrm{d}x.$$

由重期望公式,

$$\mathbb{E}[S(t)] = \mathbb{E}[N(t)] \mathbb{E}[X_1] = \lambda t \mu.$$

记 $\rho := \frac{\lambda \mu}{c}$. 由 Poisson 过程具有平稳独立增量以及 L-C 模型的独立性假设知，$\{ct - S(t),\ t \geqslant 0\}$ 为平稳独立增量过程,于是由强大数定律,当 $\rho < 1$，即 $c > \lambda \mu$ 时，

$$\lim_{t \to \infty} U(t) = +\infty, \quad \text{a. s.}$$

但这并不能排除在某一瞬间盈余过程取负值,此时称保险公司“破产”. 称

$$T := \inf\{t: U(t) < 0\} \quad (\inf\{\emptyset\} = +\infty)$$

为保险公司首次破产时刻,则最终破产概率(简称为破产概率)定义为

$$\Psi(u) := \mathbb{P}(T < \infty \mid U(0) = u), \quad u \geqslant 0.$$

记

$$R(u) := 1 - \Psi(u) = \mathbb{P}(U(t) \geqslant 0, \ \forall t \geqslant 0 \mid U(0) = u),$$

则表示初始盈余为 u 时保险公司不破产的概率,也称为生存概率.

先引入调节系数的概念.

定义 4.6.3 假设单次索赔额的矩母函数

$$\phi_X(r) := \mathbb{E}[\mathrm{e}^{rX}] = 1 + r\int_0^{\infty} \mathrm{e}^{rx}(1 - F(x))\mathrm{d}x$$

至少在包含原点的某个邻域内存在,假设方程

$$\phi_X(r) = 1 + \frac{c}{\lambda}r$$

存在正解,则称此解为调节系数,记为 R.

下面叙述关于破产概率的重要结果.

定理 4.6.2 生存概率 $R(u)$ 满足积分方程

$$R(u) = R(0) + \frac{\lambda}{c}\int_0^u R(u-y)(1-F(y))\mathrm{d}y - \frac{\lambda}{c}\int_0^u (1-F(y))\mathrm{d}y, \quad u \geqslant 0,$$

且若调节系数 $R > 0$,则破产概率 $\Psi(u)$ 满足不等式

$$\Psi(u) \leqslant \mathrm{e}^{-Ru}, \quad u \geqslant 0.$$

证明省略,有兴趣的同学可参考 Ross 的书(参考文献[10],第七章).

习　题

1. 设 $\{N(t), t \geqslant 0\}$ 是参数为 λ 的时齐 Poisson 过程.

(1) 求 $\mathbb{E}[N(t)N(s+t)]$;

(2) 求 $\mathbb{E}[N(s+t) \mid N(s)]$;

(3) 对任意 $0 \leqslant s \leqslant t$，证明 $\mathbb{P}(N(s) \leqslant N(t)) = 1$；

(4) 对任意 $0 \leqslant s \leqslant t$，证明 $\lim\limits_{t \mapsto s} \mathbb{P}(N(t) - N(s) > \varepsilon) = 0$.

2. 如果顾客按平均速率 2 个/分钟的 Poisson 过程到达. 求在 $[1, 3)$ 和 $[3, 5)$ 两个时间区间内：

(1) 各有 3 个顾客到达的概率；

(2) 共有 3 个顾客到达的概率.

3. 某银行有两个窗口可以接受服务，上午 9 点小王到达这家银行，此时两个窗口分别有一个顾客在接受服务，另外有 2 个顾客排在小王前面等待接受服务，一会儿又来了很多顾客. 假设服务的规则是先来先服务，也就是说一旦有一个窗口的顾客接受完服务，那么排在队伍中的第一个顾客马上在此窗口接受服务，假设各个顾客接受服务的时间独立同分布于均值为 20 分钟的指数分布，问：小王在 10 点钟之前能够接受服务的概率是多少？

4. 上午 8 点某台取款机开始工作，此时有很多人排队等待取款，设每人取款时间独立且服从均值为 10 分钟的指数分布，记 A 为事件“到上午 9 点为止恰有 10 个人完成取款”，B 为事件“到上午 8:30 为止恰有 4 人完成取款”，求 $\mathbb{P}(A)$，$\mathbb{P}(B \mid A)$.

5. 顾客以 Poisson 强度 λ 进入银行，假设第一个小时内有两个顾客进入银行，求以下概率：

(a) 两人都在前 20 分钟内进入银行；

(b) 至少一人在前 20 分钟内进入银行.

6. 对 Poisson 过程 $\{N(t), t \geqslant 0\}$，证明：当 $0 \leqslant s < t$，

$$\mathbb{P}(N_s = k \mid N_t = n) = \mathrm{C}_n^k \left(\frac{s}{t}\right)^k \left(1 - \frac{s}{t}\right)^{n-k}.$$

7. 已知寻呼台在时间区间 $[0, t)$ 内收到的呼唤次数 $\{N(t), t \geqslant 0\}$ 是 Poisson 过程，平均每分钟收到 2 次呼唤. 求：

(1) 3 分钟内收到 5 次呼叫的概率；

(2) 3 分钟内接到 5 次呼叫且第 5 次呼叫在第 3 分钟到来的概率.

8. 某电话总机在 t 分钟内接到的电话呼叫次数 $\{N(t), t \geqslant 0\}$ 是速率为 λ 的 Poisson 过程，

(1) 求在 2 分钟内收到 3 次呼唤的概率；

(2) 已知时间区间 $[0, 3)$ 内收到 5 次呼唤，求时间区间 $[0, 2)$ 内收到 3 次呼唤的概率.

9. 设 $\{N(t), t \geqslant 0\}$ 是参数为 λ 的 Poisson 过程. 计算 $\mathbb{E}[N(t) \cdot N(t+s)]$.

10. 设 $N(t)$ 表示手机在 $(0, t]$ 天内收到的短信数，假设 $\{N(t), t \geqslant 0\}$ 是强度为 10 的 Poisson 过程，每条短信独立地以概率 0.2 是垃圾短信. 求：

(1) 两天内至少收到 10 条短信的概率；

(2) 一天内没收到垃圾短信的概率.

11. 设某种货物的销售量 $\{N(t), t \geqslant 0\}$ 是日平均率为 4 个的 Poisson 过程，若现有存货 4 个，求这些存货维持不了一天的概率.

12. 假设 $N_1 = \{N_1(t), t \geqslant 0\}$ 与 $N_2 = \{N_2(t), t \geqslant 0\}$ 分别是参数为 λ_1 与 λ_2 的独立 Poisson 过程，$N_1 + N_2 = \{N_1(t) + N_2(t), t \geqslant 0\}$ 是参数为 $\lambda_1 + \lambda_2$ 的 Poisson 过程，证明：

(1) 过程 $N_1 + N_2$ 的第一个事件来自 N_1 的概率是 $\dfrac{\lambda_1}{\lambda_1 + \lambda_2}$ 且与此事件发生的时间独立；

(2) 在过程 N_1 中两个相邻事件间，过程 N_2 出现 k 个事件的概率是

$$p = \left(\frac{\lambda_1}{\lambda_1 + \lambda_2}\right)\left(\frac{\lambda_1}{\lambda_1 + \lambda_2}\right)^k, \quad k = 0, 1, 2, \cdots.$$

13. 设 $\{N(t), t \geqslant 0\}$ 是点过程，S_n 是第 n 个事件发生的时刻，下列事件有什么关系，试指出并说明理由：

(1) $\{N(t) < n\}$ 与 $\{S_n > t\}$；

(2) $\{N(t) \leqslant n\}$ 与 $\{S_n \geqslant t\}$；

(3) $\{N(t) > n\}$ 与 $\{S_n < t\}$；

(4) $\{S_{N(t)+1} - t > s\}$ 与 $\{N(t+s) - N(t) = 0\}$.

14. 考虑等待时间序列 $\{S_n, n \geqslant 1\}$，计算 (S_1, S_2, S_3) 的联合分布.

15. 产生一个 Poisson 随机变量. 设 $U_1, U_2, \cdots$ 是独立的 $(0, 1)$ 上均匀分布的随机变量.

(1) 若 $X_i = (-\log U_i)/\lambda$，证明 X_i 服从参数为 λ 的指数分布；

(2) 若 N 定义为满足下式之 n 值：

$$\prod_{i=1}^{n} U_i \geqslant \mathrm{e}^{-\lambda} > \prod_{i=1}^{n+1} U_i,$$

其中 $\prod_{i=1}^{0} U_i \equiv 1$，利用(1)证明 N 服从均值为 λ 的 Poisson 分布(试与第二章习题 7 比较).

16. 设 $\{N(t), t \geqslant 0\}$ 是参数为 λ 的 Poisson 过程，$\{S_n, n \geqslant 1\}$ 为其到达时间序列，则对任意 $[0, \infty)$ 上的可积函数 f，有

$$\mathbb{E}\left[\sum_{k=1}^{\infty} f(S_k)\right] = \lambda \int_0^{+\infty} f(t)\,\mathrm{d}t.$$

17. 考虑一个从底层起动上开的电梯. 以 N_i 记在第 i 层进入电梯的人数. 假定 N_i 相互独立,且 N_i 是均值为 λ_i 的 Poisson 变量. 在第 i 层进入的各个人相互独立地以概率 P_{ij} 在 j 层离开电梯, $\sum_{j>i} P_{ij} = 1$. 令 $O_j =$ 在第 j 层离开电梯的人数.

(a) 计算 $\mathbb{E}[O_j]$;

(b) O_j 的分布是什么?

(c) O_j 与 O_k 的联合分布是什么?

18. 设要做的试验次数是一个均值为 λ 的泊松变量. 每次试验有 n 个可能结果,出现第 i 个结果的概率为 p_i, $\sum_{i=1}^{n} p_i = 1$. 各个试验相互独立,以 X_j 记恰发生 j 次结果的个数, $j = 0, 1, \cdots$. 计算 $\mathbb{E}(X_j)$, $D(X_j)$.

19. 高速公路上汽车以强度为 $\lambda = 3$(单位:分钟)的 Poisson 过程穿过一个固定点,如果某人盲目地穿过高速公路,那么他用 s 秒穿过公路而不受伤的概率是多少(假设有车经过的时候他在高速公路上,就认为他受伤)? 对 $s = 2, 5, 10, 20$ 求出相应概率.

20. 上题中,假设此人足够敏捷,只有一辆车经过的时候他不会受伤,但当他穿过高速公路时遇到两辆或者两辆以上的车就会受伤,求他用 s 秒穿过公路而不受伤的概率是多少? 对 $s = 5, 10, 20, 30$ 求出相应概率.

21. 设 $U_{(1)}, \cdots, U_{(n)}$ 记 n 个独立的 $(0, 1)$ 上的均匀分布的随机变量的顺序统计量. 证明:在已知 $U_{(n)} = y$ 的条件下, $U_{(1)}, \cdots, U_{(n-1)}$ 的分布与 $n-1$ 个独立的 $(0, y)$ 上均匀分布的随机变量的顺序统计量的分布相同.

22. 设 $\{N(t), t \geqslant 0\}$ 是参数为 λ 的 Poisson 过程, T 是服从参数为 μ 的指数分布的随机变量,且与 $\{N(t), t \geqslant 0\}$ 独立,求 $[0, T]$ 内事件数 $N(t)$ 的分布律.

23. 设 $\{N(t), t \geqslant 0\}$ 是参数为 λ 的 Poisson 过程, 试求或者证明:

(1) $\mathbb{E}[N(t)N(t+s)]$;

(2) $\mathbb{E}[N(s+t) \mid N(s)]$ 的分布律;

(3) 任给 $0 \leqslant s \leqslant t$, 有 $\mathbb{P}(N(s) \leqslant N(t)) = 1$;

(4) 任给 $0 \leqslant s \leqslant t$, $\varepsilon > 0$, 有 $\lim_{t \to s} \mathbb{P}(N(t) - N(s) > \varepsilon) = 0$.

24. 设 $\{N(t), t \geqslant 0\}$ 是参数为 λ 的 Poisson 过程,试求 $\mathbb{E}[S_k \mid N(t) = n]$ $(k \leqslant n)$.

25. 计算例 4.4.4 中的 $D(t)$ 的矩母函数.

26. 对例 4.4.4 中的模型,求:

(a) 方差函数 $D(D(t))$;

(b) 协方差函数 $\operatorname{cov}(D(t), D(t+s))$.

27. 某商场为调查顾客到来的客源情况,考察了男女顾客来商场的人数.假设男女顾客到达商场的人数是参数分别为 1 人/分钟和 2 人/分钟的两个独立的 Poisson 过程,试问:

(1) 到达商场顾客的总人数是怎样的过程?

(2) 在已知到 t 时刻时已有 50 人到达商场的条件下,其中有 30 位是女性顾客的概率是多少?从平均上讲有多少是女性顾客?

28. 设 $U_{(1)}, \cdots, U_{(n)}$ 记 n 个独立的 (0, 1) 上的均匀分布的随机变量的顺序统计量.

证明:在已知 $U_{(n)}=y$ 的条件下, $U_{(1)}, \cdots, U_{(n-1)}$ 的分布与 $n-1$ 个独立的 $(0, y)$ 上均匀分布的随机变量的顺序统计量的分布相同.

29. 有红蓝绿三种颜色的汽车分别以强度为 $\lambda_1, \lambda_2, \lambda_3$ 的 Poisson 流到达某哨卡,假设它们是相互独立的,把汽车合并成单个的输出过程(假设汽车没有长度也没有延时).试求:

(1) 两辆汽车之间的时间间隔的概率密度函数;

(2) 在 t 时刻观察到一辆红色汽车,下一辆汽车将是(a)红的,(b)蓝的,(c)非红的概率;

(3) 在 t 时刻观察到一辆红色汽车,下三辆汽车将是红的,然后又是一辆非红色汽车将到达的概率.

30. *某商店上午 8 点开始营业,从 8 点到 11 点顾客的平均到达率呈线性增长.已知 8 点的顾客平均到达率为 5 人/小时, 11 点为 20 人/小时,从 11 点到下午 1 点顾客的平均到达率不变,从下午 1 点到 5 点顾客的平均到达率线性下降,到下午 5 点降为 12 人/小时.设在不同时间间隔内到达的顾客数相互独立,求:

(1) 强度 $\lambda(t)$;

(2) 上午 8 点到 9 点无顾客的概率;

(3) 上午 8 点到 9 点的平均顾客数.

31. *设某设备的使用期限是十年,在五年内平均两年半需要维修一次,后五年平均两年需要维修一次,试求该设备在使用期内只维修过一次的概率.

32. 设 $\{N(t), t \geqslant 0\}$ 为参数是 λ 的时齐 Poisson 过程, S_n 是第 n 个事件发生的时间,对任意 $t \geqslant 0$, 定义

$$D(t)=\sum_{i=1}^{N(t)} D_i \mathrm{e}^{-\alpha(t-S_i)},$$

求其矩母函数.

33. 对复合泊松过程 $\{X_t, t \geqslant 0\}$，计算其协方差函数 $\operatorname{cov}(X_s, X_t)$.

34. 设 $\{N(t), t\geqslant 0\}$ 为参数是 λ 的时齐 Poisson 过程，S_n 是第 n 个事件发生的时间，定义随机过程 $\{Y(t), t \geqslant 0\}$ 如下：

$$Y(t) = \sum_{i=1}^{N(t)} (t^2 + 3t - S_i)^2,$$

求 $\mathbb{E}[Y(t)]$.

35. 设 $Y = \{Y_n, n \geqslant 1\}$ 是独立同分布随机序列：

$$\mathbb{P}(Y_n = 1) = \frac{\lambda_1}{\lambda_1 + \lambda_2} = 1 - \mathbb{P}(Y_n = -1), \lambda_1, \lambda_2 > 0, n = 1, 2, \cdots.$$

$N = \{N(t), t \geqslant 0\}$ 是参数为 $\lambda_1 + \lambda_2$ 的 Poisson 过程，且 Y 与 N 相互独立，令

$$X(t) = \sum_{n=1}^{N(t)} Y_n, \quad t \geqslant 0,$$

试求复合 Poisson 过程 $\{X(t), t \geqslant 0\}$ 的一维特征函数.

36. 设 $\{N_1(t), t\geqslant 0\}$ 和 $\{N_2(t), t\geqslant 0\}$ 是两个参数分别为 λ_1，λ_2 的独立的 Poisson 过程，

(1) $\{N_1(t) - N_2(t), t \geqslant 0\}$ 是否为 Poisson 过程？

(2) $\{N_1(t) - N_2(t), t \geqslant 0\}$ 是否为复合 Poisson 过程？

37. 保险理赔按速率 λ 的 Poisson 过程到达. 设各人理赔金额独立同分布（且独立于此 Poisson 过程），具有均值为 μ 的分布 G. 以 S_i 和 C_i 分别表示第 i 次理赔的时间和金额，则到 t 为止总理赔的折扣价值为

$$D(t) = \sum_{i=1}^{N(t)} \mathrm{e}^{-\alpha S_i} C_i,$$

这里 $\alpha \geqslant 0$ 为折扣率，$N(t)$ 为到 t 为止的理赔次数. 试计算均值函数 $\mathbb{E}(D(t))$.

第五章

更新过程

更新过程实际上是 Poisson 过程的推广，计数过程的来到时间间隔可视为独立同分布于任意分布的随机序列，而 Poisson 过程的来到时间间隔服从指数分布. 所以，这里所有的结果对于 Poisson 过程也是成立的.

§5.1 基本定义

定义 5.1.1 设 $\{X_n, n \geqslant 1\}$ 为独立同分布的非负随机变量序列，其共同的分布函数为 F. 令 $F(0) = \mathbb{P}(X_n = 0) < 1$（以避免显而易见的平凡情形），

$$S_0 \equiv 0,\ S_n := \sum_{i=1}^{n} X_i:\text{第 } n \text{ 个事件的到达时间} \quad (n \geqslant 1);$$

$$N(t) := \sup\{n: S_n \leqslant t\} = \sum_{n=1}^{\infty} I_{\{S_n \leqslant t\}}:(0,\ t] \text{ 的更新次数.}$$

则计数过程 $N = \{N(t),\ t \geqslant 0\}$ 称为更新过程. 通常称 X_n 为 N 的第 n 个更新间隔/跳跃间隔或第 n 个更新的等待时间. 称 S_n 为第 n 次更新时刻或更新点.

F 为 N 的来到时间间隔的分布，则 S_n 的分布是 F 的 n 重卷积 $F_n \equiv F * F * \cdots * F$. 也可以说，Poisson 过程是更新过程的一个特例.

例 5.1.1 （更新机器零件问题）某机器上有一个零件是易损件且一旦损坏就要马上

换新. 设 $\{X_n\}$ 为第 n 个零件的寿命且

$$0 < \mu \equiv \mathbb{E} X_n \leqslant \infty$$

为第 n 个更换零件的平均寿命, $N(t)$ 为时刻 t 为止更换的零件数. 则此计数过程 $\{N(t), t \geqslant 0\}$ 即为一更新过程. ▌

注意到,

$$\begin{aligned} \{N(t) \geqslant n\} &= \{S_n \leqslant t\}, \\ \{N(t) = n\} &= \{S_n \leqslant t < S_{n+1}\}, \\ N(t) + 1 &= \inf\{n \geqslant 1: S_n > t\}. \end{aligned}$$

由 Khinchin 大数律可知: 在有限的时间内, $N(t)$ 取有限值,即在有限的时间内不会有无限多次更新发生. 事实上,由于

$$\frac{S_n}{n} = \frac{\sum_{i=1}^{n} X_i}{n} = \bar{X} \to \mathbb{E} X_1 = \mu > 0, \quad \text{a.s.}$$

当 n 充分大时, $S_n \to \infty$. 若 t 有限,则至多有有限个 $S_n \leqslant t$. 所以对任意 $t > 0$,

$$N(t) \equiv \sup\{n: S_n \leqslant t\} < \infty.$$

另一方面,更新过程 $\{N(t), t \geqslant 0\}$ 为简单计数过程(即在同一时刻只发生一个来到: $N(t) - N(t-) \leqslant 1$) 的充要条件是 $\mathbb{P}(X_1 = 0) = 0$, i. e., $F(0) = 0$.

§5.2 $N(t)$的分布与更新函数

§5.2.1 $N(t)$的分布

对于更新过程而言,由于来到间隔是独立同分布的,所以 $\{S_n\}$ 是一列使 N "重新开始"的时刻,即 $\{N(t + S_n) - N(S_n)\}$ 与 $\{N(t)\}$ 同分布,且

$$\mathbb{P}(N(t) \geqslant n) = \mathbb{P}(S_n \leqslant t) = F_n(t).$$

$N(t)$ 的分布为

$$\mathbb{P}(N(t)=n)=\mathbb{P}(n\leqslant N(t)<n+1)=\mathbb{P}(S_n\leqslant t)-\mathbb{P}(S_{n+1}\leqslant t)$$
$$=F_n(t)-F_{n+1}(t).$$

注意到,如果等待时间分布为指数分布,则更新过程就是 Poisson 过程.

§5.2.2 更新函数

定义 5.2.1 称 $m(t):=\mathbb{E}[N(t)]$ 为更新过程 N 的更新函数.

$$m(t)=\sum_{n=0}^{\infty}n\,\mathbb{P}(N(t)=n)=\sum_{n=1}^{\infty}\mathbb{P}(N(t)\geqslant n)=\sum_{n=1}^{\infty}F_n(t).$$

命题 5.2.1 对任意 $0\leqslant t<\infty$,

$$m(t)=\sum_{n=1}^{\infty}F_n(t)<\infty.$$

证明 寻找持有限均值的过程,这个过程在任何时刻都不会小于 $N(t)$ 即可. 由于 $\mathbb{P}(X_n=0)<1$, 有 $\mathbb{P}(X_n>0)=1-\mathbb{P}(X_n=0)>0$, 即存在 $\alpha>0$, 使得 $\mathbb{P}(X_n\geqslant\alpha)>0$. 定义过程 $\{\bar{X}_n,\ n\geqslant 1\}$ 为

$$\bar{X}_n=\begin{cases}0 & X_n<\alpha,\\ \alpha & X_n\geqslant\alpha.\end{cases}$$

令 $\bar{N}(t):=\sup_n\{\bar{X}_1+\cdots\bar{X}_n\leqslant t\}$, 则 $\{\bar{N}(t),\ t\geqslant 0\}$ 只能是在 $t=n\alpha\ (n=0,1,2,\cdots)$ 时刻发生更新的次数,每次更新均为独立的参数为 $\mathbb{P}(X_n\geqslant\alpha)$ 的几何分布随机变量. 所以,

$$\mathbb{E}[\bar{N}(t)]=\left[\frac{t}{\alpha}\right]\Big/\mathbb{P}(X_n\geqslant\alpha)\leqslant\left(\frac{t}{\alpha}+1\right)\Big/\mathbb{P}(X_n\geqslant\alpha)<\infty.$$

而 $\bar{X}_n\leqslant X_n$, 所以 $N(t)\leqslant\bar{N}(t)$, 即得证. □

推论 5.2.1 对任意 $t\geqslant 0$, 假设 $F(t)<1$, 则有

$$m(t)\leqslant F(t)(1-F(t))^{-1}.$$

证明 由归纳法可得

$$F_n(t)\leqslant(F(t))^n,$$

再由上面命题的结果即得证. □

§5.3 极限定理与停时

考虑更新过程 $\{N(t), t\geqslant 0\}$. $N(\infty):=\lim\limits_{t\to\infty} N(t)$ 为 $[0, \infty)$ 内更新的总次数. 注意到,若存在 n, 使得 $X_n=\infty$, 则有 $N(\infty)<\infty$. 由次可列可加性,

$$\mathbb{P}(N(\infty)<\infty)\leqslant \mathbb{P}(X_n=\infty, \text{存在某 } n)=\mathbb{P}\Big(\bigcup_{n=1}^{\infty}\{X_n=\infty\}\Big)$$
$$\leqslant \sum_{n=1}^{\infty}\mathbb{P}(X_n=\infty)=0.$$

所以, $\mathbb{P}(N(\infty)=\infty)=1$.

那么要问, $N(t)$ 趋于无穷的速度是多少? $N(t)$ 的渐近行为有何结果?

考虑 $N(t)$ 与另一变量之比的极限,有如下命题:

命题 5.3.1 令 $\mu=\mathbb{E}X_1$,

$$\mathbb{P}\left(\lim_{t\to\infty}\frac{1}{t}N(t)=\frac{1}{\mu}\right)=1.$$

证明 $S_{N(t)}$ 表示在 t 之前或 t 时刻最后一次更新的时刻, $S_{N(t)+1}$ 表示 t 时刻之后第一次更新的时刻. 由 $S_{N(t)}\leqslant t<S_{N(t)+1}$, 由强大数律,有

$$\frac{S_{N(t)}}{N(t)}\leqslant\frac{t}{N(t)}<\frac{S_{N(t)+1}}{N(t)}=\frac{S_{N(t)+1}}{N(t)+1}\cdot\frac{N(t)+1}{N(t)}\to\mu,\quad \text{a. s.}$$

即得证. □

以概率 1,长时间后更新发生的速率为 $1/\mu$. 通常,称 $1/\mu$ 为更新过程的速率/强度.

例 5.3.1 小明使用一台单电池收音机. 一旦电池失效就去买一节新的换上. 假设电池寿命(小时)服从 $U(30, 60)$, 买电池的时间服从 $U(0, 1)$. 问小明更换电池的平均速率是多少?

每次更换一节新电池称为一次更新,则

$$\mu=\mathbb{E}U_1+\mathbb{E}U_2=45+0.5=91/2,$$

其中 $U_1\sim U(30, 60)$, $U_2\sim U(0, 1)$, 所以从长远来看,小明以速率 2/91 更换新电池,即平均每 91 小时换两节电池. ∎

例 5.3.2 假设潜在顾客按速率为 λ 的 Poisson 过程来到只有一个服务窗口的银行. 假设潜在顾客只在服务窗口有空时才进入银行,即如果在银行中已经有一个顾客,后来者

并不进入银行而是转身离开. 如果我们假定进入银行的顾客在银行停留的时间是一个具有分布 G 的随机变量,那么

(1) 顾客进入银行的速率是多少?

(2) 潜在的顾客确实进入银行的比例是多少?

(1) 进入的顾客之间的间隔时间的均值是

$$\mu = \mu_G + \frac{1}{\lambda},$$

所以进入银行的顾客的速率是

$$\frac{1}{\mu} = \frac{\lambda}{1+\lambda\mu_G}.$$

(2) 由潜在的顾客以速率 λ 到达推出,进入银行的顾客的比例是

$$\frac{\lambda/(1+\lambda\mu_G)}{\lambda} = \frac{1}{1+\lambda\mu_G}. \quad \blacksquare$$

为研究 $m(t)$ 及 $\frac{m(t)}{t} = \mathbb{E}\left[\frac{N(t)}{t}\right]$ (:更新的平均速度) 的渐近性质, 先引入停时的概念.

§5.3.1 停时

定义 5.3.1 设 N 为整数值随机变量, X_1, X_2, … 为任意随机变量序列,若对任意 $n=1, 2, \cdots$, 事件 $\{N=n\}$ 关于 $\sigma\{X_1, X_2, \cdots, X_n\}$ 可测,即只依赖于 $X_1, X_2, \cdots, X_n$ 而不依赖于 $X_{n+1}, X_{n+2}, \cdots$, 则称 N 为关于 $\{X_n\}$ 的停时/Markov 时间.

例 5.3.3 设 $\{N(t), t\geqslant 0\}$ 是参数为 λ 的时齐 Poisson 过程, $S_0=0$, S_n 是第 n 个事件发生的时刻,则 $N(t)$ 关于 $\{S_n, n\geqslant 0\}$ 不是停时,但是 $N(t)+1$ 关于 $\{S_n, n\geqslant 0\}$ 是停时.

事实上

$$\begin{aligned}\{N(t)=n\} &= \{S_n \leqslant t < S_{n+1}\}\\ &= \{S_n \leqslant t\} - \{S_{n+1} \leqslant t\},\end{aligned}$$

从而 $\{N(t)=n\}$ 由 $\{S_0, S_1, \cdots, S_{n+1}\}$ 构成的事件定义,可知 $N(t)$ 不是关于 $\{S_n, n\geqslant 0\}$ 的停时. 而

$$\{N(t)+1=n\}=\{N(t)=n-1\}=\{S_{n-1}\leqslant t<S_n\}$$
$$=\{S_{n-1}\leqslant t\}-\{S_n\leqslant t\},$$

从而 $N(t)+1$ 是关于 $\{S_n, n\geqslant 0\}$ 的停时. ▌

定理 5.3.1 （Wald 等式）设 $X_1, \cdots, X_n, \cdots$ 为 i. i. d. 随机变量序列，N 为关于 $\{X_n\}$ 的停时，且若下面两个条件之一满足：

(1) X_n 非负；

(2) $\mathbb{E}|X_n|<+\infty$ 且 $\mathbb{E}N<\infty$.

则

$$\mathbb{E}\sum_{n=1}^{N}X_n=\mathbb{E}N\cdot\mathbb{E}X_1.$$

证明 首先可以证明 $\sum_{n=1}^{N}|X_n|$ 可积. 另一方面，因为

$$\{N\geqslant n\}=\{N<n\}^c=(\{N=1\}\cup\cdots\cup\{N=n-1\})^c,$$

可知 X_n 与 $\{N\geqslant n\}$ 独立，所以

$$\mathbb{E}\Big[\sum_{n=1}^{N}X_n\Big]=\sum_{n=1}^{\infty}\mathbb{E}[X_n]\mathbb{E}[1_{\{N\geqslant n\}}]$$
$$=\mathbb{E}X_1\sum_{n=1}^{\infty}\mathbb{P}(N\geqslant n)=\mathbb{E}N\cdot\mathbb{E}X_1.$$ □

注意，定理中的条件 $\mathbb{E}N<\infty$ 是必要条件. 应用见例 5.3.4.

例 5.3.4 最优停时理论是概率论的新分支，停时可用来寻找一个最优的停止策略.

(a) 设 $X_n, n\geqslant 1$ 独立同分布于

$$\mathbb{P}(X_n=0)=\mathbb{P}(X_n=1)=\frac{1}{2},\quad n=1,2,\cdots.$$

令 $N:=\min\{n: X_1+\cdots+X_n=10\}$，则 N 是一个停时，

$$10=\mathbb{E}\Big[\sum_{1}^{N}X_i\Big]=\sum_{i\geqslant 1}\mathbb{E}[X_i\cdot 1_{\{i\leqslant N\}}]=\frac{1}{2}\mathbb{E}[N],$$

有 $\mathbb{E}[N]=20$.

(b) 设 $X_n, n\geqslant 1$ 独立同分布于

$$\mathbb{P}(X_n=-1)=\mathbb{P}(X_n=1)=\frac{1}{2},\quad n=1,2,\cdots.$$

令 $N:=\min\{n:X_1+\cdots+X_n=1\}$，它是一个停时. 因为

$$1=\mathbb{E}\Big[\sum_{i=1}^{N}X_i\Big]\neq\mathbb{E}[X_1]\mathbb{E}[N]=0,$$

可得 $\mathbb{E}[N]=\infty$. ▎

§5.3.2 基本更新定理

仍记 $X=\{X_n,n\geqslant1\}$ 为更新过程 $\{N(t),t\geqslant0\}$ 的来到间隔. 由 Wald 等式，得出如下推论：

推论 5.3.1 $\mathbb{E}\Big[\sum_{n=1}^{N(t)+1}X_n\Big]=\mathbb{E}X_1\cdot\mathbb{E}[N(t)+1]=\mu(m(t)+1).$

证明 只需证 $N(t)+1$ 是关于序列 $\{X_n\}$ 的停时即可. 事实上，$\{N(t)+1=n\}$ 等于

$$\{X_1+\cdots+X_{n-1}\leqslant t\}\backslash\{X_1+\cdots+X_n\leqslant t\}.$$

所以，$\{N(t)+1=n\}$ 只依赖于 $X_1,\cdots,X_n$ 而与 $X_{n+1},X_{n+2},\cdots$ 无关. □

我们可以证明如下基本更新定理：

定理 5.3.2 (Feller)

$$\lim_{t\to\infty}\frac{1}{t}m(t)=\frac{1}{\mu}\quad\Big(设\frac{1}{\infty}=0\Big).$$

证明 首先考虑 $\mu<\infty$ 的场合. 由于 $S_{N(t)+1}>t$，由上述推论，有 $\mu(m(t)+1)>t$，从而

$$\liminf_{t\to\infty}\frac{1}{t}m(t)\geqslant\frac{1}{\mu}.$$

固定常数 M，定义"截尾更新过程" $\{\bar{X}_n,n\geqslant1\}$：

$$\bar{X}_n:=\begin{cases}X_n, & X_n\leqslant M,\\ M, & X_n>M.\end{cases}$$

令 $\bar{S}_n:=\sum_{i=1}^{n}\bar{X}_i$，$\bar{N}(t):=\sup\{n:\bar{S}_n\leqslant t\}$，注意到，$\bar{S}_{\bar{N}(t)+1}\leqslant t+M$，由上述推论，有

$$(\bar{m}(t)+1)\,\bar{\mu}\leqslant t+M,$$

其中 $\bar{m}(t):=\mathbb{E}[\bar{N}(t)]$, $\bar{\mu}:=\mathbb{E}[\bar{X}_n]$. 从而

$$\limsup_{t\to\infty}\frac{1}{t}\,\bar{m}(t)\leqslant\frac{1}{\bar{\mu}},$$

而由 $\bar{S}_n\leqslant S_n$, 有 $\bar{N}(t)\geqslant N(t)$ 且 $\bar{m}(t)\geqslant m(t)$. 所以

$$\limsup_{t\to\infty}\frac{1}{t}m(t)\leqslant\frac{1}{\bar{\mu}}.$$

令 $M\to\infty$, 则 $\limsup_{t\to\infty}\frac{1}{t}m(t)\leqslant\frac{1}{\mu}$.

当 $\mu=\infty$ 时,再考虑 $\bar{N}(t)$. 由于 $M\to\infty$ 时 $\bar{\mu}\to\infty$, 所以

$$\limsup_{t\to\infty}\frac{1}{t}m(t)\leqslant 0,\quad \text{i. e.}\quad \limsup_{t\to\infty}\frac{1}{t}m(t)=0.$$

我们有

$$\lim_{t\to\infty}\frac{1}{t}m(t)=0.$$ □

注释 5.3.1 命题 5.3.1 与定理 5.3.2 并非简单的推论关系,因为极限与期望运算交换次序是有条件的.

例 5.3.5 设 U 为 $(0,1)$ 上均匀分布随机变量, 对任意 $n=1,2,\cdots$, 定义

$$Y_n:=\begin{cases}0, & U>\dfrac{1}{n},\\ n, & U\leqslant\dfrac{1}{n},\end{cases}$$

则 $\mathbb{P}(Y_n\to 0$,当 $n\to\infty$ 时$)=1$, 但

$$\mathbb{E}Y_n=n\,\mathbb{P}\left(U\leqslant\frac{1}{n}\right)=1\neq 0.$$ ▌

另一方面,对于 Poisson 过程,

$$\frac{\mathbb{E}\,N(t)}{t}=\frac{\lambda t}{t}=\lambda$$

是常数.

§5.4　*关键更新定理及其应用

§5.4.1　更新定理

定义 5.4.1　非负随机变量 X 称为是**格点的**，若存在 $d>0$，使得

$$\sum_{n\in\mathbf{N}}\mathbb{P}(X=nd)=1.$$

具备这样性质的 d 中最大者称为 X 的周期. 若 X 是格点的，则也称其分布函数 F 是格点的.

如果这样的 d 不存在，就说 X 以及相应的 F 不是格点的.

我们有如下基本更新定理：

定理 5.4.1　(Blackwell 定理)　(1) 若 F 不是格点的，则对任意 $a\geqslant 0$，

$$m(t+a)-m(t)\to\frac{a}{\mu},\ t\to\infty;$$

(2) 若 F 是格点的，周期为 d，则当 $n\to\infty$ 时，

$$\mathbb{E}[\text{在时刻 } nd \text{ 的更新次数}]\to\frac{d}{\mu}.$$

此时，若更新的来到间隔总为正，则 $\mathbb{P}(\text{在时刻 } nd \text{ 更新})\to\dfrac{d}{\mu}$.

直观地说，(1)中 $m(t+a)-m(t)$ 在 $t\to\infty$ 时表示一切远离原点长为 a 的区间中更新次数的期望. 由于远离原点所以初始影响很小，极限如果存在就与 t 无关. (2)中的条件告诉我们，更新仅发生在 nd 时刻. 从而远离原点的区间内的更新次数不依赖于区间的长度，而依赖于含多少个形为 nd 的点，相关极限应为 $\mathbb{E}[\text{在时刻 } nd \text{ 的更新次数}]$ 的极限. 若此极限存在，则必为 d/μ.

定义 5.4.2　设 h 为 $[0,\infty]$ 上的函数，对于 $a>0$，记

$$\underline{m}_n(a):=\inf\{h(t):(n-1)a\leqslant t\leqslant na\},$$
$$\bar{m}_n(a):=\sup\{h(t):(n-1)a\leqslant t\leqslant na\}.$$

若对任意 $a>0$，有 $\sum\limits_{n=1}^{\infty}\underline{m}_n(a)<\infty$，$\sum\limits_{n=1}^{\infty}\bar{m}_n(a)<\infty$ 且

$$\lim_{a\to 0} a\sum_{n=1}^{\infty} \underline{m}_n(a) = \lim_{a\to 0} a\sum_{n=1}^{\infty} \bar{m}_n(a),$$

则称函数 h 为直接 Riemann 可积.

例 5.4.1 若 $[0, \infty]$ 上的非负函数 h 是非增的并满足 $\int_0^{\infty} h(t)\mathrm{d}t < \infty$，则 h 是直接 Riemann 可积的. ▎

我们有如下关键更新定理，证明过程略：

定理 5.4.2 若 F 不是格点的且 $h(t)$ 是直接 Riemann 可积的，则

$$\lim_{t\to\infty}\int_0^t h(t-x)\mathrm{d}m(x) = \int_0^{\infty} \frac{h(t)}{\mu}\mathrm{d}t.$$

其中 $m(x) = \sum_{n=1}^{\infty} F_n(x)$，$\mu = \int_0^{\infty} (1-F(t))\mathrm{d}t$.

关键更新定理与 Blackwell 定理是等价的. 事实上，当过程进行时间相当长时，长为 a 的时间间隔内的平均更新次数为 a/μ. 由 Blackwell 定理，

$$\lim_{t\to\infty} \frac{1}{a}(m(a+t)-m(t)) = \frac{1}{\mu}.$$

令 $a \to 0$，则

$$\lim_{a\to 0}\lim_{t\to\infty} \frac{m(a+t)-m(t)}{a} = \frac{1}{\mu}.$$

假如极限次序可以交换，则

$$\lim_{t\to\infty} \frac{\mathrm{d}m(t)}{\mathrm{d}t} = \frac{1}{\mu},$$

而关键更新定理是上式的一般化.

§5.4.2 关键更新定理的应用

在计算与 t 有关的随机变量的概率或期望 $g(t)$ 的极限时，先把条件加到 t 或 t 之前的最后一次更新的时间上，即关于 $S_{N(t)}$ 取条件，得如下形式的方程：

$$g(t) = h(t) + \int_0^t h(t-x)\mathrm{d}m(x),$$

再利用关键更新定理求极限即可.

例 5.4.2　记 $\bar{F}(t):=1-F(t)=\mathbb{P}(X_1>t)$，则当 $t\geqslant s\geqslant 0$ 时，

$$\mathbb{P}(S_{N(t)}\leqslant s)=\bar{F}(t)+\int_0^s \bar{F}(t-y)\mathrm{d}m(y).$$

事实上，

$$\begin{aligned}\mathbb{P}(S_{N(t)}\leqslant s)&=\sum_{n=0}^{\infty}\mathbb{P}(S_n\leqslant s,\ S_{n+1}>t)\\&=\bar{F}(t)+\sum_{n=0}^{\infty}\int_0^{\infty}\mathbb{P}(S_n\leqslant s,\ S_{n+1}>t\mid S_n=y)\mathrm{d}F_n(y)\\&=\bar{F}(t)+\sum_{n=1}^{\infty}\int_0^{s}\bar{F}(t-y)\mathrm{d}F_n(y)\\&=\bar{F}(t)+\int_0^s\bar{F}(t-y)\mathrm{d}\Big(\sum_{n=1}^{\infty}F_n(y)\Big)\quad(\text{因为所有项均非负})\\&=\bar{F}(t)+\int_0^s\bar{F}(t-y)\mathrm{d}m(y).\end{aligned}$$ ▮

注意到：

(1) $\mathbb{P}(S_{N(t)}=0)=\bar{F}(t)$.

(2) $S_{N(t)}$ 的密度为

$$y\mapsto\bar{F}(t-y)\mathrm{d}m(y),\ 0<y<\infty.$$

为说明其直观意义，不妨设 F 连续，相应密度为 f，由 $m(y)=\sum\limits_{n\geqslant 1}F_n(y)$，对任意 $y>0$，有

$$\begin{aligned}\mathrm{d}m(y)&=\sum_{n\geqslant 1}f_n(y)\mathrm{d}y=\sum_{n\geqslant 1}\mathbb{P}(\text{在}(y,\ y+\mathrm{d}y)\text{ 中发生的 }n\text{ 次更新})\\&=\mathbb{P}(\text{在}(y,\ y+\mathrm{d}y)\text{ 中发生更新}).\end{aligned}$$

所以

$$\begin{aligned}f_{S_{N(t)}}(y)\mathrm{d}y&=\mathbb{P}(\text{在}(y,\ y+\mathrm{d}y)\text{ 中发生更新且下一个来到间隔大于 }t-y)\\&=\bar{F}(t-y)\mathrm{d}m(y).\end{aligned}$$

定理还可用于研究所谓交错更新过程. 考虑一个有“开”或“关”两个状态的系统. 用 $\{Z_n,\ n\geqslant 1\}$ 和 $\{Y_n,\ n\geqslant 1\}$ 分别表示系统交错呈“开”或“关”的持续时间，先开后关如此循环.

设 $(Z_n,\ Y_n)$ $(n=1,\ 2,\ \cdots)$ 为独立同分布的随机向量序列，显然 $\{Z_n\}$，$\{Y_n\}$ 均为 i. i. d. 随机变量序列但两者不相互独立. 设 H，G，F 分别为 Z_n，Y_n，Z_n+Y_n（:第 n 次更新

时刻)的分布函数,用 $P(t)$ 表示系统在 t 时刻为“开”的概率.

定理 5.4.3 若 $\mathbb{E}[Z_1+Y_1]<\infty$ 且 F 为非格点分布,则

$$\lim_{t\to\infty} P(t)=\frac{\mathbb{E}[Z_1]}{\mathbb{E}[Z_1]+\mathbb{E}[Y_1]}.$$

证明 每当系统打开时就说发生一次更新. 设 A 为“事件系统在时刻 t 状态是开”,则对任意 $y>t$,

$$\begin{aligned}P(t)&=\mathbb{P}(A\mid S_{N(t)}=0)\,\mathbb{P}(S_{N(t)}=0)+\int_0^\infty \mathbb{P}(A\mid S_{N(t)}=y)\mathrm{d}F_{S_{N(t)}}(y)\\&=\mathbb{P}(Z_1>t\mid Z_1+Y_1>t)\,\mathbb{P}(S_{N(t)}=0)\\&\quad+\int_0^\infty \mathbb{P}(Z_1>t-y\mid Z_1+Y_1>t-y)\mathrm{d}F_{S_{N(t)}}(y)\\&=\frac{\bar{H}(t)}{\bar{F}(t)}\mathbb{P}(S_{N(t)}=0)+\int_0^\infty \frac{\bar{H}(t-y)}{\bar{F}(t-y)}\mathrm{d}F_{S_{N(t)}}(y),\end{aligned}$$

由例 5.4.2,有

$$P(t)=\bar{H}(t)+\int_0^t \bar{H}(t-y)\mathrm{d}m(y),$$

而 $\bar{H}(t)$ 非负不增,$\int_0^\infty \bar{H}(t)\mathrm{d}t=\mathbb{E}Z_1<\infty$,所以当 $t\to\infty$ 时,$\bar{H}(t)\to 0$. 由关键更新定理,

$$P(t)\to\frac{1}{\mu_F}\int_0^\infty \bar{H}(t)\mathrm{d}t=\frac{\mathbb{E}Z_1}{\mathbb{E}Z_1+\mathbb{E}Y_1}.$$ □

该定理说明,系统最初总是处于“开”这一事实在极限中不起什么作用.

记系统在 t 时刻为“关”的概率为 $Q(t)=1-P(t)$,则

$$\lim_{t\to\infty} Q(t)=\frac{\mathbb{E}[Y_1]}{\mathbb{E}[Z_1]+\mathbb{E}[Y_1]},$$

且当 t 充分大时,系统处于“开”或“关”与初始状态无关.

习 题

1. 在定义一个更新过程中我们假设来到间隔为有限的概率 $F(\infty)$ 等于 1. 若 $F(\infty)<1$,那么在每次更新之后以 $1-F(\infty)$ 正概率不再有别的更新. 证明:当 $F(\infty)<1$

时更新的总数,记为 $N(\infty)$, 满足 $1+N(\infty)$ 有几何分布, 均值为 $\frac{1}{1-F(\infty)}$.

2. 用语言表述随机变量 $X_{N(t)+1}$ 代表什么;并在 $F(x)=1-e^{-\lambda x}$ 的场合精确地计算概率: $\mathbb{P}(X_{N(t)+1}\geqslant x)$.

3. 设 $\{N(t),\ t\geqslant 0\}$ 是一个更新过程, X_n, $n\geqslant 1$ 是更新时间间隔序列, $m(t)=\lambda t$, $t\geqslant 0$ 为其更新函数,试求

$$\mathbb{E}\left[\exp\left\{-t\sum_{i=1}^{n}X_i\right\}\right],\quad t>0.$$

4. 某收音机使用一节电池供电,当电池失效时,立刻换一节同型号的新电池.

(1) 如果电池的寿命(单位:小时)是均值为 100 的指数分布随机变量,问长时间工作的情况下收音机更换电池的速率是多少?

(2) 如果每次失效都要去买新电池,花费在买电池上的时间(单位:小时)是 $(0.5,\ 1.5)$ 上的均匀分布,那么长时间工作的情况下收音机更换电池的速率又是多少?

5. 设更新过程 $\{N(t),\ t\geqslant 0\}$ 的到达时间间隔服从密度函数

$$p(x)=\lambda^2 x e^{-\lambda x},\quad x\geqslant 0.$$

试证更新函数

$$m(t)=\frac{\lambda t}{2}-\frac{1}{4}(1-e^{-2\lambda t}).$$

6. 证明更新方程 $m(t)=F(t)+\int_0^t m(t-x)\mathrm{d}F(x)$.

7. 设 $\{N(t),\ t\geqslant 0\}$ 是一个更新过程,其更新间距的概率密度函数为

$$p(x)=\begin{cases}\alpha e^{-\alpha(x-\beta)}, & x>\beta,\\ 0, & x\leqslant\beta,\end{cases}$$

试求 $\mathbb{P}(N(t)\geqslant k)$, $k\geqslant 0$.

8. 考虑一个矿工陷在一个有三个门的矿井中,1 号门引导他经 2 天路程后脱险,2 号门引导他经 4 天路程后回到矿井,3 号门引导他经 8 天路程后回到矿井.假定他在任意时刻都等可能地选取 3 个门中的一个,而以 T 记此矿工脱险所用的时间.

(a) 定义一个独立同分布随机序列 X_1, X_2, $\cdots$ 和一个停时 N, 满足

$$T=\sum_{i=1}^{N}X_i;$$

(b) 用 Wald 方程求 $\mathbb{E}[T]$；

(c) 计算 $\mathbb{E}[\sum_{i=1}^{n} X_i \mid N=n]$，注意它不等于 $\mathbb{E}[\sum_{i=1}^{n} X_i]$；

(d) 利用(c)再次推导 $\mathbb{E}[T]$.

9. 随机变量 $X_1, \cdots, X_n$ 称为可交换的，若 $i_1, \cdots, i_n$ 是 $1, 2, \cdots, n$ 的一个置换，则 $X_{i_1}, \cdots, X_{i_n}$ 与 $X_1, \cdots, X_n$ 有相同的联合分布，也就是说，若 $\mathbb{P}\{X_1 \leqslant x_1, X_2 \leqslant x_2, \cdots, X_n \leqslant x_n\}$ 是 $(x_1, x_2, \cdots, x_n)$ 的一个对称函数，则它们是可交换的. 以 $X_1, X_2 \cdots$ 记一个更新过程的来到间隔.

(a) 证明：在 $N(t)=n$ 的条件下 $X_1, \cdots, X_n$ 是可交换的. 又 $X_1, \cdots, X_n, X_{n+1}$ 是可交换的吗？(在 $N(t)=n$ 的条件之下)

(b) 用(a)证明：对 $n>0$，

$$\mathbb{E}\left[\frac{X_1+\cdots+X_{N(t)}}{N(t)} \mid N(t)=n\right]=\mathbb{E}[X_1 \mid N(t)=n];$$

(c) 证明

$$\mathbb{E}\left[\frac{X_1+\cdots+X_{N(t)}}{N(t)} \mid N(t)>0\right]=\mathbb{E}[X_1 \mid X_1<t].$$

10. 设 $X_1, X_2, \cdots$ 独立同分布，$E[X_i]<\infty$. 又设 $N_1, N_2, \cdots$ 为独立同分布的对序列 $X_1, X_2, \cdots$ 的停时，$E[N_i]<\infty$. 依次观察 X_i，停止在 N_i. 现在开始在余下的 X_i 中抽样(好像刚从 X_{N_i+1} 开始一样)在附加时间 N_2 之后停止(这样，例如 $X_1+\cdots+X_{N_1}$ 与 $X_{N_1+1}+\cdots+X_{N_1+N_2}$ 同分布). 现在开始在余下的 N_i 中抽样(也好像刚开始一样)在附加时间 N_3 之后停止. 如此继续.

(a) 令

$$S_1=\sum_{i=1}^{N_1} X_i, \quad S_2=\sum_{i=N_1+1}^{N_1+N_2} X_i, \quad \cdots, \quad S_m=\sum_{i=N_1+\cdots+N_{m-1}+1}^{N_1+\cdots+N_m} X_i,$$

用强大数定律计算

$$\lim_{m \to \infty}\left(\frac{S_1+\cdots+S_m}{N_1+\cdots+N_m}\right);$$

(b) 写出

$$\frac{S_1+\cdots+S_m}{N_1+\cdots+N_m}=\frac{S_1+\cdots+S_m}{m} \frac{m}{N_1+\cdots+N_m},$$

推导(a)中极限的另一个表达式；

(c) 令两个表达式相等以得到 Wald 方程.

第六章

鞅

大家对游戏或者赌博或多或少都不陌生,那么在观察或者参与一个游戏时,我们自然会想这个游戏对参与的人是否是公平的,没有人会去玩不公平的游戏,那么数学上如何来描述这种公平性呢? 这就是鞅的概念. 鞅是一个奇怪的词,其英文原文是 martingale,我查了一下是马脖子上的缰,古代中国称为鞅,英文也只有一个意思,就是一种赌博下注的方法:输了之后加倍. 其实看后面的数学定义,鞅应该译成公平游戏更好一点.

§6.1 公平游戏与鞅

在这一讲中,我们先讨论随机序列. 对任何 $\omega\in\Omega$, $\{X_n(\omega): n\geqslant 0\}$ 是一个数列,是样本点 ω 的轨道,样本点可以等同于它的轨道,即样本轨道. 随机过程通常是讨论样本轨道的概率性质.

最简单的随机序列是随机游动,设 $\xi_1, \xi_2, \cdots, \xi_n, \cdots$ 是独立随机序列(即其中任何有限个随机变量是相互独立的),令

$$X_0 := x,\ X_n := X_{n-1}+\xi_n, \quad n\geqslant 1,$$

它称为 x 出发的随机游动. ξ_n 可以想象为某个赌徒在第 n 局赌博中的输赢结果, x 是他带来的赌资,那么 $\{X_n\}$ 记录了他的财富变化,是非常直观的随机序列. 一个赌徒坐下来赌一天的财富变化序列就是一个样本轨道.

再简单一点,设赌博就是输赢为一块钱的掷正面出现概率为 p 的硬币,那么

$$\mathbb{P}(\xi_n = 1) = p, \quad \mathbb{P}(\xi_n = -1) = q = 1 - p.$$

对应的 $\{X_n\}$ 称为从 x 出发的简单随机游动. 显然 $\mathbb{E}\,\xi_n = p - q = 2p - 1$，所以由强大数定律，当 $p > 1/2$ 时，X_n 几乎处处趋于无穷，也就是说它的几乎所有样本轨道趋于正无穷；同理，当 $p < 1/2$，它的几乎所有样本轨道趋于负无穷. 但是 $p = 1/2$ 时，我们无法从强大数定律看出什么结论.

不妨设出发点是零. 我们来证明它的几乎所有样本轨道上下都是无界的，即

$$\mathbb{P}(\sup_n X_n = +\infty, \inf_n X_n = -\infty) = 1.$$

只要证明

$$\mathbb{P}(\sup_n X_n = +\infty) = 1$$

就够了. 由 Kolmogorov 0-1 律(参考[12]，定理 10.3.1)，尾事件域

$$\bigcap_{n \geqslant 1} \sigma(\xi_k : k > n)$$

中的事件的概率不是 0 就是 1. 尾事件域中的事件实际上是与前面任意有限个都无关的事件，而 $\{\sup_n X_n = +\infty\}$ 这个事件发生与否与 $\{\xi_n : n \geqslant 1\}$ 的前面任何有限个是没有关系的，所以它的概率不是 0 就是 1，我们只需证明概率不是 0 就好.

证明概率不是 0 需要用中心极限定理，即以下结论：

$$\lim_n \mathbb{P}\left(\frac{X_n}{\sqrt{n}} > 1\right) = \int_1^{\infty} \frac{1}{\sqrt{2\pi}} \mathrm{e}^{-t^2/2} \, \mathrm{d}t > 0.$$

而

$$\limsup_n \{X_n > \sqrt{n}\} \subset \{\sup_n X_n = +\infty\},$$

且由 Fatou 引理

$$\mathbb{P}(\limsup_n \{X_n > \sqrt{n}\}) \geqslant \lim_n \mathbb{P}(X_n > \sqrt{n}) > 0,$$

推出

$$\mathbb{P}(\sup_n X_n = \infty) > 0.$$

证明这么一个简单的结论也不是很容易吧！但是我们要介绍的鞅理论就给我们一个系统的方法处理这样的问题，鞅理论是随机分析的基础. 鞅的概念是简单随机游动的抽

象,鞅表达的是公平游戏,简单随机游动当 $p=1/2$ 时是公平游戏,这时

$$\mathbb{E}[X_{n+1}-X_n \mid X_1, \cdots, X_n]=0.$$

定义 6.1.1 (可积) 随机序列 $\{X_n: n\geqslant 0\}$ 是鞅,如果对任何 n, 有

$$\mathbb{E}[X_{n+1} \mid X_1, \cdots, X_n]=X_n.$$

如果只是大于等于号成立,称为下鞅;如果只是小于等于号成立,称为上鞅.

鞅的直观意思是对财富增量的(给定信息下)预期是零. 如果 $\{X_n\}$ 是鞅,那么定义式两边取期望,推出 $\mathbb{E}[X_{n+1}]=\mathbb{E}[X_n]$, 所以鞅的期望是不变的. 类似地,下鞅期望是递增的,趋势变好;上鞅期望是递减的,趋势转坏.

为了方便,我们介绍信息流的概念,用信息流来定义鞅. 如果有时间的概念,那么信息总是随着时间而增加的,就是所谓的信息流. 一个递增的子事件域列 $(\mathscr{G}_n)$ 称为信息流,或者简单称为流. 一个随机序列 $\{X_n\}$ 称为适应于流 $(\mathscr{G}_n)$, 如果对任何 n, X_n 关于 $\mathscr{G}_n$ 可测. 随机序列 $\{X_n\}$ 本身诱导一个自然流

$$\mathscr{G}_n^X :=\sigma(X_1, \cdots, X_n),$$

序列 $\{X_n\}$ 关于其自然流是适应的,自然流是适应流中最小的. 直观地看,四个人搓麻将,每个人的财富序列关于自己输赢结果的流是适应的,关于四个人总体的输赢结果的流也是适应的,但是每个赌徒收到的信息绝对不止这些,他们可能看到旁边一桌麻将的输赢,他们也不时地看看电视、看看微博等,这些信息可以汇总在一起组成一个流. 很多信息和他的财富是无关的.

现在给鞅一个升级版的定义.

定义 6.1.2 设有流 $(\mathscr{G}_n)$, (可积)随机序列 $\{X_n: n\geqslant 0\}$ 称为关于 $(\mathscr{G}_n)$ 是鞅或者 $(\mathscr{G}_n)$ 鞅,如果

(1) $\{X_n\}$ 适应于流 $(\mathscr{G}_n)$;

(2) 对任何 n, 有

$$\mathbb{E}[X_{n+1} \mid \mathscr{G}_n]=X_n.$$

由适应性条件可以推出 $\mathscr{G}_n^X\subset\mathscr{G}_n$, 所以在(2)的两边取关于 $\mathscr{G}_n^X$ 的条件期望就推出:如果 $\{X_n\}$ 关于一个适应流是鞅,那么它一定是鞅. 或者说它是鞅当且仅当它关于某个信息流是鞅. 因此两个定义本质上没有什么区别. 在这个定义下,同一个信息流之下的鞅是线性空间.

例 6.1.1 独立随机序列诱导的鞅:设 $I=\mathbf{N}$, $\{\xi_n, n\in I\}$ 是可积的独立随机序列,且

$\mathbb{E}\xi_n = 0$, 那么 $\{\xi_1 + \cdots + \xi_n\}_{n\geqslant 1}$ 是鞅序列. 如果 $\xi_n \geqslant 0$, 有界且 $\mathbb{E}\xi_n = 1$, 那么 $\{\xi_1 \cdot \xi_2 \cdots \xi_n\}_{n\geqslant 1}$ 是鞅序列. ▮

例 6.1.2 (Wald 鞅) 设 $\{\xi_n\}$ 是本节开头定义的简单随机游动,那么它生成的 σ-域列 $\{\mathscr{B}_n\}$ 是递增的,对 $\lambda > 0$, 令

$$Y_n := \lambda^{\xi_n}, \quad n \geqslant 0.$$

因 ξ_n 是 $\mathscr{B}_n$ 可测的,故 Y_n 也是.

$$\begin{aligned}\mathbb{E}^x(Y_{n+1} \mid \mathscr{B}_n) &= \mathbb{E}^x(\lambda^{\xi_n + X_{n+1}} \mid \mathscr{B}_n) = \lambda^{\xi_n} \cdot \mathbb{E}^x(\lambda^{X_{n+1}} \mid \mathscr{B}_n) \\ &= Y_n \cdot \left(\lambda p + \frac{q}{\lambda}\right).\end{aligned}$$

因此 $\left\{\lambda^{\xi_n}\left(\lambda p + \frac{q}{\lambda}\right)^{-n}\right\}$ 是鞅序列,称为 Wald 鞅. 当 $p \neq q$ 时,取 $\lambda = \frac{q}{p}$, $\lambda p + \frac{q}{\lambda} = 1$, 因此 $\left\{\left(\frac{q}{p}\right)^{\xi_n}\right\}$ 是鞅序列. ▮

例 6.1.3 (Doob 鞅) 设 ξ 是 $(\Omega, \mathscr{F}, \mathbb{P})$ 上可积随机变量, $\{\mathscr{F}_n: n \in I\}$ 是 $\mathscr{F}$ 的一个关于 n 递增的子 σ-域的集合,令

$$\xi_n := \mathbb{E}(\xi \mid \mathscr{F}_n),$$

那么 $\{\xi_n\}$ 是一个关于流 $(\mathscr{F}_n)$ 的鞅. ▮

由 Jensen 不等式可以看出以下几个结论:

(1) 如果 $\{X_n\}$ 是鞅,且 f 是凸函数,那么 $\{f(X_n)\}$ 是下鞅,例如 $\{X_n^2\}$ 与 $\{|X_n|\}$ 是下鞅.

(2) 如果 $\{X_n\}$ 是下鞅,且 f 是凸且递增的函数,那么 $\{f(X_n)\}$ 也是下鞅,例如 $\{X_n^+\}$ 是下鞅.

§6.2 鞅基本定理

著名的概率学家 Feller 的名著**概率论及其应用**(参考[4])中有这样一段话:如果概率论对于生活是真实的,那么每一个经验应该对应一个可以证明的命题. 这个话特别有理,关键是你是否可以将这么一个经验转化为定理.

在赌博游戏中,大家会碰到这样一个情况:有四个人 A, B, C, D 搓麻将赌钱,另外一个人 E 旁观,他也想参与赌博,那么他可以押在某个人的结果上,比如说他押 A,就是和 A

一样输赢,他也可以选择以 A 的输赢乘一个系数,比如 k 倍. 其中的关键是他做出的决定只能依赖于已有的信息,不能与下一赌局的结果有关,比如他不能看到下一局的牌,他也不能说我押下一局的赢者. 只要认同这样的规则,这样的参与其他人不会觉得不公平,所有人都明白这一点,算是生活中的一个经验,但是几乎没有人会去考虑其中的原理. 我自己就是一个例子,我应该很早就明白这个道理,但没有去想过这其中有没有数学原理. J. L. Doob 观察并注意到这个现象,把它用数学的语言表达出来并且加以证明,这说的是不管你用什么策略投资于赌徒,游戏还是公平的. 这个事实简单而直观,是随机分析最基本的定理.

如何把这个问题用数学的语言表达出来呢? 首先假设赌徒 A 的财富过程是 $\{X_n\}$, n 是指现时刻, $X_{n+1}-X_n$ 是下一局输赢结果,这时 E 做出决策,押 A 的输赢 H_n 倍,即它的所得为

$$H_n(X_{n+1}-X_n),$$

注意他的决策只能基于过去的信息 $\mathscr{G}_n$, 把他的所得累积起来记为 $\{Y_n\}$, 递归定义

$$Y_0=y,\ Y_{n+1}:=Y_n+H_n(X_{n+1}-X_n),\quad n\geqslant 0.$$

这是典型的投资盈利过程.

再看一个例子. 设某投资者按周投资某个证券,第 n 周证券的价格是 X_n, 构成一个随机序列. 投资者在第 n 周买入 H_n 份证券, H_n 可以是随机变量,但是它只能依赖于证券前 n 周的价格提供的信息 $\mathscr{G}_n^X$, 到下一周他的证券价值为 H_nX_{n+1}, 他这周的所得为

$$H_n(X_{n+1}-X_n),$$

与上面的过程类似.

这样通过 $\{X_n\}$ 与 $\{H_n\}$ 定义新的过程 $\{Y_n\}$ 称为 $\{H_n\}$ 关于 $\{X_n\}$ 的随机积分. 序列 $\{H_n\}$ 可以看成投资策略, $\{X_n\}$ 是原始证券, $\{Y_n\}$ 是投资所得.

定理 6.2.1 (Doob) 设 $(\mathscr{G}_n)$ 是流, $\{H_n\}$ 适应于 $(\mathscr{G}_n)$.

(1) 如果 $\{X_n\}$ 是 $(\mathscr{G}_n)$ 鞅,那么 $\{Y_n\}$ 也是;

(2) 如果 $\{X_n\}$ 是 $(\mathscr{G}_n)$ 下鞅, $\{H_n\}$ 非负,那么 $\{Y_n\}$ 也是 $(\mathscr{G}_n)$ 下鞅.

证明很简单. 由条件期望性质

$$\mathbb{E}[Y_{n+1}-Y_n\mid\mathscr{G}_n]=H_n\,\mathbb{E}[X_{n+1}-X_n\mid\mathscr{G}_n],$$

这样,定理的两个结论是显然的.

只要投资者没有超能力,不能预知未来,那么不管什么策略,游戏还是公平的.

上面的定理是随机分析中非常本质的结果. 千百年来,赌徒们总是想在赌桌上发现对自己有利的策略,经验说明这是徒劳的. 以上定理从理论上满意地解释了这个经验,也再次诠释了 Feller 的话([4], 第 198 页). 设 X_n 是第 n 次赌博后某赌徒 A 的所有赌资,则 $X_n - X_{n-1}$ 是 A 第 n 次赌博中输赢的数目,另一个赌徒 B 赌 A 的运气, H_n 是乘子,也就是 B 的策略. 但 B 也不可能预知下一局 A 的输赢, H_n 只能根据 X_0, X_1, …, X_{n-1} 的结果决定,即 H_n 是 $\mathscr{F}_{n-1}$ 可测的,定理指出 B 的运气不可能比 A 更好,也不可能更坏.

§6.2.1 停时

在这一节,我们将重新考察停时和 Wald 等式.

在某个时间停止赌博是一种简单策略. 让我们引入停时的概念,它是概率论中最重要的概念之一. 当我们谈到时间的时候,实际上有两种:一种是固定的时间,那年那月那天几点几分,另一种是随机时间. 这里我们介绍随机时间的概念:一个非负整数值(可以等于无穷)随机变量 τ 称为随机时间. 随机时间有两种:一种是随时可以根据当前的信息判断这个时间是否已经到达,另一种需要未知的信息才能判断. 想象一种场景,你在炒股,需要不断地做出决定,例如股票价格达到 100 元就抛出,达到 50 元就买进,这是你可以执行的,只需要当前的信息;当然你更想在股票价格达到最低点时买入、达到最高点时抛出. 因为要判断是否一年中的最高点,但这个做不到,因为需要股票未来的信息. 这两种时间有本质的不同,第一种随机时间是我们所关心的,称为停时,其数学定义如下:

定义 6.2.1 一个值域为 I 的随机变量 T 称为(相对于流 $(\mathscr{F}_n: n \in I)$ 的)停时,如果对任何 $n \in I$, $\{T = n\} \in \mathscr{F}_n$.

首先要验证的是固定时间总是停时. 阅读这个定义,这是说某个事情发生的时间是否是 n, 只需要 n 这个时间之前的信息就可以判断. 上面的定义等价于对任何 n 有 $\{T \leqslant n\} \in \mathscr{G}_n$. 这是说某个事情是否在时间 n 之前发生,只需 n 之前的信息可以判断. 典型的停时是首中时,如果 A 是 Borel 集,定义 T 是序列 $\{X_n: n \in I\}$ 首次遇到 A 的时间,即 $T := \inf\{n \in I: X_n \in A\}$, 那么 T 是停时,理由是

$$\{T = n\} = \{X_n \in A\} \cap \{X_{n-1} \notin A\} \cap \cdots \cap \{X_0 \notin A\} \in \mathscr{F}_n.$$

因为 $\mathscr{F}_n$ 关于 n 递增,故 T 是停时等价于对任何 $n \in I$, $\{T \leqslant n\} \in \mathscr{F}_n$.

对于随机序列 $\{X_n: n \in I\}$, 自然地在集合 $\{T = n\}$ 上定义 $X_T := X_n$, $n \in I$, 被称为 X 在停时 T 处的位置. 定义 T-停止序列

$$X_n^T(\omega) := X_{n \wedge T}(\omega), \quad n \geqslant 0,$$

它是说在时间 T 之后就停止不动了. 例如赌徒会说：我今天赢一百块就走了，这是随机时间停止，或者我今天到 12 点就走了，这是固定时间停止. 这是两种常见的停止，但一般不会说：我今天在赢最多的时候走，因为这件事情无法实现，"赢最多的时候"不是停时.

直观地想，什么时候停止也是一种策略，所以停止过程应该是某种策略关于 $\{X_n\}$ 的随机积分. 实际上，当 $n < T$ 时，游戏继续，反之游戏停止，因此

$$\begin{aligned} X_n^T &= \sum_{k=0}^{n-1} X_k 1_{\{T=k\}} + X_n 1_{\{T \geqslant n\}} \\ &= \sum_{k=0}^{n-1} X_k (1_{\{T \geqslant k\}} - 1_{\{T \geqslant k+1\}}) + X_n 1_{\{T \geqslant n\}} \\ &= X_0 + \sum_{k=1}^{n} 1_{\{T \geqslant k\}} (X_k - X_{k-1}). \end{aligned}$$

而 $\{T \geqslant n\} = \{T < n\}^c \in \mathscr{F}_{n-1}$，应用定理 6.2.1 得到 Doob 的有界停止定理.

定理 6.2.2　(Doob)　如果 $\{X_n: n \in I\}$ 是鞅，T 是停时，那么鞅的停止序列 $\{X_n^T: n \in I\}$ 也是鞅. 进一步，如果 T 是有界的，那么 $\mathbb{E}X_T = \mathbb{E}X_0$.

这个定理是非常有用的，但问题是停时一般都不会是有界的，所以研究什么情况下 $\mathbb{E}X_T = \mathbb{E}X_0$ 成立是非常有意义的问题. 首先举个例子说明，结论一般是不对的.

例 6.2.1　设 $\{X_n: n \geqslant 0\}$ 是直线上 0 出发的简单对称随机游动，它是鞅. 定义 T 是点 1 的首中时，那么 $X_T = 1$，所以 $\mathbb{E}X_T = 1 \neq 0 = \mathbb{E}X_0$. ∎

§6.2.2　Wald 等式

下面的定理说明在随机游动的情况下，T 的可积性能保证等式成立. 这个定理是上一章 Wald 等式（定理 5.3.1）的推广.

定理 6.2.3　设 $\{\xi_n: n \geqslant 1\}$ 是可积独立同分布随机序列且 $\mathbb{E}\xi_1 = 0$，T 是可积停时，则 $\mathbb{E}\sum_{n=1}^{T} \xi_n = 0$.

证明　定义 $X_n := \sum_{i=1}^{n} \xi_i$，那么 $\{X_n: n \geqslant 1\}$ 是鞅. 由 Doob 停止定理，对任何 n，$\mathbb{E}X_{T \wedge n} = 0$. 因此如果 T 有界，定理结论成立. 下面我们证明当 T 可积时，X_T 可积. 事实上，

$$\mathbb{E}\left(\sum_{i=1}^{T \wedge n} |\xi_i|\right) = \mathbb{E}(T \wedge n) \cdot \mathbb{E}|\xi_1|,$$

因此由单调收敛定理，得

$$\mathbb{E}\mid X_T\mid\leqslant\mathbb{E}\sum_{i=1}^{T}\mid\xi_i\mid=\lim_{n\to\infty}\mathbb{E}(T\wedge n)\cdot\mathbb{E}\mid\xi_1\mid=\mathbb{E}T\cdot\mathbb{E}\mid\xi_1\mid<\infty.$$

而 $\mathbb{E}(X_{T\wedge n})=\mathbb{E}(X_T;\ T\leqslant n)+\mathbb{E}(X_n;\ T>n)$. 首先由控制收敛定理算右边第一项的极限，$\lim_n\mathbb{E}(X_T;\ T\leqslant n)=\mathbb{E}X_T$. 另一方面，$\mathbb{E}(\mid X_n\mid;\ T>n)\leqslant\mathbb{E}(\sum_{i=1}^{T}\mid\xi_i\mid;\ T>n)$，因为 $\sum_{i=1}^{T}\mid\xi_i\mid$ 可积，故再用控制收敛定理推出 $\mathbb{E}(\mid X_n\mid;\ T>n)\to 0$. 因此推出 $\mathbb{E}X_T=0$.

□

§6.2.3 首次通过时

前面我们用不同的方法讨论随机游动. 下面我们将看到鞅方法的优势.

例 6.2.2 让我们讨论从 0 出发的简单随机游动 $\{X_n\}$，它的 Bernoulli 序列 $\{\xi_n\}$ 服从的分布是

$$\mathbb{P}(\xi_n=1)=p,\quad \mathbb{P}(\xi_n=-1)=1-p=q.$$

显然，$\{X_n-n(p-q):\ n\geqslant 0\}$ 是鞅，但它不能解决我们的问题. 为什么不能解决呢？当然需要你自己试试. 任意取 $x>0$，

$$\mathbb{E}[x^{X_{n+1}}\mid\mathscr{G}_n]=x^{X_n}\,\mathbb{E}[x^{\xi_{n+1}}]=x^{X_n}(xp+x^{-1}q),$$

序列 $\{x^{X_n}\}$ 不是鞅，但可以看出对任何 $x>0$，

$$Y_n=x^{X_n}(xp+x^{-1}q)^{-n}$$

组成的随机序列是一个鞅. 对正整数 a，令

$$\tau_a:=\inf\{n>0:\ X_n=a\}.$$

因为 $\{Y_n\}$ 是鞅，所以 $\{Y_{\tau_a\wedge n}\}$ 也是鞅. 因此

$$\mathbb{E}[x^{X_{\tau_a\wedge n}}(xp+x^{-1}q)^{-\tau_a\wedge n}]=\mathbb{E}[Y_0]=1.$$

现在让 n 趋于无穷，这时 $\tau\wedge n$ 趋于 τ，当 $\tau<\infty$ 时，$X_\tau=a$，而当 $\tau=\infty$ 时，X_τ 是没有定义的. 什么时候极限与期望可以交换呢？因为 $\tau\wedge n\leqslant\tau$，所以 $X_{\tau\wedge n}\leqslant a$. 因此当 $x\geqslant 1$ 时，

$$x^{X_{\tau\wedge n}} \leqslant x^a.$$

当 $xp + x^{-1}q \geqslant 1$ 时

$$(xp + x^{-1}q)^{-\tau\wedge n} \leqslant 1.$$

当两个条件都满足时，$\{Y_n\}$ 被常数控制. 什么时候两个条件都满足呢? 分两种情况：

(1) $p \geqslant 1/2$. 这时 $x > 1$ 即保证两个条件满足.

(2) $p < 1/2$. 这时 $x > q/p$ 才能保证两个条件满足.

把上面的关键恒等式的左边分成两部分：$\{\tau < \infty\}$ 和 $\{\tau = \infty\}$. 在第一部分上，$\lim_n X_{\tau\wedge n} = a$，在第二部分上

$$\lim_n (xp + x^{-1}q)^{-\tau\wedge n} = 0.$$

因此，让 n 趋于无穷且应用控制收敛定理，推出

$$x^a \mathbb{E}[(xp + x^{-1}q)^{-\tau}] = 1.$$

现在我们来看两种不同情况. 在情况(1)时，让 $x \downarrow 1$，那么

$$\mathbb{P}(\tau < \infty) = 1.$$

说明几乎所有轨道都会到达 a 点. 在情况(2) 时，让 $x \downarrow q/p$，那么

$$\mathbb{P}(\tau < \infty) = (p/q)^a < 1,$$

这说明只有一部分轨道会达到 a 点，而且 p 越小或者 a 越远，概率越小. 这结论和直观符合.

在 $p \geqslant 1/2$ 时，$\mathbb{P}(\tau < \infty) = 1$，我们还可以写出 τ 的母函数

$$z \mapsto \mathbb{E}[z^\tau], \quad z \in (0, 1).$$

令 $xp + x^{-1}q = z$，即

$$x = \frac{z + \sqrt{z^2 - 4pq}}{2p} > 1,$$

所以

$$\mathbb{E}[z^\tau] = \left(\frac{z + \sqrt{z^2 - 4pq}}{2p}\right)^{-a} = \left(\frac{z - \sqrt{z^2 - 4pq}}{2q}\right)^a.$$

写出随机变量的母函数和写出它的分布律在本质上是一样的. 比如说我们可以用母函数

来算 τ 的期望，设 $a=1$，两边对 z 求导，然后让 $z\uparrow 1$，得

$$\mathbb{E}[\tau]=\frac{1}{2q}\left(1-\frac{1}{\sqrt{1-4pq}}\right)=\frac{1}{2p-1},$$

当 $p>1/2$ 时有限，当 $p=1/2$ 时无穷.

再来算首次回到出发点的首次回归时 τ_0 有限的概率 $\mathbb{P}(\tau_0<\infty)$. 由全概率公式

$$\begin{aligned}\mathbb{P}(\tau_0<\infty)&=p\,\mathbb{P}(\tau_0<\infty\mid X_1=1)+q\,\mathbb{P}(\tau_0<\infty\mid X_1=-1)\\&=2p\wedge q.\end{aligned}$$

只有对称时，$\mathbb{P}(\tau_0<\infty)=1$，否则小于 1. ∎

例 6.2.3(输光问题) 下面我们回到前面讨论的简单随机游动. 任取 $a\in\mathbf{Z}$，$a>0$，令 $T:=T_0\wedge T_a$，即首次通过 0 或 a 其一的时间或 $\{0,a\}$ 的进入时. 从上一节的结论知，对任何 $x\in\mathbf{Z}$，$0\leqslant x\leqslant a$，$\mathbb{P}^x(T_0<\infty)$ 与 $\mathbb{P}^x(T_a<\infty)$ 至少有一个是 1，故 $\mathbb{P}^x(T<\infty)=1$. 显然 $\{T<\infty\}=\{T_0<T_a\}\cup\{T_0>T_a\}$，我们令

$$q_x:=\mathbb{P}^x(T_0<T_a),$$

即从 x 出发的随机游动，到达点 0 在到达点 a 之前的概率. 形象地，这相当于 A，B 两人各带 x，$a-x$ 枚硬币参加一个简单随机游动形式的赌博游戏，游戏至其中某人输光所有的硬币时结束，因此 q_x 通常也称为输光概率，T 是游戏持续时间. 理论上，这称为一个具吸收壁 $\{0,a\}$ 的简单随机游动.

如果 $p=q=\dfrac{1}{2}$，那么 $\{\xi_n\}$ 是一个鞅，那么 $\{\xi_n^T\}$ 也是鞅，故

$$\mathbb{E}^x\xi_{n\wedge T}=\mathbb{E}^x\xi_0=x,$$

而

$$\begin{aligned}\mathbb{E}^x\xi_{n\wedge T}&=\mathbb{E}^x(\xi_{n\wedge T};\ T\geqslant n)+\mathbb{E}^x(\xi_{n\wedge T};\ T<n)\\&=\mathbb{E}^x(\xi_n;\ T\geqslant n)+\mathbb{E}^x(\xi_T;\ T<n).\end{aligned}$$

当 $T\geqslant n$ 时，$\xi_n\leqslant a$，故

$$E^x(\xi_n;\ T\geqslant n)\leqslant a\,\mathbb{P}^x(T\geqslant n)\to 0,$$

由单调收敛定理，

$$\mathbb{E}^x(\xi_T;\ T<n)\uparrow\mathbb{E}^x(\xi_T;\ T<\infty)=\mathbb{E}^x\xi_T.$$

而

$$\mathbb{E}^x\xi_T = \mathbb{E}^x(\xi_T;\ T_0 < T_a) + \mathbb{E}^x(\xi_T;\ T_0 > T_a) = a\,\mathbb{P}^x(T_0 > T_a),$$

因此

$$q_x = 1 - \mathbb{P}(T_0 > T_a) = 1 - \frac{x}{a} = \frac{a-x}{a}.$$

如果 $p \neq q$，不妨设 $p > q$，那么 $\left\{\left(\frac{q}{p}\right)^{\xi_n}\right\}$ 是一个鞅，且 $\left\{\left(\frac{q}{p}\right)^{\xi_{n\wedge T}}\right\}$ 是有界的. 类似地，由单调收敛定理，我们有

$$\begin{aligned}\left(\frac{q}{p}\right)^x &= \mathbb{E}^x\left(\frac{q}{p}\right)^{\xi_{n\wedge T}} \\ &= \mathbb{E}^x\left[\left(\frac{q}{p}\right)^{\xi_n};\ n \leqslant T\right] + \mathbb{E}^x\left[\left(\frac{q}{p}\right)^{\xi_T};\ n > T\right].\end{aligned}$$

而且

$$\begin{aligned}&\mathbb{E}^x\left[\left(\frac{q}{p}\right)^{\xi_n};\ n \leqslant T\right] \leqslant \mathbb{P}^x(n \leqslant T) \to 0, \\ &\mathbb{E}^x\left[\left(\frac{q}{p}\right)^{\xi_T};\ n > T\right] \uparrow \mathbb{E}^x\left(\frac{q}{p}\right)^{\xi_T} \\ &= \mathbb{E}^x\left[\left(\frac{q}{p}\right)^{\xi_T};\ T_0 < T_a\right] + \mathbb{E}^x\left[\left(\frac{q}{p}\right)^{\xi_T};\ T_0 > T_a\right] \\ &= q_x + \left(\frac{q}{p}\right)^a \cdot \mathbb{P}^x(T_0 > T_a) \\ &= q_x\left[1 - \left(\frac{q}{p}\right)^a\right] + \left(\frac{q}{p}\right)^a,\end{aligned}$$

因此

$$q_x = \frac{\left(\frac{q}{p}\right)^x - \left(\frac{q}{p}\right)^a}{1 - \left(\frac{q}{p}\right)^a}. \quad \blacksquare$$

例 6.2.4(持续时间) 要计算持续时间 T 的母函数，我们需要一个含有 T 的鞅. 从例 6.1.2 知道，对任何 $\lambda > 0$，

$$\left\{\lambda^{\xi_n}\left(\lambda p + \frac{q}{\lambda}\right)^{-n}\right\}$$

是一个鞅. 不妨设 $p \geqslant q$，取 $\lambda \notin (q/p,\ 1)$，必有 $\lambda p + \frac{q}{\lambda} \geqslant 1$. 利用 Doob 停止定理，

$$\begin{aligned}\lambda^x &= \mathbb{E}^x \lambda^{\xi_{n\wedge T}} \left(\lambda p + \frac{q}{\lambda}\right)^{-(n\wedge T)} \\ &= \mathbb{E}^x \left[\lambda^{\xi_{n\wedge T}} \left(\lambda p + \frac{q}{\lambda}\right)^{-(n\wedge T)};\ n \leqslant T\right] + \mathbb{E}^x \left[\lambda^{\xi_{n\wedge T}} \left(\lambda p + \frac{q}{\lambda}\right)^{-(n\wedge T)};\ n > T\right],\end{aligned}$$

而

$$\mathbb{E}^x \left[\lambda^{\xi_{n\wedge T}} \left(\lambda p + \frac{q}{\lambda}\right)^{-n\wedge T};\ n \leqslant T\right] \leqslant (\lambda^a \wedge 1)\, \mathbb{P}^x (n \leqslant T) \to 0,$$

因此，我们有

$$\begin{aligned}\lambda^x &= \mathbb{E}^x \lambda^{\xi_T} \left(\lambda p + \frac{q}{\lambda}\right)^{-T} \\ &= \mathbb{E}^x \left[\left(\lambda p + \frac{q}{\lambda}\right)^{-T};\ T_0 < T_a\right] + \lambda^a\, \mathbb{E}^x \left[\left(\lambda p + \frac{q}{\lambda}\right)^{-T};\ T_0 > T_a\right].\end{aligned}$$

令 $\mu = \frac{q}{\lambda p}$，那么 $\lambda p + \frac{q}{\lambda} = \mu p + \frac{q}{\mu}$. 代入

$$\begin{aligned}\left(\frac{q}{\mu p}\right)^x = \mathbb{E}^x &\left[\left(\mu p + \frac{q}{\mu}\right)^{-T};\ T_0 < T_a\right] \\ &+ \left(\frac{q}{\mu p}\right)^a \mathbb{E}^x \left[\left(\mu p + \frac{q}{\mu}\right)^{-T};\ T_0 > T_a\right],\end{aligned}$$

将 μ 换写为 λ，得两个方程

$$\begin{cases}\lambda^x = \mathbb{E}^x \left[\left(\lambda p + \frac{q}{\lambda}\right)^{-T};\ T_0 < T_a\right] + \lambda^a\, \mathbb{E}^x \left[\left(\lambda p + \frac{q}{\lambda}\right)^{-T};\ T_0 > T_a\right], \\ \left(\frac{q}{\lambda p}\right)^x = \mathbb{E}^x \left[\left(\lambda p + \frac{q}{\lambda}\right)^{-T};\ T_0 < T_a\right] + \left(\frac{q}{\lambda p}\right)^a \mathbb{E}^x \left[\left(\lambda p + \frac{q}{\lambda}\right)^{-T};\ T_0 > T_a\right].\end{cases}$$

解出

$$\begin{aligned}\mathbb{E}^x \left(\lambda p + \frac{q}{\lambda}\right)^{-T} &= \mathbb{E}^x \left[\left(\lambda p + \frac{q}{\lambda}\right)^{-T};\ T_0 < T_a\right] + \mathbb{E}^x \left[\left(\lambda p + \frac{q}{\lambda}\right)^{-T};\ T_0 > T_a\right] \\ &= \frac{\lambda^{x-a}\left(\frac{q}{p}\right)^a - \lambda^x - \lambda^{a-x}\left(\frac{q}{p}\right)^x + \lambda^{-x}\left(\frac{q}{p}\right)^x}{\left(\frac{q}{p}\right)^a \lambda^{-a} - \lambda^a}.\end{aligned}$$

取 $|t|\leqslant 1$，令 $\lambda p+\frac{q}{\lambda}=\frac{1}{t}$，那么 λ 有两个根：

$$\lambda_1\equiv\lambda_1(t)=\frac{1+\sqrt{1-4t^2pq}}{2pt},\ \lambda_2\equiv\lambda_2(t)=\frac{1-\sqrt{1-4t^2pq}}{2pt}.$$

显然 $\lambda_1=\frac{q}{\lambda_2 p}$，因此，

$$\mathbb{E}^x t^T=\frac{\lambda_2(t)^x(\lambda_1(t)^a-1)-\lambda_1(t)^x(\lambda_2(t)^a-1)}{\lambda_1(t)^a-\lambda_2(t)^a}.$$

我们用它来计算 T 的数学期望：

$$D_x:=\mathbb{E}^x T=\lim_{t\uparrow 1}\frac{1-\mathbb{E}^x t^T}{1-t}.$$

设 $p>q$，那么 $t\uparrow 1$ 时，$\lambda_1\to 1$，$\lambda_2\to\frac{q}{p}$，且 $t=\frac{\lambda_1}{\lambda_1^2 p+q}$，因此，

$$\begin{aligned}
D_x&=\lim_{t\uparrow 1}\frac{1-\dfrac{\lambda_2^x(\lambda_1^a-1)-\lambda_1^x(\lambda_2^a-1)}{\lambda_1^a-\lambda_2^a}}{1-\dfrac{\lambda_1}{\lambda_1^2p+q}}\\
&=\lim_{t\uparrow 1}\frac{\lambda_1^x(\lambda_1^{a-x}-1)+\lambda_2^a(\lambda_1^x-1)+\lambda_2^x(1-\lambda_1^a)}{(\lambda_1 p-q)(\lambda_1-1)(\lambda_1^a-\lambda_2^a)}(\lambda_1^2p+q)\\
&=\frac{-(a-x)+x\left(\frac{q}{p}\right)^a+a\left(\frac{q}{p}\right)^x}{(p-q)\left(1-\left(\frac{q}{p}\right)^a\right)}\\
&=\frac{a}{p-q}\cdot\frac{1-\left(\frac{q}{p}\right)^x}{1-\left(\frac{q}{p}\right)^a}-\frac{x}{p-q}.
\end{aligned}$$

如果 $p=q=\frac{1}{2}$，那么 $\lambda_2=\lambda_1^{-1}$，因此如用 λ 表示 λ_2（或 λ_1），我们得

$$\begin{aligned}
\mathbb{E}^x t^T&=\frac{\lambda^x(\lambda^{-a}-1)-\lambda^{-x}(\lambda^a-1)}{\lambda^{-a}-\lambda^a}\\
&=\frac{\lambda^x(1-\lambda^a)-\lambda^{a-x}(\lambda^a-1)}{1-\lambda^{2a}}\\
&=\frac{\lambda^x+\lambda^{a-x}}{1+\lambda^a}.
\end{aligned}$$

而类似地，持续时间的期望

$$D_x = \lim_{t \uparrow 1} \frac{1 - \dfrac{\lambda^x + \lambda^{a-x}}{1+\lambda^a}}{1 - \dfrac{2\lambda}{1+\lambda^2}}$$

$$= \lim_{t \uparrow 1} \frac{(1-\lambda^x)(1-\lambda^{a-x})}{(1-\lambda)^2} \cdot \frac{1+\lambda^2}{1+\lambda^a} = x(a-x). \qquad \blacksquare$$

§6.3 在金融中的应用

§6.3.1 模型无关的定价定理

概率论公理体系和条件期望的概念诞生于20世纪30年代，Itô的随机分析理论诞生于1940年左右，Doob的鞅论诞生于1950—1960年，所以1930—1960年是随机分析的萌芽期，这个理论在20世纪70年代左右被日本和法国的概率论学者逐步完善. 芝加哥期权期货交易所诞生于20世纪70年代初，催生了衍生证券定价的数学理论. 第一篇关于欧式期权的定价的论文(*Journal of Political Economics*)发表于1972年，作者是Black & Scholes，他们用Itô公式在假设证券满足几何Brown运动的模型下给出了欧式期权价格的解析表达式，之后期权定价理论蓬勃发展，诞生了金融数学这个交叉学科，其中最重要的就是与模型无关(model free)的衍生证券定价第一与第二基本定理，它们大概诞生于20世纪八九十年代. 有此经历，我们说随机分析是一个幸运的学科，刚一孵化，便见证了在金融领域中辉煌的应用.

随机分析最有意义的应用是在金融领域的期权定价问题，让我们从离散时间说起. 一个金融市场上有两种东西：风险证券和可以无风险存贷款的银行. 设 $\{X_n: n \geqslant 0\}$ 是风险证券的价格，是个随机序列. 存贷款的收益由利率决定，简单地假设存贷款利率是一样的，都是 r，即存款 x，下个时刻的价值是 $(1+r)x$，$x>0$ 表示存款，$x<0$ 表示贷款.

在时刻 n，投资者的财富为 Y_n，他需要做一个决定：买 H_n 份证券，同样 $H_n>0$ 表示买入，$H_n<0$ 表示卖空(借证券卖出)，剩下的钱存入银行，即他的财富如下分配：

$$Y_n = H_n X_n + (Y_n - H_n X_n).$$

到下个时刻，他的财富 Y_{n+1} 中的风险部分变成 $H_n X_{n=1}$，存款部分变成 $(1+r)(Y_n - H_n X_n)$，

因此

$$Y_{n+1} = H_n X_{n+1} + (1+r)(Y_n - H_n X_n).$$

令

$$\widetilde{Y}_n = (1+r)^{-n} Y_n, \quad \widetilde{X}_n = (1+r)^{-n} X_n.$$

这是和利息相反的运算，称为折现. 这两个过程称为折现后的财富和证券价格过程. 变形得

$$(\widetilde{Y}_{n+1} - \widetilde{Y}_n) = H_n(\widetilde{X}_{n+1} - \widetilde{X}_n).$$

这个等式的意思是，折现后的财富是策略关于折现后证券价格的随机积分. 至于为什么要折现？是因为货币是有时间价值的.

设市场是给定的，即 $\{X_n\}$ 和利率 r 是给定的. 设 Y_0 是常数，表示初始财富，也就是本钱. 那么 $\{Y_n\}$ 是由初始财富 Y_0 以及策略 $\{H_n\}$ 决定的. 现在介绍一个套利的概念. 套利的直观意思是无风险的利润，或者说不管任何市场都有赚钱的机会. 怎么用数学来表达呢？

定义 6.3.1 市场有套利是指存在一个策略 $\{H_n\}$ 和一个时刻 N，使得 $Y_0 = 0$，而

$$Y_N \geqslant 0, \quad \mathbb{P}(Y_N > 0) > 0.$$

市场无套利就是不存在这样的策略，也就是说，对任何的策略 $\{H_n\}$、任何的时刻 N，如果 $Y_0 = 0$ 且 $Y_N \geqslant 0$，则必有 $Y_N = 0$ a. s.. 无套利市场也称为有效市场.

定义中 $Y_0 = 0$ 是指不需要本钱，$Y_N \geqslant 0$ 表示不会亏本，$\mathbb{P}(Y_N > 0) > 0$ 表示盈利的可能性是正的，两者合起来才是套利. 可以验证，在 $Y_N \geqslant 0$ 的前提下，$\mathbb{P}(Y_N > 0) > 0$ 等价于 $\mathbb{E}[Y_N] > 0$. 直观上，我们总是认为一个成熟的市场是不可能存在套利机会的. 这在数学上怎么表达呢？其实证券和利率应该也是有点关系的，通过两者投资的获利不应该相差太多，太多就意味着套利. 在概率空间 $(\Omega, \mathscr{F}, \mathbb{P})$ 可以有其他概率测度. 例如，如果 $\xi > 0$，且 $\mathbb{E}\xi = 1$，定义

$$\widetilde{\mathbb{P}}(A) := \mathbb{E}[\xi 1_A], \ A \in \mathscr{F},$$

那么 $\widetilde{\mathbb{P}}$ 也是概率测度. 可以看出来，这时两个概率测度有相同的零概率事件，即

$$\mathbb{P}(A) = 0 \Leftrightarrow \widetilde{\mathbb{P}}(A) = 0.$$

如果两个概率测度有相同的零概率事件集，我们说它们等价. 两个等价的概率测度会改变概率，但不改变基本的随机特性，不会把不可能变成可能，也不会把可能变成不可能. 鞅

的定义中概率测度是关键,一个概率测度下的鞅在另一个测度下一般不是鞅.

定理 6.3.1 (第一基本定理) 市场有效当且仅当存在一个等价概率测度 $\widetilde{\mathbb{P}}$,在这个测度下,折现后的证券价格过程 $\{\widetilde{X}_n\}$ 是鞅. 这个测度通常称为等价鞅测度.

这个定理的充分性比较容易证明,就是说,如果存在等价鞅测度,那么市场无套利. 因为如果 $\{\widetilde{X}_n\}$ 在测度 $\widetilde{\mathbb{P}}$ 是鞅,则 $\{\widetilde{Y}_n\}$ 在这个测度下也是鞅,所以

$$\widetilde{\mathbb{E}}[Y_0]=(1+r)^{-N}\widetilde{\mathbb{E}}[Y_N].$$

这里关于概率测度 $\widetilde{\mathbb{P}}$ 的期望也用符号 $\widetilde{\mathbb{E}}$ 表示. 如果有个策略 $\{H_n\}$ 和时刻 N,使得 $Y_0=0$ 且 $Y_N\geqslant 0$,那么 $\widetilde{\mathbb{E}}[Y_N]=0$,所以 $\widetilde{\mathbb{P}}(Y_N=0)=1$. 由概率等价性,推出 $\mathbb{P}(Y_N=0)=1$. 因此市场不存在套利.

必要性的证明不是那么容易,这里不再赘述,只是简单解释一下. 考虑两个随机变量 X_0, X_1,无套利假设蕴含 $\xi:=\widetilde{X}_1-X_0$ 或者恒等于 0,或者分布在 0 的两侧. 也就是

$$\mathbb{P}(\xi>0)\cdot\mathbb{P}(\xi<0)>0.$$

这时存在一个等价概率测度 $\widetilde{\mathbb{P}}$,使得 $\widetilde{\mathbb{E}}[\xi]=0$. 相当于说 $\{\widetilde{X}_0,\widetilde{X}_1\}$ 在概率测度 $\widetilde{\mathbb{P}}$ 下是个鞅.

怎么证明呢? 假设 $\{\xi>0\}$ 与 $\{\xi<0\}$ 的概率都是正的. 如果对所有的 $x\in\mathbf{R}$,有 $\mathbb{E}[e^{x\xi}]<\infty$,那么令

$$f(x)=\mathbb{E}[e^{x\xi}],$$

这是一个光滑函数,且由条件推出(请验证)

$$\lim_{|x|\to\infty}f(x)=+\infty.$$

因此这个函数在某个点 x_0 处达到最小值,必然有 $f'(x_0)=0$,即

$$\mathbb{E}[\xi\, e^{x_0\xi}]=0,$$

令

$$\widetilde{\mathbb{P}}(A):=\frac{\mathbb{E}[e^{x_0\xi};A]}{\mathbb{E}[e^{x_0\xi}]},$$

那么它是一个等价于 $\mathbb{P}$ 的概率测度,且 $\widetilde{\mathbb{E}}[\xi]=0$.

如果上面这个条件不满足怎么办? 没关系,稍微麻烦一点,我们可以证明:对任何 $x\in\mathbf{R}$,

$$\mathbb{E}[\mathrm{e}^{-\xi^2+x\xi}]<\infty.$$

然后差不多同样的程序可以证明之.我们把它单独写成一个命题,后面有用.

命题 6.3.1 存在等价概率测度 $\widetilde{\mathbb{P}}$,使得随机变量 ξ 的期望 $\widetilde{\mathbb{E}}[\xi]=a$ 的充分必要条件是 $\xi=a$ 或者分布在 a 的两边,即

$$\mathbb{P}(\xi>a)>0,\quad \mathbb{P}(\xi<a)>0.$$

有效市场定理看起来简单,但实际上意义伟大,称为衍生证券定价第一基本定理,它把市场的性质和一个数学概念结合起来了.什么是衍生证券?顾名思义,衍生证券是从证券衍生出来的,它的价值由证券决定,也就是关于证券价值可测,或者说是证券的函数.基本的衍生证券的例子是期权和期货,最简单的期权是欧式期权,是在未来某个敲定的时刻购买证券的权利,可以放弃,它在当前签约的时候是有价值的;期货是在未来某个敲定的时刻购买(或卖出)某种商品的约定,必须履约,它在当前签约的时候是没有价值的,只有在签约到到期这个时间段内因为商品现货价格变化才会有价值.期权和期货是金融市场最大的创新,现在各种名目繁多的衍生证券充斥市场,令人眼花缭乱,有的衍生证券的复杂程度即使对于专业人士也很难了解.因此衍生证券的定价便是一个重要的问题,而随机分析理论正好可以解释其中的一些现象.

什么是衍生证券的数学意义呢?通常来说,期权是一个合约:以某个敲定时刻 N 和某种敲定方式买卖证券的权利,它的价值 V 依赖于证券价格,但在时刻 N 时是明确的,因此它是 $X_1,\cdots,X_N$ 的函数,或者关于 $\sigma(X_1,\cdots,X_N)$ 可测.例如欧式买入期权:以敲定价格 K 购买证券的权利,那么

$$V=(S_N-K)^+;$$

证券公司会设计各种各样的期权,如美式、亚式以及其他花式期权.

通常的随机产品是用期望来定价的,比如市场上销售的彩票、保险公司的保险项目、赌场里面的赌博项目等.它背后的机制是大数定律,大数定律定价的原理是基于大样本,因为许多随机产品的平均价值收敛于期望.随机产品和通常产品不同的是,随机产品是有风险的,可能赚钱可能赔钱,经营的公司要靠样本数量增加来降低风险.这里的期望是指关于原始的真实的概率测度 $\mathbb{P}$ 的期望.如果市场是有效的,那么有一个等价鞅测度,它是一个虚拟的概率测度.随机产品在等价鞅测度 $\widetilde{\mathbb{P}}$ 下的期望可以作为定价,称为无套利定价,它想表达的意思是:如果不按照这个期望定价就会产生套利机会.但是金融里面有个著名的一价原理,就是在将来某个时刻价值一样的物品在当前的价格必须是一样的,否则一定会有套利,也就是说,等价鞅测度需要有唯一性,否则会产生不同的无套利定价,那就

没什么实际意义.

第二基本定理是说,等价鞅测度的唯一性等价于鞅表示定理,也就是可对冲,这样就产生另外一个重要的概念——无风险定价,这与大数定律的定价思想完全不同.无风险定价是应用对冲的思想把衍生证券具有的风险消除.衍生证券可以看成投资者对证券未来的价值直接下赌注,原则上讲,投资者可以通过对证券应用适当的初始投资和适当的投资策略来达到同样的目的,这是对冲的思想.但是对冲能够实现的基本条件是市场足够繁荣,有足够多的投资者和资金,这是市场完备的直观含义.

回归到数学,V 是敲定时刻为 N 的衍生证券,问题是:是否存在一个初始投资 Y_0 和策略 $\{H_n\}$,使得 $Y_N = V$? 如果有,我们说 V 是可以对冲的或者可以复制的,因为

$$\widetilde{Y}_n - \widetilde{Y}_{n-1} = H_{n-1}(\widetilde{X}_n - \widetilde{X}_{n-1}), \tag{6.3.1}$$

故

$$Y_0 = \widetilde{\mathbb{E}}[\widetilde{Y}_N] = (1+r)^{-N}\,\widetilde{\mathbb{E}}[V],$$

也就是说,初始投资是衍生证券关于等价鞅测度下的期望,它应该是无风险定价:卖出一份衍生证券的风险可以通过收取的费用 Y_0 以及一种投资策略来消除.

定义 6.3.2 如果所有的衍生证券都是可对冲的,那么我们说市场是完备的.

有效市场和完备市场可以通过一个简单的例子解释.一个见多识广的城里人去深山未开发的地区玩,被邀请在当地一个土著家吃饭,看到他使用的碗是一个汉朝的古董,市场上同样的东西可以拍卖到 100 万元.他问土著这个碗卖多少钱.这时有两种情况:

(1) 土著完全不了解外面的世界,说 10 元你就拿走吧.这是说市场不有效,土著没有充分了解信息.

(2) 土著通过电视或者以前的顾客了解这个碗在市场上值很多钱,但是因为没有有钱人接手,这个碗一直卖不出去,所以他泄气了,说 1 000 元你就拿走吧.这是说市场不完备,值钱的东西不一定能卖出去.

对(6.3.1)式两边的 n 从 1 到 N 求和,得

$$(1+r)^{-N}V = \sum_{n=1}^{N} H_{n-1}(\widetilde{X}_n - \widetilde{X}_{n-1}) + Y_0.$$

因为 $(\widetilde{X}_n)$ 在概率 $\widetilde{\mathbb{P}}$ 之下是鞅,所以我们说衍生证券可用鞅表示,这是对冲的数学意义.

定理 6.3.2 (第二基本定理) 假设市场是有效的,那么市场完备的充分必要条件是等价鞅测度唯一.

如果市场不有效,那么只有原来的概率 $\mathbb{P}$,$(1+r)^{-N}\,\mathbb{E}V$ 是衍生证券的大数定律定

价，它有风险，风险可以通过样本的增加来减少. 如果市场是有效的，那么在等价鞅测度下的期望 $(1+r)^{-N}\widetilde{\mathbb{E}}V$ 称为衍生证券的无套利定价. 如果没有完备性，那么它不一定被对冲，也就是说不能保证风险可以规避. 如果市场是有效而且完备的，那么无套利定价就是无风险定价，因为风险可以通过设计适当的市场投资策略被完全对冲.

§6.3.2 二叉树模型

以上理论是与具体模型无关的，第二基本定理很难证明. 下面考虑一个具体模型——二叉树模型. 我们在此特别情况下看第二基本定理.

设 $\{X_n: n\geqslant 0\}$ 是风险证券价格，通常价格总是正的，$(\mathscr{G}_n)$ 是它的自然流. 通常

$$\frac{X_n-X_{n-1}}{X_{n-1}}$$

理解为增长率或者涨幅，记为 η_n. 假设涨幅是独立同分布的，且令

$$\xi_n:=1+\eta_n=X_n/X_{n-1}>0,$$

那么

$$\xi_1,\xi_2,\cdots,\xi_n,\cdots$$

是独立同分布正随机变量序列，利率还是设为 r. 这样的市场称为简单市场. 我们来讨论两个问题：什么条件下市场是有效的？什么条件下市场是完备的？

有效市场是指存在等价鞅测度. 因为

$$\widetilde{\mathbb{E}}[\widetilde{X}_n\mid\mathscr{G}_{n-1}]=\widetilde{X}_{n-1}(1+r)^{-1}\widetilde{\mathbb{E}}[\xi_n],$$

故存在等价鞅测度的意思就是存在等价概率测度 $\widetilde{\mathbb{P}}$，使得

$$\widetilde{\mathbb{E}}[\xi_n]=1+r.$$

因为 ξ_n 不是常数，所以由上面的命题 6.3.1，它必须分布在 $1+r$ 的两边. 直观地说，它不能完全高于也不能完全低于利率收益，否则就有套利.

假设 ξ_n 取两个可能的值 $u>d>0$，

$$\mathbb{P}(\xi_n=u)=p>0,\quad \mathbb{P}(\xi_n=d)=q=1-p>0.$$

等价测度只会改变 p 的值，设 $\widetilde{\mathbb{P}}(\xi_n=u)=\widetilde{p}$. 那么，当 $u\widetilde{p}+d(1-\widetilde{p})=1+r$ 时，$\{\widetilde{X}_n\}$

在概率测度 $\widetilde{\mathbb{P}}$ 之下是鞅. 上面方程当且仅当 $u > 1+r > d$ 时有解

$$\widetilde{p} = \frac{1+r-d}{u-d},$$

也就是说,市场有效的充分必要条件是

$$u > 1+r > d.$$

而且等价鞅测度是唯一的,也就是说市场是完备的. 前面我们没有证明第二基本定理,就这个例子可以看看鞅表示性质是不是成立?

不妨设 $r=0$, 设敲定时间 $N=1$, 衍生证券 $V=V(X_1)=V(X_0\xi_1)$. 是否存在 Y_0 与 H_0, 使得

$$V(X_0\xi_1) = H_0(X_1 - X_0) + Y_0 = H_0 X_0(\xi_1 - 1) + Y_0? \tag{6.3.2}$$

因为 ξ_1 取两个值 u, d, 所以有两个方程:

$$V(X_0 u) = H_0 X_0 (u-1) + Y_0,$$
$$V(X_0 d) = H_0 X_0 (d-1) + Y_0.$$

两个方程、两个未知量,正好有唯一解

$$H_0 = \frac{V(X_0 u) - V(X_0 d)}{X_0(u-d)},$$
$$Y_0 = \frac{(u-1)V(X_0 d) + (1-d)V(X_0 u)}{u-d} = \widetilde{\mathbb{E}}[V].$$

这是一个满足第二基本定理条件的例子.

其实有唯一解的情况是很特别的,主要的原因是 ξ_n 取两个值,称为二叉树模型. 如果 ξ_n 是取三个值 $x_1 < x_2 < x_3$, 那么存在等价鞅测度的充分必要条件是

$$x_1 < 1+r < x_3.$$

因为方程

$$\widetilde{\mathbb{E}}[\xi_n] = x_1 \widetilde{p}_1 + x_2 \widetilde{p}_2 + x_3(1 - \widetilde{p}_1 - \widetilde{p}_2) = 1+r$$

有两个变量,故有解但不唯一,实际上有无穷多解,这时市场有效但不完备. 实际上这时候因为 ξ_1 有三个状态,(6.3.2)式有三个方程、两个变量,因此解 Y_0, H_0 不存在. 这是一个不满足第二基本定理条件的例子.

§6.3.3 美式买入期权

敲定时间 N、敲定价格 K 的欧式买入期权必须在到期日执行，不能提前执行，所以它到期的价值是 $(S_N-K)^+$，它在 0 时刻的价值是

$$\widetilde{\mathbb{E}}[(1+r)^{-N}(S_N-K)^+],$$

其中 $\widetilde{\mathbb{P}}$ 是等价鞅测度. 美式买入期权与欧式买入期权的区别是它可以提前执行. 如果在一个停时 $\tau\leqslant N$ 时刻执行，那么它在 N 时刻的价值是 $(1+r)^{N-\tau}(S_\tau-K)^+$，它在 0 时刻的价格是

$$\widetilde{\mathbb{E}}[(1+r)^{-\tau}(S_\tau-K)^+].$$

下面我们来证明

$$\widetilde{\mathbb{E}}[(1+r)^{-\tau}(X_\tau-K)^+]\leqslant\widetilde{\mathbb{E}}[(1+r)^{-N}(X_N-K)^+], \tag{6.3.3}$$

也就是说，美式买入期权提前执行不如在最后到期日执行.

为了证明这个，我们需要一个引理. 设 σ, τ 是两个停时，且 $\sigma\leqslant\tau$，那么

$$1_{\{\sigma<n\leqslant\tau\}}=1_{\{\tau\geqslant n\}}-1_{\{\sigma\geqslant n\}}.$$

令

$$Y_n:=X_{\tau\wedge n}-X_{\sigma\wedge n},$$

则

$$Y_n-Y_{n-1}=1_{\{\tau\geqslant n>\sigma\}}(X_n-X_{n-1}).$$

由 Doob 基本定理，如果 $\{X_n\}$ 是下鞅，那么 $\{Y_n\}$ 也是下鞅，推出下面的定理：

定理 6.3.3 如果 $\{X_n\}$ 是下鞅，且 σ, τ 都是停时，那么对任何 n，

$$\mathbb{E}[X_{\tau\wedge n}]\geqslant\mathbb{E}[X_{\sigma\wedge n}].$$

现在在等价测度 $\widetilde{\mathbb{P}}$ 下，$\{\widetilde{X}_n\}$ 是鞅，所以

$$(1+r)^{-n}(X_n-K)^+=(\widetilde{X}_n-(1+r)^{-n}K)^+,$$

而 $(1+r)^{-n}K$ 递减，因此 $\{\widetilde{X}_n-(1+r)^{-n}K\}$ 是下鞅. 又因为 $x\mapsto x^+$ 是凸且递增的函数，

所以 $\{(1+r)^{-n}(X_n-K)^+ : n\geqslant 0\}$ 是下鞅. 但是 $\tau\leqslant N$, 由以上定理推出(6.3.3)式.

习 题

1. 若 $\{Z_n, n\geqslant 1\}$ 是鞅, 证明对 $1\leqslant k<n$, 有

$$\mathbb{E}[Z_n \mid Z_1, \cdots, Z_k]=Z_k.$$

2. 验证: 当 X_n 是一个分支过程的第 n 代的总量, 每个个体的平均后代数是 m 时, $\{X_n/m^n, n\geqslant 1\}$ 是鞅.

3. 对简单随机游动, $p\neq 1/2$, 论证 $\{(q/p)^{S_n}, n\geqslant 1\}$ 是鞅.

4. 若 $S_n=\sum\limits_{i=1}^{n}X_i$, $n\geqslant 1$ 是随机游动, $\mathbb{E}[X_i]=0$, 及 $D(X_i)=\sigma^2<\infty$, 证明: $Z_n=S_n^2-n\sigma^2$ 时, $\{Z_n, n\geqslant 1\}$ 是鞅.

5. 进一步讨论上题. 如果 T 是停时且 $\mathbb{E}[T]<\infty$, 则

$$\mathbb{E}[S_T]<\infty, \quad \mathbb{E}[Y_T]=0, \quad D(Y_T)=\sigma^2\,\mathbb{E}[T].$$

6. 考虑一个公平博弈问题. 设 $\{X_n, n\geqslant 1\}$ 是一个独立同分布的随机序列:

$$\mathbb{P}(X_i=1)=\mathbb{P}(X_i=-1)=\frac{1}{2}.$$

将其视为一个掷硬币的游戏结果: 出现正面则赢一元, 反面则输一元. 假设按以下规则进行赌博: 每次掷硬币之前的赌注都比上次翻一倍, 直到赢了赌博即停. 令 W_n 为第 n 次赌博后所输(或赢)的总钱数, $W_0=0$, 记 $\mathscr{F}_n=\sigma\{X_k, k\leqslant n\}$, 试证 $(W_n, \mathscr{F}_n)$ 是一个鞅.

7. 进一步考虑上题中的随机序列 $\{X_n, n\geqslant 1\}$, 假设每次赌博所下的注与前面掷硬币的结果有关, 用 B_n 表示第 n 次所下的赌注, 显然 B_n 是 $\mathscr{F}_{n-1}$ 可测的. 类似定义 W_n, $n\geqslant 0$ 如下:

$$W_n=\sum_{i=1}^{n}B_iX_i, \quad W_0=0,$$

假设 $\mathbb{E}\mid B_n\mid<\infty$, 试证 $(W_n, \mathscr{F}_n)$ 是一个鞅.

8. 设 $\{X_n, n\geqslant 0\}$ 是独立同分布随机序列: $\mathbb{P}(X_n=1)=p=1-\mathbb{P}(X_n=-1)$. 试判断下列 T 是否是停时, 其中约定 $\min\emptyset=+\infty$.

(1) $T=\min\left\{n\geqslant 0, \sum\limits_{k=0}^{n+1}X_k=0\right\}$;

(2) $T=\min\left\{n\geqslant 0, \sum_{k=0}^{n+1} X_k > 0\right\}$.

9. 令 $Z_n = X_1X_2\cdots X_n$，其中 X_i, $i\geqslant 1$ 是独立的随机变量,具有

$$\mathbb{P}(X_i=2)=\mathbb{P}(X_i=0)=\frac{1}{2}.$$

令 $N=\min\{n: Z_n=0\}$，问鞅停止定理是否可用？如果是,你能得到什么结论？如果否，说明为什么？

10. 设 $\{X_n, n\geqslant 0\}$ 是非负的独立同分布随机序列，$\mathbb{P}(X_0>0)=1$，$\mathbb{E}[X_0]=m$. 令

$$S_n=\sum_{k=0}^{n} X_k,\quad T_x=\min\{n\geqslant 0, S_n > x\},$$

其中约定 $\min\emptyset=+\infty$, $x>0$. 证明：

(1) T_x 是停时；

(2) 对任意 $x>0$，

$$\frac{x}{m}\leqslant \mathbb{E}[T_x] < \frac{x}{m}+1.$$

11. 设 $\{X_n, n\geqslant 1\}$ 是鞅，令 $M_n=X_n-X_{n-1}$, $n\geqslant 1$, $X_0=0$，试证：

$$D(X_n)=\sum_{i=1}^{n} D(M_i).$$

第七章

Brown 运动

如果数学概念有血统的话，那么 Brown 运动绝对有辉煌的血统. 它是生物学家 R. Brown 首先提出来研究的一种现象——花粉在液体表面的运动. 然后由历史上最伟大的物理学家之一 A. Einstein 在研究热传导现象的时候给出其转移密度函数，最终由天才的数学家、控制论创始人 N. Wiener 证明了其轨道的连续性，证明了它是花粉运动的一个恰当的数学模型. 当然，Brown 运动也无愧于其血统，它绝对是概率论中最重要、被用得最多的一个随机过程.

无论从哪个角度——重要性及其历史，Brown 运动确实是一个值得多说几句的理论. 经典的 Brown 运动是指花粉在液体表面的无规则运动，应该有很多人早就注意到这个现象. 苏格兰植物学家 Robert Brown 是第一个对它进行描述和研究的人，他的论文发表于 1827 年. 他开始以为这样的运动是由于外力或者花粉的生命力所导致的，但后来发现和这些似乎应该是的原因都没有关系. 当然，论文是描述性的，并没有数学表达式，因此没有引起科学家的注意. 1860 年开始，物理学家注意到这个现象并寻求本质的解释. 他们发现以下几个特征：

(1) 粒子时刻在等可能地朝不同方向运动；

(2) 进一步的运动与之前的运动无关；

(3) 永远不会停止.

实际上，这样的运动具有普遍性，不限于生物学和物理学. 1900 年，法国数学家 Henri Poincaré 的学生 Bachelier 的博士论文研究股票的运动，得到股票价格的转移密度函数 $p_t(x)$ 满足热传导方程. 也许是因为他的工作太超前的原因，他的这个结果直到 50 多年后才被人注意.

引起重视的是 A. Einstein 的工作,他在 1905 年研究粒子运动时也得到同样的结果:粒子运动作为一个随机过程,其转移密度函数满足热传导方程. Einstein 后来说他不知道 Brown 运动的故事,他的工作是想证明原子的存在性,因为如果原子理论是真的,应该可以观察到这样的运动.

来自众多天才的工作说明我们可以构造一个随机过程 $\{X_t\}$,它满足

$$\mathbb{P}(X_t \in A \mid X_s = x) = \int_A p_t(y-x)\mathrm{d}y,$$

其中 $x \mapsto p_t(x)$ 称为转移密度函数,满足

$$\frac{\partial p_t}{\partial t} = c \cdot \frac{\partial^2 p_t}{\partial x^2},$$

这里 c 是传导系数,通常取为 1/2. 实际上满足以上方程的解是方差为 t 的正态分布密度函数

$$p_t(x) = \frac{1}{\sqrt{2\pi t}}\exp\left\{-\frac{x^2}{2t}\right\}.$$

Einstein 在做这个工作时也不知道 Brown 的论文,后来数学家发现这样的运动在随机性上有共同性,与 Brown 观察到的粒子运动相似,所以统一称为 Brown 运动. 为了和实际模型符合,数学上还有一道难题需要证明,也就是说要证明这样的随机过程的几乎所有轨道是连续的,这个工作最为困难. 因为那时概率论公理体系尚未出现,人们还在黑暗中摸索,比如摸索怎么构造一个随机过程,怎么才能证明轨道的连续性,等等. 一直到 1923 年天才 N. Wiener 证明了轨道连续性. 要知道,这早于概率公理体系 10 年.

如果你观察过花粉在液体表面的运动,你大概会感觉到 Brown 运动是什么意思. 它是一种无休止地受到各个方向分子撞击所引起的运动,所以毫无规律可言,方向是完全随机的. 但是这无法给你什么数学感觉,要得到数学上的感觉,我们要回到简单对称随机游动 $\{X_n\}$,首先我们看到,由中心极限定理,$X_n/\sqrt{n}$ 依分布收敛于标准正态分布. 把 $\{X_n\}$ 连续化,对 $\omega \in \Omega$,将 $(n, X_n(\omega))$ 与 $(n+1, X_{n+1}(\omega))$ 用直线连接起来,得到一个 $[0, \infty)$ 上的函数:$X_t(\omega)$,得到一个连续时间的随机过程 $\{X_t\}$,是个折线过程. 然后我离开,离得越来越远,在远处看这个折线过程,就像是 Brown 运动了,具体地说,需要对空间和时间进行细化. 令

$$Y_t^{(k)} := X_{kt}/\sqrt{k}, \quad k \geq 1.$$

空间和时间细化的比例是不同的,时间间隔是 $1/k$,空间间隔是 $1/\sqrt{k}$. 那么当 k 趋于无穷

时，$\{Y_t^{(k)}\}$ 的极限是 Brown 运动. 这个结果称为 Donsker 不变原理，是中心极限定理的升级版. 证明很不容易，涉及无穷维空间的 Skorohod 拓扑.

§7.1 Brown 运动的定义

定义 7.1.1 若 $\{B(t),\ t \geqslant 0\}$ 满足：

(1) $\{B(t)\}$ 是独立增量过程；

(2) 对任意 $s,\ t > 0$，$B(s+t) - B(s) \sim N(0,\ t)$；

(3) $B(t)$ 是关于 t 的连续函数，

则称 $\{B(t),\ t \geqslant 0\}$ 为 Brown 运动或 Wiener 过程，注意有时也把 $B(t)$ 写成 B_t. 特别地，当 $B(0) = 0$ 时，称 $\{B(t),\ t \geqslant 0\}$ 为标准 Brown 运动. 此时，$B(t) \sim N(0,\ t)$，相应密度为

$$p_t(x) = \frac{1}{\sqrt{2\pi\, t}} \mathrm{e}^{-\frac{x^2}{2t}}.$$

例 7.1.1 假设 $\{B(t),\ t \geqslant 0\}$ 是一维 Brown 运动，求：

(1) $B(1) + 3B(2)$ 的分布；

(2) $\mathrm{cov}(B(1) + B(3),\ B(3) - B(2))$；

(3) $\mathbb{P}(B(7) \leqslant 3 \mid B(1) = 1,\ B(3) = 2)$.

事实上，(1) $B(1) + 3B(2) = B(1) + 3[B(1) + (B(2) - B(1))] = 4B(1) + 3(B(2) - B(1)) \sim N(0,\ 25)$.

(2) $\mathrm{cov}(B(1) + B(3),\ B(3) - B(2)) = \mathrm{cov}(B(1) + B(2) + (B(3) - B(2),\ B(3) - B(2)) = D(B(3) - B(2)) = 1$.

(3) $\mathbb{P}(B(7) \leqslant 3 \mid B(1) = 1,\ B(3) = 2) = \mathbb{P}(B(7) - B(3) \leqslant 1 \mid B(1) = 1,\ B(3) = 2) = \mathbb{P}(B(7) - B(3) \leqslant 1) = \Phi(0.5)$. ▎

§7.2 Brown 运动的性质

首先我们关注 Brown 运动轨道的性质(见图 7.1).

定理 7.2.1 Brown 运动的几乎每条样本轨道是连续的，并且点点不可导.

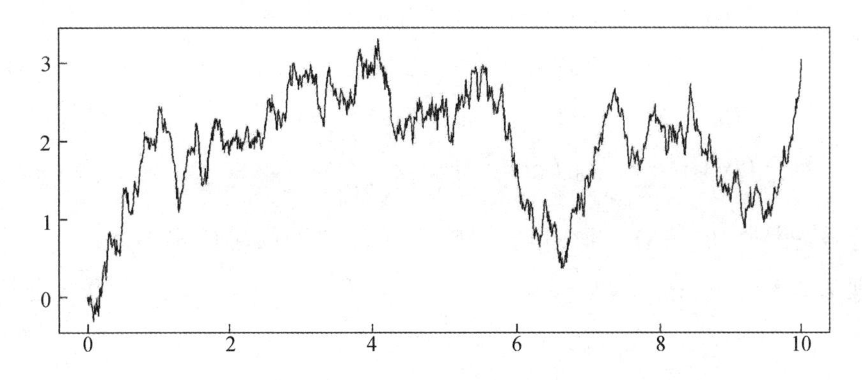

图 7.1 标准布朗运动的一条样本轨道

严格地证明该定理比较困难，我们将在第五节再做详细讨论. 直观地看，若 $B(t)$ 在 t_0 有导数，则

$$\frac{B(t_0+h)-B(t_0)}{h}$$

当 h 趋于 0 时极限存在. 而由 Brown 运动的平稳性和正态性，$B(t_0+h)-B(t_0) \sim N(0,\ h)$，所以

$$\frac{B(t_0+h)-B(t_0)}{\sqrt{h}} \sim B(1)$$

是标准正态分布的. 因此对任何 $M > 0$，当 $h \to 0$ 时，

$$\mathbb{P}\left(\left|\frac{B(t_0+h)-B(t_0)}{h}\right| \leqslant M\right)$$
$$= \mathbb{P}(\mid B(h)/h \mid \leqslant M) = \Phi(\mid B(1) \mid \leqslant M\sqrt{h}) \to 0.$$

这与可导的假设矛盾. 但因为 t_0 固定，所以这其实只证明了在几乎每条样本轨道上，其在 t_0 处导数均不存在. 离定理的结论在几乎所有的样本轨道上，处处不可导——还有距离.

比较 Brown 运动与 Poisson 过程可以发现，二者都是具有平稳独立增量性的，但增量所服从的分布有很大不同，从而导致 Poisson 过程的样本轨道是完全跳跃的，而 Brown 运动的样本轨道是连续的.

下面讨论 Brown 运动的概率性质：

定理 7.2.2 Brown 运动是一个马氏过程.

证明 事实上，对于 $0 \leqslant s,\ t$，

$$\begin{aligned}&\mathbb{P}(B(t+s)\leqslant a \mid B(s)=x,\ B(v)=x_v,\ 0\leqslant v<s)\\&=\mathbb{P}(B(t+s)-B(s)\leqslant a-x \mid B(s)=x,\ B(v)=x_v,\ 0\leqslant v<s)\\&=\mathbb{P}(B(t+s)-B(s)\leqslant a-x \mid B(s)=x)\\&=\mathbb{P}(B(t+s)\leqslant a \mid B(s)=x).\end{aligned}$$

第二个等号是因为 $B(t+s)-B(s)$ 与时刻 $v\in[0,s)$ 的位置 $B(v)$ 独立. □

定理 7.2.3 对任意 $0=t_0<t_1<\cdots<t_n$, $(B(t_1),\cdots,B(t_n))$ 的联合密度为

$$f_{t_1,\cdots,t_n}(x_1,\cdots,x_n)=\prod_{i=1}^{n}f_{t_i-t_{i-1}}(x_i-x_{i-1}).$$

其中 $f_t(x)=\frac{1}{\sqrt{2\pi t}}\mathrm{e}^{-\frac{x^2}{2t}}$.

证明 对 n 用数学归纳法证明即可. 当 $n=2$ 时,由马氏性和平稳性,

$$\mathbb{P}(B(t_2)\leqslant x_2 \mid B(t_1)=x_1)=\mathbb{P}(B(t_2)-B(t_1)\leqslant x_2-x_1),$$

给定 $B(t_1)=x_1$, $B(t_2)$ 的条件密度

$$f_{t_2}(x_2 \mid B(t_1)=x_1)=f_{t_2-t_1}(x_2-x_1).$$

所以由条件密度的性质,

$$f_{t_1,t_2}(x_1,x_2)=f_{t_2}(x_2 \mid X(t_1)=x_1)f_{t_1}(x_1)=f_{t_1}(x_1)f_{t_2-t_1}(x_2-x_1).$$

假设 $n=k$ 时原式成立,同理

$$\begin{aligned}&\mathbb{P}(B(t_{k+1})\leqslant x_{k+1} \mid B(t_k)=x_k,\ B(t_j)=x_j,\ 1\leqslant j\leqslant k-1)\\&=\mathbb{P}(B(t_{k+1})-B(t_k)\leqslant x_{k+1}-x_k \mid B(t_k)=x_k)\\&=\mathbb{P}(B(t_{k+1})-B(t_k)\leqslant x_{k+1}-x_k).\end{aligned}$$

$$f_{t_{k+1}}(x_{k+1} \mid B(t_j)=x_j,\ 1\leqslant j\leqslant k-1)=f_{t_{k+1}-t_k}(x_{k+1}-x_k).$$

从而

$$\begin{aligned}&f_{t_1,\cdots,t_{k+1}}(x_1,\cdots,x_{k+1})\\&=f_{t_1,\cdots,t_k}(x_1,\cdots,x_k)f_{t_{k+1}}(x_{k+1} \mid X(t_j)=x_j,\ 1\leqslant j\leqslant k-1)\\&=f_{t_1}(x_1)f_{t_2-t_1}(x_2-x_1)\cdots f_{t_{k+1}-t_k}(x_{k+1}-x_k).\end{aligned}$$

得证. □

该定理给出了 Brown 运动的有限维分布. 从理论上,过程的有限维分布可以用来计算任何概率值.

例 7.2.1 对任意 $s < t$, 求 $B(s) \mid B(t) = B$ 的分布,其中 B 是任意实数. 事实上,因为

$$f_{s|t}(x \mid B) = \frac{f_s(x) f_{t-s}(B-x)}{f_t(B)} = c_1 \exp\left\{-\frac{x^2}{2s} - \frac{(B-x)^2}{2(t-s)}\right\}$$
$$= c_2 \exp\left\{-\frac{t(x - Bs/t)^2}{2s(t-s)}\right\},$$

所以条件分布也是正态分布. 相应地,

$$\mathbb{E}[B(s) \mid B(t) = B] = Bs/t,$$
$$D(B(s) \mid B(t) = B) = s(t-s)/t.$$

方差不依赖于 B, 即如果 $s/t = \alpha \in (0, 1)$, 则

$$B(s) \mid B(t) \sim N(\alpha B(t), \alpha(1-\alpha)t).$$ ∎

定义 7.2.1 若过程 $\{X(t), t \in T\}$ 对任意 $t_1 < t_2 < \cdots < t_n$,

$$(X(t_1), \cdots, X(t_n))$$

的联合分布为 n 维正态分布,则称 $\{X(t), t \in T\}$ 为 Gauss 过程.

注意到, Gauss 过程的概率性质由均值函数和协方差函数完全确定. 显然, Brown 运动是 Gauss 过程.

下面的定理给出判断 Gauss 过程为 Brown 运动的充要条件.

定理 7.2.4 设 $\{B(t), t \geqslant 0\}$ 是轨道连续的 Gauss 过程, $B(0) = 0$ 且

$$\mathbb{E}B(t) = 0, \quad \mathbb{E}[B(s)B(t)] = t \wedge s (\forall s, t > 0), \tag{7.2.1}$$

则 $\{B(t), t \geqslant 0\}$ 是 Brown 运动;反之亦然.

证明 首先证明充分性. 若 B 为 Brown 运动,则 B 为 Gauss 过程. 由 Brown 运动的定义可知,轨道连续且 $\mathbb{E}B(t) = 0$. 令 $0 < s \leqslant t$,

$$\mathbb{E}[B(t)B(s)] = \mathbb{E}[(B(t) - B(s) + B(s))B(s)]$$
$$= \mathbb{E}[B(t) - B(s)]\mathbb{E}[B(s)] + s = s,$$

所以, $\mathbb{E}[B(t)B(s)] = t \wedge s$.

下面证明必要性. 若 B 是 Gauss 过程且满足 (7.2.1) 式,则对任意 $s, t > 0$,

$$\begin{aligned}
\mathbb{E}[B(t)-B(s)] &= \mathbb{E}[B(t)]-\mathbb{E}[B(s)]=0,\\
\mathbb{E}[B(t)-B(s)]^2 &= \mathbb{E}B^2(t)+\mathbb{E}B^2(s)-2\,\mathbb{E}[B(t)B(s)]\\
&= t+s-2(t\wedge s)=|t-s|.
\end{aligned}$$

而对任意 $s_1<t_1<s_2<t_2$,

$$\begin{aligned}
&\mathbb{E}[(B(t_1)-B(s_1))(B(t_2)-B(s_2))]\\
&= \mathbb{E}[B(t_1)B(t_2)]-\mathbb{E}[B(t_1)B(s_2)]-\mathbb{E}[B(s_1)B(t_2)]+\mathbb{E}[B(s_1)B(s_2)]\\
&= t_1-t_1-s_1+s_1=0.
\end{aligned}$$

也就是说,$B(t)$ 有独立增量且服从 $N(0,\ |t-s|)$,B 的轨道又是连续的,所以 B 是 Brown 运动. □

由此我们可以得到 Brown 运动的平移不变性和刻度不变性(亦称自相似性).

推论 7.2.1 若 $\{B(t),\ t\geqslant 0\}$ 是 Brown 运动,$a,\ c>0$,则

(1) $\{B(t)-B(a);\ t\geqslant 0\}$ 是 Brown 运动;

(2) $\{B(ct)/\sqrt{c};\ t\geqslant 0\}$ 是 Brown 运动.

下面的结果表示 Brown 运动 0 与 ∞ 的对称性.

定理 7.2.5 设 $\widetilde{B}(t):=\begin{cases} tB(1/t), & t>0,\\ 0, & t=0,\end{cases}$ 则 $\{\widetilde{B}(t),\ t\geqslant 0\}$ 是 Brown 运动.

证明 易证 $\{\widetilde{B}(t),\ t\geqslant 0\}$ 是连续的 Gauss 过程,且对任意 $t,\ s\geqslant 0$,

$$\mathbb{E}[\widetilde{B}(t)]=0,\quad \mathbb{E}[\widetilde{B}(t)\widetilde{B}(s)]=t\wedge s.$$

往证:$\lim\limits_{t\downarrow 0}\widetilde{B}(t)=0$ a. s.

事实上,

$$\widetilde{F}:=\{\lim_{t\downarrow 0}\widetilde{B}(t)=0\}=\bigcap_{m=1}^{\infty}\bigcup_{n=1}^{\infty}\bigcap_{t\in\mathbb{Q}\cap(0,\,1/n)}\{|\widetilde{B}(t)|<1/m\},$$

$$F:=\{\lim_{t\downarrow 0}B(t)=0\}=\bigcap_{m=1}^{\infty}\bigcup_{n=1}^{\infty}\bigcap_{t\in\mathbb{Q}\cap(0,\,1/n)}\{|B(t)|<1/m\},$$

因为 $\{\widetilde{B}(t),\ t\geqslant 0\}$ 与 $\{B(t),\ t\geqslant 0\}$ 有相同的有限维分布,所以

$$\mathbb{P}(\widetilde{F})=\mathbb{P}(F)=1.$$ □

引理 7.2.1 $\mathbb{P}(\sup\limits_{t\geqslant 0}B(t)=\infty)=1.$

证明 令 $Z := \sup_{t\geqslant 0} B(t)$，因为 Brown 运动的自相似性，对任何 $c>0$，cZ 与 Z 都相同，从而

$$\mathbb{P}(Z\in(0,u))=\mathbb{P}(cZ\in(0,u))=\mathbb{P}(Z\in(0,u/c)),$$

由 c 的任意性，有 $\mathbb{P}(Z\in(0,u))=0$，所以 $\mathbb{P}(Z\in\{0,\infty\})=1$.

$$\begin{aligned}\mathbb{P}(Z=0)&=\mathbb{P}(B(t)\leqslant 0,\ \forall t\geqslant 0)\\&\leqslant\mathbb{P}(B(1)\leqslant 0,\ \sup_{t\geqslant 0}(B(t+1)-B(1))=0)\\&=\mathbb{P}(B(1)\leqslant 0)\,\mathbb{P}(Z=0)=\frac{1}{2}\mathbb{P}(Z=0),\end{aligned}$$ □

所以 $\mathbb{P}(Z=0)=0$，即 $\mathbb{P}(Z=\infty)=1$.

定理 7.2.6 $\mathbb{P}(\limsup_{t\geqslant 0} B(t)=\infty,\ \liminf_{t\geqslant 0} B(t)=-\infty)=1$.

证明 存在 Ω_0，使得 $\mathbb{P}(\Omega_0)=1$，且对任意 $\omega\in\Omega_0$，

$$B(t,\omega)\text{ 是关于 } t \text{ 的连续函数且} \sup_{t\geqslant 0}B(t,\omega)=\infty.$$

所以对任意 $t>0$，$\sup_{u\leqslant t}B(t,\omega)<\infty$，即 $\sup_{u>t}B(t,\omega)=\infty$. 从而

$$\mathbb{P}(\limsup_{t\geqslant 0} B(t)=\infty)=1.$$

而 $\{-B(t),\ t\geqslant 0\}$ 也是 Brown 运动，

$$\mathbb{P}(\liminf_{t\geqslant 0} B(t)=-\infty)=1.$$ □

该结果表示一维 Brown 运动是常返的，以概率 1 可达任何点.

下面讨论由 Brown 运动定义的另一个非常重要的过程，Brown 桥过程.

定义 7.2.2 设 $\{B(t),\ t\geqslant 0\}$ 是 Brown 运动，则称条件随机过程

$$\{B(t),\ 0\leqslant t\leqslant 1\mid B(1)=0\}$$

为 Brown 桥. 该过程同时在 0，1 时刻被固定在 0 点.

显然 Brown 桥可定义为均值为 0、协方差函数为 $s(1-t)(s<t)$ 的 Gauss 过程.

如下命题告诉我们获得 Brown 桥的方法.

命题 7.2.1 若 $\{B(t),\ t\geqslant 0\}$ 是 Brown 运动，令 $Z(t):=B(t)-tB(1)$，则 $\{Z(t),\ 0\leqslant t\leqslant 1\}$ 是 Brown 桥.

证明 只需证 $\mathbb{E}Z(t)=0$ 及 $\operatorname{cov}(Z(s),Z(t))=s(1-t)(s<t)$. 前者显然.

$$\begin{aligned}\operatorname{cov}(Z(s),\ Z(t)) &= \operatorname{cov}(B(s)-sB(1),\ B(t)-tB(1)) \\ &= \operatorname{cov}(B(s),\ B(t)) - t\operatorname{cov}(B(s),\ B(1)) \\ &\quad - s\operatorname{cov}(B(1),\ B(t)) + st\operatorname{cov}(B(1),\ B(1)) \\ &= s - st - st + st = s(1-t).\end{aligned}$$ □

Brown 桥在研究经验分布函数时起关键作用. 设 $F \sim U(0,1)$, X_1, X_2, … 为 i. i. d. 分布函数为 F 的随机序列, X_1, …, X_n 的经验分布函数

$$F_n(s) := \frac{1}{n}\sum_{i=1}^{n} 1_{\{X_i \leqslant s\}} (0 < s < 1),$$

则由大数定理,有

$$\mathbb{P}(F_n(s) \to F(s) = s) = 1.$$

另一方面,由 De Moivre-Laplace 局部极限定理,给定 $s \in [0,\ 1]$,

$$\alpha_n(s) := \sqrt{n}(F_n(s) - s) \sim AN(0,\ s(1-s)).$$

(此极限分布与 s 有关,但收敛性与 s 无关)

考虑总体分布 F 连续, X_1, X_2, …, X_n 为简单随机样本,则 $F(X_1)$, $F(X_2)$, …, $F(X_n)$ 为 i. i. d. $U(0,\ 1)$-随机序列,记

$$F_n(s) := \frac{1}{n}\sum_{i=1}^{n} 1_{\{F(X_i) \leqslant s\}} \quad (0 < s < 1).$$

定义 $\alpha_n = \{\alpha_n(s),\ 0 \leqslant s \leqslant 1\}$:

$$\alpha_n(s) := \sqrt{n}(F_n(s) - s).$$

命题 7. 2. 2 $\alpha_n = \{\alpha_n(s),\ 0 \leqslant s \leqslant 1\}$ 是一个依分布收敛于 Brown 桥 $\{B(t),\ 0 \leqslant t \leqslant 1 \mid B(1) = 0\}$ 的随机过程.

§7.3 Brown 运动的其他性质

§7.3.1 首中时与最大值变量

设 $b > 0$,

$$T_b := \inf\{t > 0: B(t) = b\}\ (>0).$$

我们首先关注 Brown 运动的强马氏性.

引理 7.3.1 设 T 是有限停时,则 $\{B(t+T)-B(T),\ t\geqslant 0\}$ 是独立于 $\mathscr{F}_T$ 的 Brown 运动. 其中 $\mathscr{F}_T = \{B: B\cap\{T\leqslant t\}\in\mathscr{F}_t,\ t\geqslant 0\}$.

定理 7.3.1 固定任意实数 b, 令

$$\hat{B}(t) := \begin{cases} B(t), & t < T_b, \\ 2b - B(t), & t \geqslant T_b, \end{cases}$$

则 $\{\hat{B}(t),\ t\geqslant 0\}$ 也是 Brown 运动.

注意, $\{\hat{B}(t),\ t\geqslant 0\}$ 是将 $\{B(t),\ t\geqslant 0\}$ 碰到 $y=b$ 之后的轨道再关于 $y=b$ 反射得到的轨道, 碰到 b 之前不变(见图 7.2). 严格的证明较难, 省略之.

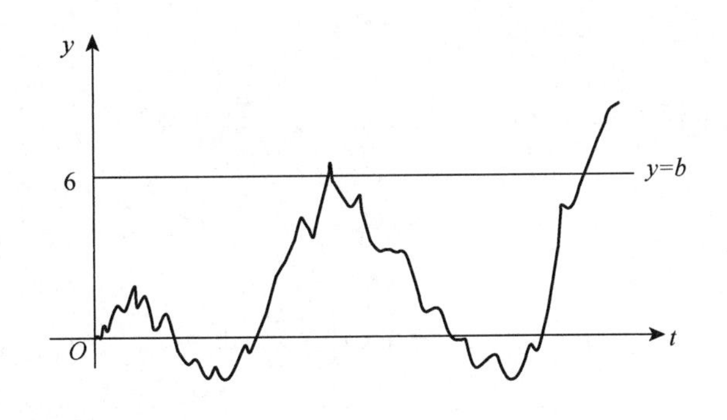

图 7.2

下面令 $M_t := \sup\{B(u),\ u\leqslant t\}$, 即最大值过程亦称为最大游程.

推论 7.3.1 (1) 对任意 $b,\ y,\ t\geqslant 0$,

$$\mathbb{P}(M_t\geqslant b,\ B(t)\leqslant b-y) = \mathbb{P}(B(t)\geqslant b+y);$$

(2) $\mathbb{P}(M_t\geqslant b) = 2\,\mathbb{P}(B(t)\geqslant b)$, $\forall\, b\geqslant 0$, 即 M_t 与 $|B(t)|$ 同分布;

(3) 对任意 $b\neq 0$,

$$f_{T_b}(t) = \frac{|b|}{\sqrt{2\pi t^3}}\exp\left\{-\frac{b^2}{2t}\right\},\quad t>0,$$

从而 $\mathbb{E}T_b = \infty$.

证明 (1) 对任意 $b,\ y,\ t\geqslant 0$,

$$
\begin{aligned}
&\mathbb{P}(M_t \geqslant b,\ B(t) \leqslant b-y)\\
&= \mathbb{P}(\hat{M}_t \geqslant b,\ \hat{B}(t) \geqslant b+y) = \mathbb{P}(\hat{B}(t) \geqslant b+y)\\
&= \mathbb{P}(B(t) \geqslant b+y).
\end{aligned}
$$

(2) 对任意 $b \geqslant 0$,

$$
\begin{aligned}
&\mathbb{P}(M_t \geqslant b)\\
&= \mathbb{P}(M_t \geqslant b,\ B(t) > b) + \mathbb{P}(M_t \geqslant b,\ B(t) \leqslant b)\\
&= 2\,\mathbb{P}(B(t) \geqslant b).
\end{aligned}
$$

(3) 对任意 $b > 0$, $t > 0$,

$$
\mathbb{P}(T_b \leqslant t) = \mathbb{P}(M_t \geqslant b) = 2(1-\Phi(b/\sqrt{t})).
$$

所以

$$
f_{T_b}(t) = 2\Phi(b/\sqrt{t})\,\frac{1}{2}\,\frac{b}{\sqrt{t^3}} = \frac{b}{\sqrt{2\pi t^3}}\exp\left\{-\frac{b^2}{2t}\right\}.
$$

从而

$$
\mathbb{E}\,T_b = \int_0^\infty \frac{b}{\sqrt{2\pi t}}\exp\left\{-\frac{b^2}{2t}\right\}\mathrm{d}t = \infty.
$$

□

§7.3.2 反正弦律

命题 7.3.1 任取 $0 \leqslant t_1 < t_2$, 设 $\bar{0}(t_1,\ t_2) := \{\exists t \in (t_1,\ t_2):\ B(t) = 0\}$, 则

$$
\mathbb{P}(\bar{0}(t_1,\ t_2)) = \frac{2}{\pi}\arcsin\sqrt{\frac{t_1}{t_2}}.
$$

特别地,当 $t_1 = xt$, $t_2 = t$, $0 < x < 1$ 时,

$$
\mathbb{P}(\bar{0}(xt,\ t)) = \frac{2}{\pi}\arcsin\sqrt{x},\ t > 0.
$$

证明 由 Brown 运动的连续性和对称性,

$$
\mathbb{P}(0(t_1,\ t_2) \mid B(t_1) = x) = \mathbb{P}(T_x \leqslant t_2 - t_1) = 2\left(1 - \Phi\left(\frac{x}{\sqrt{t_2 - t_1}}\right)\right),
$$

从而

$$\mathbb{P}(0(t_1, t_2)) = \int_{-\infty}^{\infty} \mathbb{P}(0(t_1, t_2) \mid B(t_1) = x) \frac{1}{\sqrt{2\pi t_1}} e^{-\frac{x^2}{2t_1}} dx$$

$$= \frac{1}{\pi\sqrt{t_1(t_2 - t_1)}} \int_0^{\infty} \int_x^{\infty} e^{-\frac{y^2}{2(t_2-t_1)}} dy e^{-\frac{x^2}{2t_1}} dx,$$

为此,令

$$x = \sqrt{2t_1}\rho\cos\varphi, \quad y = \sqrt{2(t_2 - t_1)}\rho\sin\varphi \ (0 < \varphi < \pi/2),$$

则 Jacobi 行列式为 $2\sqrt{t_1(t_2 - t_1)}\rho$, 上式即为

$$\frac{1}{\pi\sqrt{t_1(t_2 - t_1)}} \int_{\arctan\sqrt{\frac{t_1}{t_2-t_1}}}^{\frac{\pi}{2}} d\varphi = \frac{2}{\pi}\left(\frac{\pi}{2} - \arctan\sqrt{\frac{t_1}{t_2 - t_1}}\right)$$

$$= 1 - \frac{2}{\pi}\arctan\sqrt{\frac{t_1}{t_2 - t_1}},$$

而

$$\arctan\sqrt{\frac{t_1}{t_2 - t_1}} = \arcsin\sqrt{\frac{t_1}{t_2}},$$

所以

$$\mathbb{P}(0(t_1, t_2)) = 1 - \frac{2}{\pi}\arcsin\sqrt{\frac{t_1}{t_2}}.$$ □

§7.4 例

本节主要讨论几类由 Brown 运动定义的随机过程. 设 $\{B(t), t \geqslant 0\}$ 是 Brown 运动.

例 7.4.1 令 $Y(t) = |B(t)|$, 则称 $\{Y(t), t \geqslant 0\}$ 为在原点反射的 Brown 运动.

当 $y < 0$ 时, $\mathbb{P}(Y(t) \leqslant y) = 0$. 当 $y > 0$ 时,

$$\mathbb{P}(Y(t) \leqslant y) = \mathbb{P}(|B(t)| \leqslant y) = 2\mathbb{P}(B(t) \leqslant y) - 1$$

$$= \frac{2}{\sqrt{2\pi t}} \int_{-\infty}^{y} e^{-\frac{u^2}{2t}} du - 1.$$

同时，由 Brown 运动的马氏性及标准 Brown 运动的时间与空间的齐次性，易证 $\{Y(t),\ t\geqslant 0\}$ 也是一个马氏过程，其转移概率密度是

$$f_t(y,\ x)=p_t(x-y)+p_t(x+y).$$

事实上，对任意 $x,\ y$，

$$\begin{aligned}\mathbb{P}(Y(t)\leqslant x\mid X(0)=y)&=\mathbb{P}(-x\leqslant B(t)\leqslant x\mid X(0)=y)\\&=\mathbb{P}(-(x+y)\leqslant B(t)\leqslant x-y)\\&=\int_{-(x+y)}^{x-y}p_t(u)\mathrm{d}u.\end{aligned}$$

另外，

$$\begin{aligned}\mathbb{E}[Y(t)]=\mathbb{E}\mid B(t)\mid&=2\int_0^{\infty}\frac{x}{\sqrt{2\pi\,t}}\mathrm{e}^{-\frac{x^2}{2t}}\mathrm{d}x\ \left(\text{令}\frac{x}{\sqrt{t}}=y\right)\\&=\sqrt{\frac{2}{\pi}}\int_0^{\infty}y\mathrm{e}^{-\frac{x^2}{2}}\sqrt{t}\mathrm{d}y=\sqrt{\frac{2t}{\pi}},\end{aligned}$$

$$\begin{aligned}\mathbb{E}[Y(t)^2]&=2\int_0^{\infty}\frac{x^2}{\sqrt{2\pi\,t}}\mathrm{e}^{-\frac{x^2}{2t}}\mathrm{d}x\quad\left(:\text{令}\frac{x}{\sqrt{t}}=y\right)\\&=\sqrt{\frac{2}{\pi}}\int_0^{\infty}y^2\sqrt{t}\mathrm{e}^{-\frac{y^2}{2}}\sqrt{t}\mathrm{d}y=\sqrt{\frac{2}{\pi}}t\int_0^{\infty}y^2\mathrm{e}^{-\frac{y^2}{2}}\mathrm{d}y\\&=\frac{2}{\sqrt{\pi}}t\int_0^{\infty}u^{1/2}\mathrm{e}^{-u}\mathrm{d}u=t.\end{aligned}$$

所以 $D(Y(t))=\left(1-\frac{2}{\pi}\right)t.$ ∎

例 7.4.2 设 $W(t):=\mathrm{e}^{B(t)}$. 注意到，$B(t)\sim N(0,\ t)$，可知其矩母函数

$$\mathbb{E}[\mathrm{e}^{sB(t)}]=\mathrm{e}^{\frac{ts^2}{2}}.$$

从而

$$\begin{aligned}\mathbb{E}[W(t)]&=\mathbb{E}[\mathrm{e}^{B(t)}]=\mathrm{e}^{\frac{t}{2}},\\D(W(t))&=\mathbb{E}[\mathrm{e}^{2B(t)}]-\mathrm{e}^t=\mathrm{e}^{2t}-\mathrm{e}^t.\end{aligned}$$

有时几何 Brown 运动可视为相对变化是独立同分布情形的模型.

令 $Y_{(n)}$ 为商品在时刻 n 的价格，且

$$X_n := \frac{Y_{(n)}}{Y_{(n-1)}},\ n \geqslant 1 \text{ 是独立同分布的.}$$

若取 $Y_{(0)} = 1$，则 $Y_{(n)} = X_1 X_2 \cdots X_n$，从而

$$\ln Y_{(n)} = \sum_{i=1}^{n} \ln X_i.$$

取 $n \to \infty$，由中心极限定理，$\{\ln Y_{(n)},\ n \geqslant 1\}$ 近似是 Brown 运动，$\{Y_{(n)},\ n \geqslant 1\}$ 近似为几何 Brown 运动. ∎

设 $\{B(t),\ t \geqslant 0\}$ 是标准 Brown 运动，$\mu \in \mathbf{R}$，$\sigma > 0$，定义

$$X(t) = \exp\{\mu t + \sigma B(t)\},\ t \geqslant 0$$

为一般的几何 Brown 运动. 这里的几何 Brown 运动是带漂移的 Brown 运动的指数形式，但它不是一个 Gauss 过程. 我们用类似矩母函数和特征函数的计算方法，计算相应均值函数和协方差函数.

$$\mathbb{E}\left[e^{\mu t} e^{\sigma B(t)}\right] = \exp\left\{\left(\mu + \frac{\sigma^2}{2}\right)t\right\}.$$

当 $s \leqslant t$ 时，由 Brown 运动的平稳独立增量性，

$$\begin{aligned}
&\operatorname{cov}(X(t),\ X(s)) = e^{\mu(t+s)}\ \mathbb{E}\left[e^{\sigma(B(t)+B(s))}\right] - e^{\left(\mu+\frac{\sigma^2}{2}\right)(t+s)} \\
&= e^{\mu(t+s)}\ \mathbb{E}\left[e^{\sigma(B(t)-B(s))}\right] \cdot \mathbb{E}\left[e^{2\sigma B(s)}\right] - e^{\left(\mu+\frac{\sigma^2}{2}\right)(t+s)} \\
&= e^{\left(\mu+\frac{\sigma^2}{2}\right)(t+s)}\left(e^{\sigma^2 s} - 1\right);
\end{aligned}$$

当 $s = t$ 时，相应方差函数

$$D(X(t)) = e^{(2\mu+\sigma^2)t}\left(e^{\sigma^2 t} - 1\right).$$

几何 Brown 运动在金融领域中有着重要的应用，但也要看到参数 μ，σ 一旦确定，预测未来价格唯一需要的信息就是当前价格，而与历史价格提供的信息无关，也可以说是几何 Brown 运动的局限性所在.

例 7.4.3 令 $S(t) := \int_0^t B(u)\mathrm{d}u$，则称 $\{S(t),\ t \geqslant 0\}$ 为积分 Brown 运动或 Brown 运动的积分. 直观地说，商品的价格为 $S(t)$，$t \geqslant 0$，其变化率 $B(t)$，即

$$\frac{\mathrm{d}}{\mathrm{d}t} S(t) = B(t).$$

积分(通常的 Riemann 积分)是近似和的极限，由正态分布的性质，$\{S(t),\ t\geqslant 0\}$ 是 Gauss 过程. 也就是说,讨论该过程的性质只需要研究其期望与协方差即可.

首先由 Fubini 定理,我们有

$$\mathbb{E}[S(t)]=\int_0^t \mathbb{E}[B(u)]\mathrm{d}u=0,$$

$$\begin{aligned}D(S(t))&=\mathbb{E}\left[\int_0^t\int_0^t B(v)B(u)\mathrm{d}u\mathrm{d}v\right]=\int_0^t\int_0^t \mathbb{E}[B(v)B(u)]\mathrm{d}u\mathrm{d}v\\&=\int_0^t\int_0^t u\wedge v\mathrm{d}u\mathrm{d}v=2\int_0^t\mathrm{d}u\int_0^u v\mathrm{d}v\\&=\int_0^t u^2\mathrm{d}u=\frac{t^3}{3}.\end{aligned}$$

积分 Brown 运动 $\{S(t),\ t\geqslant 0\}$ 由上面的均值函数和协方差函数完全确定. ▌

注意,$\{S(t),\ t\geqslant 0\}$ 不是马氏过程,而向量过程 $\{(S(t),\ B(t)),\ t\geqslant 0\}$ 是马氏过程,且对任意 $t>0$, $(S(t),\ X(t))$ 是联合正态的,其协方差函数为

$$\begin{aligned}\operatorname{cov}(S(t),\ B(t))&=\mathbb{E}[S(t)B(t)]=\mathbb{E}\left[\int_0^t B(s)B(t)\mathrm{d}s\right]\\&=\int_0^t s\mathrm{d}s=\frac{t^2}{2}.\end{aligned}$$

§7.5 粗糙轨道

什么是粗糙轨道? 其实只要看看证券市场的股票价格走势就知道了. 严格地说，如果一个连续函数 $f:[0,\ \infty)\to\mathbf{R}$ 的图像曲线在任何一个区间上的长度都是无穷,那么我们就说这个连续函数的轨道是粗糙的. 如果 f 在任何一段区间上是光滑(连续可导)的,那么它在这一段上的长度必然是有限的,所以轨道粗糙意味着它没有任何一段是光滑的. 我们将证明 Brown 运动的几乎所有的轨道都是粗糙的.

再严格地看粗糙的定义. 什么是曲线长度? 实际上长度并没有严格的定义. 假设 f 是 $[a,\ b]$ 上连续函数,用 $l(f)$ 表示图像 $\{(x,\ f(x)):x\in[a,\ b]\}$ 的长度. 用 $D=\{a=t_0<\cdots<t_n=b\}$ 表示 $[a,\ b]$ 的一个划分，由三角不等式

$$\begin{aligned}l(f)&\geqslant\sum_D[(t_i-t_{i-1})^2+(f(t_i)-f(t_{i-1}))^2]^{1/2}\\&\geqslant\sum_D|f(t_i)-f(t_{i-1})|,\end{aligned}$$

其中右边是 f 在 D 上的变差，记为 $V^D(f)$. 因此

$$l(f) \geqslant V^D(f),$$

然后对所有的 D 取上确界，$\sup_D V^D(f)$ 就是 f 的全变差，记为 $V(f)$，有

$$V(f) \leqslant l(f).$$

因为长度无法定义，而全变差是有严格定义的，所以我们把函数的粗糙理解为它在任何区间上的全变差是无穷.

现在，Brown 运动的(几乎所有)轨道是连续的，显然 $\{B_t\}$ 在区间 $[a, b]$ 的划分 D 上变差为

$$V^D(B) = \sum_D \mid B_{t_i} - B_{t_{i-1}} \mid,$$

它是一个随机变量，我们要证明它几乎处处趋于无穷. 但直接算很不容易，如果算期望倒是不难，因为

$$\mathbb{E} \mid B_{t_i} - B_{t_{i-1}} \mid = \sqrt{t_i - t_{i-1}}.$$

推出

$$\mathbb{E}[V(B)] = \lim_{m(D) \to 0} \sum_D \sqrt{t_i - t_{i-1}} = \infty,$$

其中 $m(D) = \max_i (t_i - t_{i-1})$. 这也不能推出 $V(B) = \infty$ a. s.

哪怎么办呢？这里介绍一个聪明的想法，引入函数的二次变差：

$$V_2^D(f) := \sum_D (f(t_i) - f(t_{i-1}))^2.$$

显然

$$\begin{aligned} V_2^D(f) &\leqslant \max_D \mid f(t_i) - f(t_{i-1}) \mid \cdot V^D(f) \\ &\leqslant \max_D \mid f(t_i) - f(t_{i-1}) \mid \cdot V(f). \end{aligned}$$

如果 $V(f) < \infty$，那么任取一个趋于 0 的划分列 $\{D_n\}$，因为函数连续，故一致连续，所以

$$\lim_n \max_{D_n} \mid f(t_i) - f(t_{i-1}) \mid = 0,$$

因此推出

$$V_2^{D_n}(f) \to 0.$$

反过来说，如果存在一个趋于零的划分列 $\{D_n\}$，有

$$\lim_n V_{2^n}^D(f) > 0,$$

则 f 的变差是无穷 $V(f)=\infty$.

我们把 $\{B_t\}$ 在区间 $[a, b]$ 上关于划分 D 的二次变差写为

$$V_2^D(B) := \sum_D (B(t_i) - B(t_{i-1}))^2,$$

其中 $B(t) = B_t$. 这是一个依赖于 D 的随机变量,它的期望方差为

$$\mathbb{E}[V_2^D(B)] = b - a,$$

$$\mathbb{E}[V_2^D(B) - (b-a)]^2 = 2\sum_D (t_i - t_{i-1})^2.$$

让我们通过下面的引理详细地证明.

引理 7.5.1 设 $D = \{0 = t_0 < t_1 < \cdots < t_n = t\}$ 是区间 $[0, t]$ 的有限划分,且设

$$V_2^D = \sum_{l=1}^n |B_{t_l} - B_{t_{l-1}}|^2,$$

称为 B 在分划 D 上的二次变差,那么

$$\mathbb{E}V_2^D = t,$$

$$\mathbb{E}\{(V_2^D - \mathbb{E}V_2^D)^2\} = 2\sum_{l=1}^n (t_l - t_{l-1})^2.$$

证明 事实上

$$\mathbb{E}V_2^D = \sum_{l=1}^n \mathbb{E}|B_{t_l} - B_{t_{l-1}}|^2 = \sum_{l=1}^n (t_l - t_{l-1}) = t.$$

为证明第二个公式,我们如下计算:

$$\begin{aligned}
&\mathbb{E}\{(V_2^D - \mathbb{E}V_2^D)^2\} \\
&= \mathbb{E}\left\{\left(\sum_{l=1}^n |B_{t_l} - B_{t_{l-1}}|^2 - t\right)^2\right\} \\
&= \mathbb{E}\left\{\left(\sum_{l=1}^n |B_{t_l} - B_{t_{l-1}}|^2 - (t_l - t_{l-1})\right)^2\right\} \\
&= \sum_{k,\, l=1}^n \mathbb{E}\{(|B_{t_k} - B_{t_{k-1}}|^2 - (t_k - t_{k-1}))(|B_{t_l} - B_{t_{l-1}}|^2 - (t_l - t_{l-1}))\} \\
&= \sum_{l=1}^n \mathbb{E}\{(|B_{t_l} - B_{t_{l-1}}|^2 - (t_l - t_{l-1}))^2\} \\
&\quad + \sum_{k\neq l} \mathbb{E}\{(|B_{t_k} - B_{t_{k-1}}|^2 - (t_k - t_{k-1}))(|B_{t_l} - B_{t_{l-1}}|^2 - (t_l - t_{l-1}))\}.
\end{aligned}$$

因为不同区间的增量是独立的,上式中的每个乘积的期望会等于期望的乘积,故等于零.因此我们有

$$
\begin{aligned}
&\mathbb{E}\{(V_2^D - \mathbb{E}V_2^D)^2\}\\
&= \sum_{l=1}^{n} \mathbb{E}\{(|B_{t_l} - B_{t_{l-1}}|^2 - (t_l - t_{l-1}))^2\}\\
&= \sum_{l=1}^{n} \mathbb{E}\{|B_{t_l} - B_{t_{l-1}}|^4 - 2(t_l - t_{l-1})|B_{t_l} - B_{t_{l-1}}|^2 + (t_l - t_{l-1})^2\}\\
&= \sum_{l=1}^{n} \{\mathbb{E}|B_{t_l} - B_{t_{l-1}}|^4 - 2(t_l - t_{l-1})\mathbb{E}|B_{t_l} - B_{t_{l-1}}|^2 + (t_l - t_{l-1})^2\}\\
&= 2\sum_{l=1}^{n}(t_l - t_{l-1})^2,
\end{aligned}
$$

这里我们用到了正态分布的四阶矩

$$\mathbb{E}|B_{t_l} - B_{t_{l-1}}|^4 = 3(t_l - t_{l-1})^2. \qquad \square$$

现在可以叙述下面的定理:

定理 7.5.1 设 $B = \{B_t, t \geqslant 0\}$ 是一维标准 Brown 运动. 那么对任意 $t > 0$, 在 $L^2(\Omega, \mathbb{P})$-范 数意义下,

$$\lim_{m(D)\to 0} \sum_l |B_{t_l} - B_{t_{l-1}}|^2 = t,$$

其中 D 是区间 $[0, t]$ 上的有限划分,且 $m(D) = \max_l |t_l - t_{l-1}|$. 因此,以概率 1,有

$$\lim_{m(D)\to 0} \sum_l |B_{t_l} - B_{t_{l-1}}|^2 = t.$$

证明 基于引理 7.5.1,我们有

$$
\begin{aligned}
\mathbb{E}\left|\sum_l |B_{t_l} - B_{t_{l-1}}|^2 - t\right|^2 &= \mathbb{E}|V_2^D - \mathbb{E}(V_2^D)|^2\\
&= 2\sum_{l=1}^{n}(t_l - t_{l-1})^2\\
&\leqslant 2m(D)\sum_{l=1}^{n}(t_l - t_{l-1})\\
&= 2tm(D),
\end{aligned}
$$

因此

$$\lim_{m(D)\to 0} \mathbb{E}\left|\sum_{l} |B_{t_l} - B_{t_{l-1}}|^2 - t\right|^2 = 0. \qquad \square$$

定理 7.5.2 Brown 运动的几乎所有轨道在任何区间上都不是有界变差的.

这个事实让人惊讶，Brown 运动的轨道会是多么怪异的一个函数啊！它其中的任何一段的长度都是无穷. 其实,还可以证明:几乎所有轨道在任何点都不可导.

§7.6 Brown 运动与鞅

随机时间下同样有信息流的概念. 如果对任何 $t \geqslant 0$，$\mathscr{G}_t$ 是一个事件域且对任何 $0 \leqslant s < t$ 有 $\mathscr{G}_s \subset \mathscr{G}_t$，那么我们说 $(\mathscr{G}_t)$ 是一个信息流,或者简称为流. 同样,如果对任何 $t \geqslant 0$，X_t 关于 $\mathscr{G}_t$ 可测,那么我们说随机过程 $\{X_t\}$ 适应于 $(\mathscr{G}_t)$ 一个随机过程也有自然流,自然流是随机过程所适应的最小流. 鞅的定义也类似.

定义 7.6.1 设 $\{X_t\}$ 是一个适应于流 $(\mathscr{G}_t)$ 的随机过程. 如果

(1) 对任何 t，有 $\mathbb{E}[|X_t|] < \infty$；

(2) 对任何 $s < t$ 有

$$\mathbb{E}[X_t \mid \mathscr{G}_s] = X_s,$$

我们说 $\{X_t\}$ 是鞅. 上鞅下鞅的定义类似. 一个连续随机过程是鞅的话，称为连续鞅.

一个随机时间 $\tau: \Omega \to [0, \infty)$ 称为停时,如果对任意 $t \geqslant 0$，有

$$\{\tau \leqslant t\} \in \mathscr{G}_t.$$

对任意集合 $A \subset \mathbf{R}$，定义首中时

$$\tau_A(\omega) = \inf\{t > 0 : X_t \in A\},$$

那么当 A 是开集或者闭集且 $\{X_t\}$ 是连续过程时，τ_A 是停时,直观上说,只要看时间 t 之前的轨道就可以知道是不是已经到达 A，这正是停时的直观意义. 下面的定理与离散时间的类似,称为 Doob 停止定理,直观但证明不容易,省略.

定理 7.6.1 (Doob) 如果 $\{X_t\}$ 是连续鞅，τ 是停时,那么停止过程 $\{X_{\tau\wedge t}\}$ 也是鞅.

Brown 运动会给我们很多鞅的例子. 下面设 $\{B_t\}$ 是关于流 $(\mathscr{G}_t)$ 的标准 Brown 运动. 因为 $B_t - B_s$ 与 $\mathscr{G}_s$ 独立,所以

$$\mathbb{E}[B_t - B_s \mid \mathscr{G}_s] = \mathbb{E}[B_t - B_s] = 0,$$

是说 $\{B_t\}$ 本身是个鞅. 自然 $(B_t - B_s)^2$ 也与 $\mathscr{G}_s$ 独立,所以

$$\mathbb{E}[(B_t - B_s)^2 \mid \mathscr{G}_s] = \mathbb{E}[(B_t - B_s)^2] = t - s,$$

我们知道 $\{B_t^2\}$ 是下鞅,但是根据条件期望性质

$$\begin{aligned}\mathbb{E}[(B_t - B_s)^2 \mid \mathscr{G}_s] &= \mathbb{E}[B_t^2 - 2(B_t - B_s)B_s - B_s^2 \mid \mathscr{G}_s] \\ &= \mathbb{E}[B_t^2 - B_s^2 \mid \mathscr{G}_s],\end{aligned}$$

因此随机过程 $\{B_t^2 - t\}$ 是鞅.

但最重要的还是指数鞅. 对任何 $x \in \mathbf{R}$, 增量的函数 $\mathrm{e}^{x(B_t - B_s)}$ 与 $\mathscr{G}_s$ 独立且它的期望为 $\mathrm{e}^{x^2(t-s)/2}$, 所以

$$\mathbb{E}[\mathrm{e}^{x(B_t - B_s)} \mid \mathscr{G}_s] = \mathrm{e}^{x^2(t-s)/2},$$

或者

$$\mathbb{E}[\mathrm{e}^{xB_t - x^2 t/2} \mid \mathscr{G}_s] = \mathrm{e}^{xB_s - x^2 s/2},$$

因此随机过程 $\{\mathrm{e}^{xB_t - x^2 t/2}: t \geqslant 0\}$ 是鞅. 说指数鞅是最重要的鞅的原因是它如同一个母鞅, 因为将它展开

$$\begin{aligned}\mathrm{e}^{xB_t - x^2 t/2} &= 1 + (xB_t - x^2 t/2) + \frac{1}{2}(xB_t - x^2 t/2)^2 + \cdots \\ &= 1 + xB_t + \frac{1}{2}x^2(B_t^2 - t) + \frac{1}{3!}x^3(B_t^3 - 3tB_t) + \cdots,\end{aligned}$$

从而看出 $\{B_t\}$, $\{B_t^2 - t\}$ 还有 $\{B_t^3 - 3tB_t\}$ 都是鞅.

作为本章的结束,我们最后探讨 Doob 停止定理的一些应用.

首先看障碍问题,或者说输光问题.

例 7.6.1 设 $a < 0 < b$, T_a, T_b 分别是原点出发的 Brown 运动首次碰到 a, b 的时间. 用鞅方法来求 $\mathbb{P}(T_a < T_b)$, $\mathbb{E}[T]$ 以及 T 的 Laplace 变换,其中 $T = T_a \wedge T_b$.

由鞅的期望不变性,对任何 $t > 0$,

$$\mathbb{E}\, B_{T \wedge t} = 0.$$

当 $t \to \infty$ 时, $a \leqslant B_{T\wedge t} \leqslant b$, 因此由控制收敛定理,得 $\mathbb{E}B_T = 0$. 而

$$B_T = a1_{\{T_a < T_b\}} + b1_{\{T_b < T_a\}},$$

因此 $a\mathbb{P}(T_a<T_b)+b\mathbb{P}(T_b<T_a)=0$，即

$$\mathbb{P}(T_a<T_b)=\frac{b}{b-a}.$$

要算 $\mathbb{E}T$，需要用鞅 $\{B_t^2-t\}$，还是由期望不变性，

$$\mathbb{E}[B_{T\wedge t}^2]=\mathbb{E}[T\wedge t].$$

然后让 $t\to\infty$，左边应用控制收敛定理、右边应用单调收敛定理，得

$$\mathbb{E}[T]=\mathbb{E}[B_T^2]=a^2\,\mathbb{P}(T_a<T_b)+b^2\,\mathbb{P}(T_a>T_b)=-ab.$$

类似地，要算 T 的 Laplace 变换，应该用指数鞅 $\{\exp(\lambda B_t-\lambda^2 t/2)\}$. 由期望不变性和控制收敛定理，得

$$\mathbb{E}[\exp(\lambda B_T-\lambda^2 T/2)]=1,$$

因此

$$e^{\lambda a}\,\mathbb{E}[e^{-\lambda^2 T/2};\,T_a<T_b]+e^{\lambda b}\,\mathbb{E}[e^{-\lambda^2 T/2};\,T_a>T_b]=1.$$

这还不足以算出 $\mathbb{E}[e^{-\lambda^2 T/2}]$. 再考虑指数鞅 $\{\exp(-\lambda B_t-\lambda^2 t/2)\}$，类似可得

$$\mathbb{E}(\exp\{-\lambda B_T-\lambda^2 T/2\})=1$$

和

$$e^{-\lambda a}\,\mathbb{E}[e^{-\lambda^2 T/2};\,T_a<T_b]+e^{-\lambda b}\,\mathbb{E}[e^{-\lambda^2 T/2};\,T_a>T_b]=1.$$

从上面两个方程推出

$$\mathbb{E}[e^{-\lambda^2 T/2}]=\frac{\sinh(\lambda a)-\sinh(\lambda b)}{\sinh(\lambda(a-b))},$$

其中 $\sinh x=(e^x-e^{-x})/2$. 由此立刻得到 T 的 Laplace 变换. ▌

下面我们来看另外一个有趣的例子，算 $t\mapsto B_t$ 会碰到斜率为 k 的直线 $t\mapsto kt+a$ 的概率，其中 $a>0$，$k\in\mathbf{R}$.

例 7.6.2 设 $B=(B_t)$ 是 1 维标准 Brown 运动. 对 $a>0$，定义 τ_a 是 B 到点 a 的首中时，那么它是停时，前面用反射原理证明了 Brown 运动一定会到达 a，即

$$\mathbb{P}(\tau_a<\infty)=1.$$

我们也可以用鞅方法来解答这个问题. 更一般地，我们问 Brown 运动肯定会碰到一条斜的直线 $x = kt + a$ 吗？令 T 是 Brown 运动 B 首次碰到这条直线的时间，即

$$T = \inf\{t > 0:\ B_t = kt + a\}.$$

这也可以说是漂移 Brown 运动 $\{B_t - kt\}$ 首次碰到 a 的时间，求 $\mathbb{P}(T < \infty)$. 不妨设 $a > 0$，当 $k = 0$ 时，$T = \tau_a$. 直观看，当 $k < 0$ 时，$\mathbb{P}(T < \infty) = 1$，而当 $k > 0$ 时未必，因为 $\{B_t\}$ 的包络和 $\sqrt{t}$ 差不多.

由指数鞅性质，对任何实数 z，

$$\exp\left(zB_t - \frac{z^2}{2}t\right),\ t \geqslant 0$$

是鞅. 那么由 Doob 定理，

$$\mathbb{E}\left[\exp\left(zB_{t\wedge T} - \frac{z^2}{2}(t \wedge T)\right)\right] = 1. \tag{7.6.1}$$

让 t 趋于无穷，问题的关键是极限与期望是否可以交换.

当 $z > 0$ 时，因为 $B_{t\wedge T} \leqslant k(t \wedge T) + a$，

$$\begin{aligned} zB_{t\wedge T} - \frac{z^2}{2}(t \wedge T) &\leqslant z(k(t \wedge T) + a) - \frac{z^2}{2}(t \wedge T) \\ &= \left(zk - \frac{z^2}{2}\right)(t \wedge T) + za. \end{aligned}$$

因此要极限和期望能够交换，只需要保证(7.6.1)式中的指数关于 t, ω 有界，因为这样就可以应用控制收敛定理了，而为了保证指数有界，必须有 $zk - z^2/2 \leqslant 0$.

这是一个简单的二次函数 $f(z) = zk - z^2/2$，要求 $z > 0$，$f(z) \leqslant 0$. 分两种情况：

(1) 当 $k \leqslant 0$ 时，只要 $z > 0$，就有 $zk - z^2/2 < 0$；

(2) 当 $k > 0$ 时，只有当 $z > 2k$ 时，才有 $zk - z^2/2 < 0$.

无论哪种情况，只要 $z > 0$ 且 $zk - z^2/2 < 0$，就可以应用有界收敛定理. 当 t 趋于无穷时，

$$\exp\left(zB_{t\wedge T} - \frac{z^2}{2}(t \wedge T)\right) \to \exp\left(zB_T - \frac{z^2}{2}T\right)1_{\{T<\infty\}},$$

因此

$$\mathbb{E}\left[\exp\left(zB_T - \frac{z^2}{2}T\right);\ T < \infty\right] = 1.$$

当 $T<\infty$ 时，有 $B_T=kT+a$，所以

$$\mathbb{E}\left[e^{\left(zk-\frac{z^2}{2}\right)T};\ T<\infty\right]=e^{-za}.$$

在第一种情况下，我们可以让 $z\uparrow 0$，得 $\mathbb{P}(T<\infty)=1$；第二种情况下，让 $z\uparrow 2k$，得

$$\mathbb{P}(T<\infty)=e^{-2ka}<1.$$

在 $k\leqslant 0$ 情况下，我们可以算出 T 的 Laplace 变换，因为

$$\mathbb{E}\left[e^{\left(zk-\frac{z^2}{2}\right)T}\right]=e^{-za},$$

令 $-s=zk-z^2/2$，$s>0$，得 $z=k+\sqrt{k^2+2s}>0$，因此

$$\mathbb{E}\left[e^{-sT}\right]=e^{-a(k+\sqrt{k^2+2s})}.$$

如果用 T_a 表示上面的 T 并且把 a 看成时间，那么 $\{T_a:\ a\geqslant 0\}$ 也是随机过程，可以证明它是一个平稳独立增量过程. ▎

习　题

1. 令 $Y(t)=tB(1/t)$，$t>0$；$Y_0=0$.

(a) 试问 $Y(t)$ 的分布是什么？

(b) 计算 $\mathrm{cov}(Y(s),\ Y(t))$；

(c) (0 与 ∞ 的对称性)论证 $\{Y(t),\ t\geqslant 0\}$ 也是 Brown 运动；

(d) 令 $T=\inf\{t>0:\ B(t)=0\}$，利用(c)给出 $\mathbb{P}(T=0)=1$ 的论证.

2. 设 $\{W(t),\ t\geqslant 0\}$ 是参数为 4 的 Wiener 过程，令 $X=W(3)-W(1)$，$Y=W(4)-W(2)$. 求 $D(X+Y)$，$\mathrm{cov}(X,\ Y)$.

3. 设 $\{W(t),\ t\geqslant 0\}$ 是参数为 σ^2 的 Wiener 过程，令 $X(t)=W(t+a)-W(a)$，常数 $a>0$. 求随机过程 $\{X(t),\ t\geqslant 0\}$ 的协方差函数 $K_X(s,\ t)$.

4. (自相似性)令 $W(t)=B(a^2t)/a$，$a>0$，验证 $\{W(t),\ t>0\}$ 也是 Brown 运动.

5. 假设 $B=\{B_t,\ t\geqslant 0\}$ 是 Brown 运动，$r<s<t$. 试求

$$\mathbb{E}^0[B_s\mid B_r,\ B_t].$$

6. 计算给定 $B(t_1)=A$，$B(t_2)=B$ 时 $B(s)$ 的条件分布，其中 $t_1<s<t_2$.

7. 设 $\{Z(t), 0 \leqslant t \leqslant 1\}$ 为 Brown 桥过程，证明：若 $B(t) = (t+1)Z\left(\frac{t}{t+1}\right)$，则 $\{B(t), t \geqslant 0\}$ 是 Brown 运动.

8. 求下列变量的分布：

(a) $|B(t)|$；

(b) $|\min\limits_{0 \leqslant s \leqslant t} B(s)|$；

(c) $\max\limits_{0 \leqslant s \leqslant t} B(s) - B(t)$.

9. 令 $M(t) = \max\limits_{0 \leqslant s \leqslant t} B(s)$，证明：

$$\mathbb{P}(M(t) > a \mid M(t) = B(t)) = \mathrm{e}^{-a^2/2t}.$$

10. 计算 Brown 运动首次击中 x 的时间 T_x 的密度函数.

11. 以 T_x 记布朗运动首次击中 x 的时间. 计算：

$$\mathbb{P}(T_1 < T_{-1} < T_2).$$

参 考 文 献

[1] Chung, K. L.. Markov Chains with Stationary Transition Probabilities (Second edition). Springer-Verlag, 1967.

[2] Doyle, P. G., Snell, J. L.. Random Walks and Electric Networks. Mathematical Association of America, Washington, DC, 1984.

[3] 方兆本,缪柏其. 随机过程. 中国科学技术大学出版社,合肥,1993.

[4] Feller, W.. Probability Theory and its Application, Vol. Ⅰ(1959: Third edition), Vol. Ⅱ(1970), Wiley & Son.

[5] 焦桂梅. 应用随机过程. 科学出版社,北京,2019.

[6] Karlin, S., Taylor, H. M.. A First Course in Stochastic Processes. Academic Press, New York, 1975.

[7] Karlin, S., Taylor, H. M.. A Second Course in Stochastic Processes. Academic Press, New York, 1981.

[8] 劳斯, S. M.(何声武等译). 随机过程. 中国统计出版社,北京,1997.

[9] 林元烈. 应用随机过程. 清华大学出版社,北京,2002.

[10] Ross, S. M.. Introduction to Probability Models (Twelfth edition). Academic Press, San Diego, 2019.

[11] Shreve, S.. Stochastic Calculus and Finance, Probability web, 2003.

[12] 应坚刚,何萍. 概率论(第二版). 复旦大学出版社,上海,2016.

[13] 应坚刚,金蒙伟. 随机过程基础(第二版). 复旦大学出版社,上海,2017.

[14] 张波,商豪. 应用随机过程(第二版). 中国人民大学出版社,北京,2016.